Entwicklung eines Prozessmodells für die nicht-isotherme vakuumunterstützte Dünnglasumformung

Development of a Process Model for Non-Isothermal Vacuum-Assisted Thin Glass Forming

Von der Fakultät für Maschinenwesen
der Rheinisch-Westfälischen Technischen Hochschule Aachen
zur Erlangung des akademischen Grades eines
Doktors der Ingenieurwissenschaften
genehmigte Dissertation

vorgelegt von

Paul-Alexander Vogel

Berichter/in:

Univ.-Prof. Dr.-Ing. Thomas Bergs
Prof. Dr.-Ing. Martin Dix

Tag der mündlichen Prüfung: 08. Dezember 2022

ERGEBNISSE AUS DER PRODUKTIONSTECHNIK

Paul-Alexander Vogel

Entwicklung eines Prozessmodells für die nicht-isotherme vakuumunterstützte Dünnglasumformung

Herausgeber:
Prof. Dr.-Ing. T. Bergs
Prof. Dr.-Ing. Dipl.-Wirt. Ing. G. Schuh
Prof. Dr.-Ing. C. Brecher
Prof. Dr.-Ing. R. H. Schmitt

Band 13/2023

WZL | RWTH AACHEN UNIVERSITY

Fraunhofer IPT

Bibliografische Information der Deutschen Nationalbibliothek
Die Deutsche Nationalbibliothek verzeichnet diese Publikation in der Deutschen Nationalbibliografie; detaillierte bibliografische Daten sind im Internet über https://portal.dnb.de abrufbar.

Paul-Alexander Vogel:

Entwicklung eines Prozessmodells für die nicht-isotherme vakuumunterstützte Dünnglasumformung

1. Auflage, 2023

Gedruckt auf holz- und säurefreiem Papier, 100% chlorfrei gebleicht.

Wissenschaftsverlag des Instituts für Industriekommunikation und Fachmedien an der RWTH Aachen
Steinbachstr. 25, 52074 Aachen
Internet: www.apprimus-verlag.de, E-Mail: info@apprimus-verlag.de

Druck: CPI Druckdienstleistungen GmbH, Ferdinand-Jühlke-Straße 7 I 99095 Erfurt

ISBN 978-3-98555-140-8

D 82 (Diss. RWTH Aachen University, 2022)

Vorwort/ Danksagung

Preamble and Acknowledgement

Diese Dissertation entstand im Verlauf meiner Tätigkeit als Projekt- und Gruppenleiter am Fraunhofer-Institut für Produktionstechnologie IPT in Aachen.

Ich danke Prof. Dr.-Ing. Thomas Bergs MBA, Direktoriumsmitglied des Fraunhofer-Instituts für Produktionstechnologie IPT im Bereich Prozesstechnologie und Inhaber des Lehrstuhls für Technologie der Fertigungsverfahren am Werkzeugmaschinenlabor WZL der RWTH Aachen, für die Betreuung der Arbeit.

Für die sehr schnelle und unkomplizierte Übernahme meines Zweitgutachtens möchte ich mich sehr herzlich bei Prof. Dr. Martin Dix bedanken.

Im Zuge der Erstellung der vorliegenden Arbeit wurde ich von weiteren Personen unterstützt, für deren Hilfe ich mich bedanken möchte.

Vorab möchte ich mich bei allen Kollegen aus der Gruppe Spezialumformverfahren von Glas des Fraunhofer IPTs bedanken, die die Erforschung verschiedener Verfahren der Glasumformung vorantreiben.

Meinen studentischen Hilfskräften möchte ich für ihre hingebungsvolle und eigenständige Mitarbeit danken, auf die ich mich zu jeder Zeit verlassen konnte. Dadurch waren sie eine wertvolle Hilfe. Namentlich nenne ich an dieser Stelle Jonas Heimann, Matthäus Birkle, Hamidreza Paria, Christian Strobl, Constantin Meiners, Raphael Töne und Daniel Rogowski.

Meinem Kollegen Anh Tuan Vu danke ich für seinen Einsatz und seine Hilfe im Umfeld der Simulations-Software Abaqus. Meinem Kollegen Benjamin Kleber danke ich für die Unterstützung in der Entwicklung von Formwerkzeugen, der Durchführung von Versuchen und seinen technischen Rat.

Meinem Kollegen Dr. Tim Grunwald danke ich für seine wertvollen Anmerkungen und Anregungen sowie für die Unterstützung in der Betreuung dieser Arbeit.

Für die kritische Durchsicht meiner Arbeit, verbunden mit hilfreichen Anmerkungen, möchte ich mich bei Dr. Tobias Mielke, Dr. Holger Kreilkamp, Dr. Andreas Klink und weiterhin Dr. Tim Grunwald bedanken.

Für das ausgezeichnete Lektorat bedanke ich mich bei Volker Haselhorst.

Anschließend möchte ich meinen Eltern danken. Durch ihre Unterstützung und Förderung haben sie mein Studium ermöglicht.

Meiner Frau Jing danke ich für die Freiräume zur Verfassung des Manuskripts und für die moralische Unterstützung in den anspruchsvollen Phasen der Dissertation.

Paul-Alexander Vogel

Aachen, April 2021

Zusammenfassung

Summary

Die Verarbeitung des Werkstoffes Glas hat eine mehrere Jahrtausende zurückreichende Historie. Bereits vor 5000 Jahren wurde natürlich vorkommendes Glas, der Obsidian, zur Herstellung von Schneidwerkzeugen verwendet. Komplex geformte Gläser dünner Wandstärke haben nachweislich seit mehr als 2000 Jahren eine Bedeutung für die Menschheit. In Syrien wurden bereits 800 v. Chr. Glasschalen durch Senken hergestellt und als Alltagsgegenstände verwendet. Im Kontext des 21. Jahrhunderts ist der Werkstoff Glas weiterhin ein wichtiger Bestandteil des täglichen Lebens. Besonders im Bereich der Herstellung immer dünner werdender Gläser konnten durch innovative Glasherstellungsverfahren in den letzten Jahren kontinuierlich Fortschritte erzielt werden.

Durch die hohe Kratzfestigkeit und das geringe Gewicht ergeben sich stetig neue Einsatzmöglichkeiten für komplex geformte, dünne Gläser, die heutzutage schon zum Beispiel in kleinen und mittelgroßen Serien von Fahrzeugen und vernetzten Geräten als Abdeckgläser zu finden sind.

In nicht-isothermen Prozessen weisen das umzuformende Glas und das Formwerkzeug einen signifikanten Temperaturgradienten auf, wodurch die Werkzeugbelegungszeit und somit die Taktzeit stark reduziert werden. Für die Umformung dünner Gläser werden verschiedene Verfahren angewandt.

Während des Schwerkraftsenkens formt sich das Glas allein durch sein Eigengewicht um. Beim vakuumunterstützten Senken wird zusätzlich zur vorliegenden Schwerkraft ein Unterdruck appliziert, der für eine Steigerung der Umformung sorgen kann. Wird bei dieser zusätzlichen Verwendung ebenfalls ein Niederhalter verwendet, der den Randbereich des Glases einspannt, liegt ein Tiefziehprozess vor. Weitreichendes Potential dieser drei nicht-isotherm durchgeführten Verfahren liegt in einer deutlichen Zeit- und Temperaturreduzierung, die den Formverschleiß verringert. In dieser Arbeit wird das vakuumunterstützte Senken fokussiert.

Das begrenzte Prozessverständnis des vakuumunterstützten Senkens stellt das bedeutendste Problem dar, das zu hohem Ausschuss führt. Mangelnde Kenntnis über Grenzen des Prozesses und fehlende Expertise signifikanter Faktoren für eine beschreibbare Ausformung resultieren in einem derzeit begrenzten Einsatz des Verfahrens. Dadurch liegt der Fokus dieser Arbeit auf der Entwicklung eines Prozessmodells, das das vakuumunterstützte Senken qualitativ und quantitativ hinreichend genau beschreibt und auf dessen Basis eine gezielte Prädiktion der Formgenauigkeit erfolgen kann. Das empirische Modell dieser Arbeit wird durch die Auswertung der Versuchsdaten entwickelt. Mittels Wärmetransportgleichungen kann ein analytischer Ansatz der Temperaturverteilung gebildet werden. Des Weiteren wird eine analytische Beschreibung für den Druck in der Formwerkzeugkavität entwickelt. Dieses empirische und analytisch erweiterte Modell wird zusätzlich durch ein FEM-Modell ergänzt, mit dessen Hilfe Ursache- und Wirkungszusammenhänge der Erwärmung und Umformung beschrieben und erklärt werden können.

Summary

Zusammenfassung

The processing of glass has a long history that goes back several millennia. Already 5000 years ago, naturally occurring glass, the obsidian, was used to manufacture cutting tools. Complexly shaped glass with thin walls has been proven to be of importance to mankind for more than 2000 years. In Syria, plates were already produced by slumping in 800 BC. Today products made of glass are still a part of our daily life. Particularly in the area of the production of ever thinner glass, innovative glass production processes have made continuous progress in recent years.

The comparatively high scratch resistance and low weight constantly open up new applications for complexly shaped thin glasses. Examples are cover glasses, namely in small and medium-sized series of vehicles and network devices. The process time, especially the tooling occupancy period, has a significant impact on the cost of forming precisely shaped thin glass products. In order to make these products economically feasible for applications in the mass production, the fastest possible processes should be applied. So called non-isothermal processes, in which the glass to be formed and the forming tool have a significant temperature gradient, can greatly reduce the tool occupancy time and thus the cycle time. For the forming of thin glass different processes are used.

In the gravity slumping process, the glass reshapes itself solely by its own weight. In vacuum-assisted slumping, a vacuum is applied in addition to the existing force of gravity, which can ensure a higher degree of forming. In the deep drawing process a hold down device, which clamps the edges of the glass, is used in addition to the vacuum. The far-reaching potential of these three non-isothermal conducted processes lies in a significant reduction in time and forming temperature, which reduces forming tool wear. This thesis focuses on the process of vacuum-assisted slumping.

The limited process understanding of key factors of the vacuum-assisted slumping process causes less predictable product shape results and high reject rates. Therefore, the focus of this thesis is on the development of an empirical and analytical extended process model, which describes the vacuum-assisted slumping process qualitatively and quantitatively sufficiently accurate and on the basis of which a specific prediction of the shape accuracy can be made. The empirical model of this work is developed by evaluating the experimental data. By means of heat transport equations an analytical approach can be formed. Furthermore, an analytical approach for the pressure in the forming tool cavity is developed. The empirical and analytical extended model is further supplemented by an FEM model, which can be used to describe and explain cause-and-effect relationships between heating and forming.

Inhaltsverzeichnis

Content

1 Einleitung ... 1

2 Stand der Erkenntnisse ... 5

2.1 Werkstoff Glas ... 5
2.1.1 Definition des Werkstoffs Glas ... 6
2.1.2 Struktur ... 9
2.1.3 Umformrelevante Eigenschaften ... 10
2.2 Heißformgebung dünner Gläser ... 14
2.2.1 Schwerkraftsenken ... 16
2.2.2 Vakuumunterstütztes Senken ... 17
2.2.3 Tiefziehen ... 17
2.2.4 Pressen ... 18
2.3 Prozessmodelle der Heißformgebung dünner Gläser ... 19
2.3.1 Einführung in die Modellarten ... 19
2.3.2 Modellierungsansätze in der Heißformgebung dünner Gläser ... 20
2.4 Gestaltabweichungen ... 24
2.5 Zwischenfazit ... 25

3 Zielsetzung und Vorgehensweise ... 27

4 Systembeschreibung ... 31

4.1 Prozessbeschreibung und Systemabgrenzung ... 31
4.2 Beschreibung der Systemkomponenten ... 31
4.2.1 Umformanlage ... 32
4.2.2 Formwerkzeug ... 33
4.2.3 Erwärmungseinrichtungen ... 35
4.2.4 Greifer- und Transporteinrichtungen ... 37
4.2.5 Kühlofen ... 37
4.2.6 Glasrohling ... 38
4.3 Messtechnik ... 38
4.4 Zwischenfazit der Systembeschreibung ... 40

5 Entwicklung eines empirischen Prozessmodells ... 41

5.1 Abstraktion der Prozesskette ... 41
5.2 Bildung des empirischen Ansatzes ... 47
5.3 Definition von Prozessstellgrößen ... 49
5.4 Definition von Prozesszielgrößen ... 50
5.5 Analyse von Störgrößen ... 51
5.6 Definition von zu bewertenden Prozessgrößen ... 53
5.7 Hauptversuchsdurchführung ... 54
5.8 Hauptversuchsauswertung ... 58

5.8.1 Strategie der Datengenerierung ... 59
5.8.2 Daten- und Sensitivitätsanalyse ... 61
5.8.3 Überprüfung der gewählten Parameterstufen ... 68
5.8.4 Betrachtung der Messunsicherheiten ... 69
5.9 Diskussion des empirischen Modells ... 69
5.9.1 Betrachtung der Formabweichung ... 70
5.9.2 Betrachtung der Rauheit ... 75
5.9.3 Betrachtung der Ausdünnung ... 75
5.10 Zwischenfazit der empirischen Modellbildung ... 75

6 Analytische Erweiterung des empirischen Modells ... 77

6.1 Modellerweiterung ... 77
6.2 Durchführung der Ergänzungsversuche ... 78
6.2.1 Durchführung der Temperaturergänzungsversuche ... 78
6.2.2 Durchführung der Druckergänzungsversuche ... 80
6.3 Auswertung der Ergänzungsversuche ... 83
6.3.1 Strategie der Datengenerierung ... 83
6.3.2 Daten- und Sensitivitätsanalyse ... 84
6.3.3 Diskussion der Messunsicherheiten ... 88
6.4 Diskussion der Maschinenabbildungsfunktionen ... 89
6.5 Diskussion der Prozessabbildungsfunktionen ... 94
6.6 Analytischer Ansatz – Temperaturmodell ... 95
6.7 Zwischenfazit der Modellerweiterung ... 100

7 Entwicklung eines numerischen Modells ... 101

7.1 Aufbau des numerischen Modells ... 102
7.2 Thermische Validierung des Modells ... 105
7.3 Thermomechanische Validierung des Modells ... 111
7.4 Simulativ unterstützte Ursachenanalyse der Formabweichung ... 113
7.5 Anwendung des numerischen Modells zur Prozessoptimierung ... 119
7.6 Zwischenfazit der numerischen Modellbildung ... 123

8 Validierung der Modelle ... 125

8.1 Definition des Validierungsdemonstrators ... 125
8.2 Reduktion der Prozessstellgrößen ... 127
8.3 Versuchsdurchführung ... 127
8.4 Versuchsauswertung ... 128
8.5 Simulative Untersuchung ... 130
8.6 Zwischenfazit der Validierung des Modells ... 132

9 Zusammenfassung und Ausblick ... 135

10 Literaturverzeichnis ... 143

11 Anhang ... 153

Formelzeichen und Abkürzungsverzeichnis

Formula Symbols and Abbreviations

Große Buchstaben

A	m²	Fläche
A_C	1	Integrationskonstante
A_Q	m²	Querschnittsfläche
AG	mm	Absolute Genauigkeit
B_C	1	Integrationskonstante
Bi	1	BIOT-Zahl
C_1	1	Konstante der WLF-Funktion
C_2	K	Konstante der WLF-Funktion
E	Pa	Proportionalitätskonstante bzw. Elastizitätsmodul
E_{Achse}	µm	Wiederholgenauigkeit der Maschinenachse
F	N	Kraft
$F_{G,Glas}$	N	Gewichtskraft des Glases
F_{Halte}	N	Haltekraft des Greifers
G	Pa	Proportionalitätsfaktor bzw. Schubmodul
$G(t)$	Pa	Zeitabhängiges Schubmodul
G_0	1	Koeffizient der PRONY-Reihe
G_∞	1	Koeffizient der PRONY-Reihe
H	J	Enthalpie
H_0	1	Nullhypothese
H_1	1	Alternativhypothese
K_{VFT}	1	Stoffspezifische Konstante der VOGEL-FULCHER-TAMMANN-Gleichung
K_I	1	Spannungsintensitätsfaktor
K_{II}	1	Spannungsintensitätsfaktor
K_{III}	1	Spannungsintensitätsfaktor
L	1	Stoffspezifische Konstante der VOGEL-FULCHER-TAMMANN-Gleichung
L	mm	Einzelmessstrecke

$P_{Beladen}$	mm	Beladungsposition
$P_{Entnahme}$	mm	Entnahmeposition
P_{Heizen}	mm	Heizposition
$P_{Kühlen}$	mm	Kühlposition
Pp	mm	Höhe der höchsten Profilspitze
$P_{Umformen}$	mm	Umformposition
Pv	mm	Tiefe des tiefsten Profiltales
$P_{Vorheizen}$	mm	Vorheizposition
Pt	mm	Gesamthöhe des gemessenen Profils
Q	J	Wärme
$\dot{Q}_{Begleitheizung}$	W	Wärmestrom durch Begleitheizung
$\dot{Q}_{G\text{-}Te}$	W	Wärmestrom vom Glas in das Thermoelement
$\dot{Q}_{Heizraum,Strahlung}$	W	Strahlung des Heizraumes
$\dot{Q}_{Kontakt}$	W	Wärmestrom durch Kontakt
$\dot{Q}_{Konv}$	W	Wärmestrom durch Konvektion
$\dot{Q}_{Leit}$	W	Wärmestrom durch Wärmeleitung
$\dot{Q}_{r}$	W	Wärmeleitung in das Volumenelement
$\dot{Q}_{r+dr}$	W	Wärmeleitung aus dem Volumenelement
$\dot{Q}_{Str}$	W	Wärmestrom durch Strahlung
$\dot{Q}_{Str,Konv}$	W	Wärmestrom durch Strahlung und Konvektion
$\dot{Q}_{Te\text{-}W}$	W	Wärmestrom von Thermoelement in Werkzeug
$\dot{Q}_{\lambda,Te}$	W	Wärmestrom durch Wärmeleitung im Thermoelement
R_{Achse}	µm	Absolute Genauigkeit der Maschinenachse
R_{e}	Pa	Streckgrenze
R_{K}	Ω	Thermischer Widerstand des Thermoelements
R_{m}	Pa	Zugfestigkeit
R^2	%	Bestimmtheitsmaß
Ra	µm	Mittlere Rauheit
S	1	Sicherheitsfaktor

$S_{eff,max}$	m^3/s	Effektives maximales Saugvermögen
T	°C	Temperatur
T_0	1	Stoffspezifische Konstante der VOGEL-FULCHER-TAMMANN-Gleichung
T_A	°C	Temperatur Körper A
T_B	°C	Temperatur Körper B
$T_{Begleit}$	°C	Begleitheizungstemperatur
$T_{Begleit,Soll}$	°C	Begleitheizungssolltemperatur
$T_{Entnahme}$	°C	Entnahmetemperatur
T_{FWZ}	°C	Formwerkzeugtemperatur
T_{Glas}	°C	Glastemperatur
T_g	°C	Transformationstemperatur
$T_{Heizraum}$	°C	Heizraumtemperatur
$T_{Heizraum,Soll}$	°C	Heizraumsolltemperatur
T_K	°C	Kontakttemperatur
$T_{Ofen}(t)$	°C	Ofentemperatur
T_r	K	Referenztemperatur der WLF-Funktion
T_s	°C	Schmelztemperatur
T_{th}	°C	Thermischer Messfehler
T_U	°C	Umgebungstemperatur
$T_{Vorheizen,Soll}$	°C	Vorheizsolltemperatur des Formwerkzeugs
T_W	°C	Werkzeugtemperatur
T_{WE}	°C	Erweichungspunkt
ΔT	K	Temperaturdifferenz
U	J	Innere Energie
U_{eff}	m	Effektiver Umfang
V	m^3	Volumen
$V_{\%}$	%	Öffnungsgrad des Proportionalventils
WG	µm	Wiederholgenauigkeit
X	mm	x-Achse, Koordinate
X	mm	Absolutradius

X_1	mm	Linearachse
Y	mm	y-Achse, Koordinate
Y	mm	Profilhöhe
Z	mm	z-Achse, Koordinate
Z_1	mm	Vertikalachse 1
Z_2	mm	Vertikalachse 2
Z_3	mm	Vertikalachse 3

Kleine Buchstaben

a	1	Senkrechte Ausformung
a	1	Shift-Faktor der WLF-Funktion
ab	%	Absorptionsgrad
b	1	Zentrierung
c	1	Horizontale Ausformung
c_p	J/K	Spezifische Wärmekapazität
d_G	mm	Glasdicke
g	m/s²	Schwerebeschleunigung
h	1	Abstand der Sternpunkte vom Zentralpunkt
h_c	W/(m²K)	Kontaktwärmeübergangskoeffizient
h_4	mm	Freiliegende Länge Thermoelement TE4
h_5	mm	Freiliegende Länge Thermoelement TE5
h_6	mm	Freiliegende Länge Thermoelement TE6
k	1	Anzahl der Faktoren des Versuchsplans
l	m	Länge
Δl	m	Längenänderung
l_{Riss}	m	Risslänge
l_0	m	Ausgangslänge
m	kg	Masse
m_r	1	Rippenkennzahl
p	Pa	Druck
p_a	Pa	Atmosphären-/ Umgebungsdruck
$p_{end,p}$	Pa	Enddruck

p_i	Pa	Innendruck
$p_{Kavität}$	Pa	Druck in der Formkavität
p_{Mess}	Pa	Messdruck
$p_{Referenz}$	Pa	Referenzdruck
$p_{Sensor,min}$	Pa	Minimalwert des Drucksensors
$p_{Sensor,stop}$	Pa	Endwert des Drucksensors
p-Wert	1	Signifikanzwert
p_0	Pa	Initialdruck
$q_{pV,ein}$	Pa·m³/s	Leckage
$\dot{q}_{Kontakt}$	W/m²	Flächenbezogener Wärmestrom im Kontakt
$\dot{q}_x$	W/m²	Flächenbezogener Wärmestrom in x-Richtung
$\dot{q}_y$	W/m²	Flächenbezogener Wärmestrom in y-Richtung
Δp	Pa	Differenzdruck
r	mm	Radius
$r_{Absolut}$	mm	Absolutradius
$r_{Best\text{-}Fit}$	µm	Best-Fit-Radius
$r_{Pearson}$	1	PEARSON-Korrelationskoeffizient
r_1	mm	Radius des Glasrohlings
s	mm	Dicke des Volumenelementes
t	s	Zeit
$t_{Beladen}$	s	Beladungszeit
t_{Heizen}	s	Heizzeit
t_{Vakuum}	s	Vakuumdauer
v	mm/s	Geschwindigkeit
v_{max}	mm/s	Maximalgeschwindigkeit
w_i	1	Prozessgrößen
$w_{p,Formkavität}$	bar	Unterdruck in der Formkavität
x	mm	Länge Thermoelement zwischen Glas und Werkzeug
x_k, x_i, x_j	1	Prozessstellgrößen
y_a	1	Zielgröße vertikale Ausformung
y_c	1	Zielgröße horizontale Ausformung

y_n	1	Zielgrößen
$y_{pv,Absolut}$	µm	Zielgröße absoluter *peak-to-valley*-Formfehler
$y_{pv,Best\text{-}Fit}$	µm	Zielgröße Best-Fit *peak-to-valley*-Formfehler
$y_{pv,Gauss2}$	µm	*PV*-Werte des Fitting Ansatzes *GAUß*$_2$
y_{Ra}	nm	Zielgröße mittlere Rauheit
$y_{\Delta d}$	1	Zielgröße Ausdünnung Glas
z_q	1	Störgrößen

Griechische Buchstaben

α	W/(m^{2}K)	Wärmeübergangskoeffizient
α_{eff}	W/(m^{2}K)	Effektiver Wärmeübergangskoeffizient
$\alpha_{Konvektion}$	W/(m^{2}K)	Konvektiver Wärmeübergangskoeffizient
α_{sign}	1	Signifikantsniveau
$\alpha_{Wärmeausdehnung}$	1/K	Thermischer Ausdehnungskoeffizient
β_0, β_i	1	Regressionskoeffizient 1. Ordnung
β_{ii}	1	Regressionskoeffizient für Quadrate aller Faktoren
β_{ij}	1	Regressionskoeffizient für alle paarweisen Produkte der Faktoren
γ	1	Schubwinkel
δ	%	Abweichung
ε	1	Dehnung
ε_D	1	Dehnung des Dämpfers
ε_F	1	Dehnung der Feder
ε_{ges}	1	Gesamtdehnung
ε_S	1	Emissivität
$\varepsilon(z_q)$	1	Residuumsterm
η	Pas	Viskosität
η_0	Pas	Materialkonstante der Viskosität
λ	W/(mK)	Wärmeleitfähigkeit
λ_{eff}	W/(mK)	Effektive Wärmeleitfähigkeit
λ_{Glas}	W/(mK)	Wärmeleitfähigkeit Glas
λ_S	W/(mK)	Strahlungsleitfähigkeit

μ	1	Zentrierung
ρ	kg/m^3	Dichte
σ	1	Senkrechte und vertikale Ausformung
σ_N	Pa	Normalspannung
σ_x	Pa	Normalspannung in X-Richtung
σ_y	Pa	Normalspannung in Y-Richtung
σ_{SB}	W/(m^{2}K^4)	STEFAN-BOLTZMANN-Konstante
σ^b	Pa	Biegespannung
σ^m	Pa	Membranspannung
σ^p	Pa	Plattenspannung
σ^{therm}	Pa	Thermische Spannung
τ	Pa	Schubspannung
τ	1	Anzahl der Zentralpunkte
τ_i	s	Relaxationszeiten
τ_{xy}	Pa	Ebene Schubspannung
τ_z	Pa	Nichtebene Schubspannung
ν	1	Querkontraktionszahl
φ	1	Wärmequellenergiebigkeit
θ	K	Übertemperatur
ω_i	1	Gewichtungsfaktoren

Formelzeichen der BOWMAN-BESSEL-Funktion

a	1	Koeffizient der BOWMAN-BESSEL-Funktion
c_1	1	Koeffizient der BOWMAN-BESSEL-Funktion
c_2	1	Koeffizient der BOWMAN-BESSEL-Funktion
f	1	Koeffizient der BOWMAN-BESSEL-Funktion
q	1	Koeffizient der BOWMAN-BESSEL-Funktion
r	mm	Radius
B	1	Koeffizient der BOWMAN-BESSEL-Funktion
$F(r)$	1	Initiale Temperaturverteilung über den Radius
J	1	BESSEL-Funktion erster Gattung
P	°C	Teillösung der partiellen Differentialgleichung

R	°C	Teillösung der partiellen Differentialgleichung
$R(r)$	°C	Lösung der BOWMAN-BESSEL-Funktion
Y	1	BESSEL-Funktion zweiter Gattung
β	1	Koeffizient der BOWMAN-BESSEL-Funktion
Γ	°C	Übertemperatur
$\psi_{1\text{-}6}$	div.	Konstanten zur Lösung der partiellen Differentialgleichung des Temperaturansatzes

Abkürzungen

Chr.	Christus
DGL	Differentialgleichung
DOE	Design of Experiments (Statistische Versuchsplanung)
FEM	Finite-Elemente-Methode
FFT	Fast-FOURIER Transformation
ggf.	gegebenenfalls
Gl.	Gleichung
HUD	Head-up-Display
IPT	Institut für Produktionstechnologie
IR	Infrarot
i.d.R.	in der Regel
Jhd.	Jahrhundert
n.	nach
PGI	Phasen-Gitter-Interferometer
PID	Proportional-Integral-Regler
PDGL	Partielle Differentialgleichung
P-V	Peak-to-Valley (Rauheitskennwert)
RSM	Response Surface Methodology (Wirkungsflächenversuchsplan)
SiO_2	Quarz
SiO_4	Orthosilikat
SQE	Sum of Squares Explained (Erklärte Streuung der empirischen Varianz)
SQL	Structured Query Language

SQT	Sum of Squares Total (Gesamtstreuung der empirischen Varianz)
TE	Thermoelement
TEV	Temperaturergänzungsversuche
TRW	Temperaturreferenzformwerkzeug
UP	Ultrapräzision
UV	ultraviolett
v.	vor
vgl.	vergleiche
WLF	WILLIAMS–LANDEL–FERRY-Formel
2D	zweidimensional
3D	dreidimensional

1 Einleitung

Introduction

Die Verarbeitung des Werkstoffes Glas hat eine Historie, die mehrere Jahrtausende zurückreicht. Bereits vor 5000 Jahren wurde natürlich vorkommendes Glas, der Obsidian, zur Herstellung von Schneidwerkzeugen verwendet [SCHO88, S. 1]. Komplex geformte Gläser dünner Wandstärke haben nachweislich seit mehr als 2000 Jahren eine Bedeutung für die Menschheit [CUMM97, S. 25]. In Syrien wurden bereits 800 v. Chr. Schalen durch Senken hergestellt [CUMM02, S. 102]. In der Werkstatt des PHIDIAS wurden im hellenistischen Griechenland 500 v. Chr. großflächige Glasplatinen in keramischen Formwerkzeugen, beispielsweise für die Darstellung der Gewänder von Götterstatuen, umgeformt – diese Formwerkzeuge werden mit hoher Sicherheit der Zeus-Statue des PHIDIAS zugeordnet [CUMM97, S. 34-35]. Bei den Römern wurden Platten aus Glas durch Schwerkraftsenken in dreidimensionale Geometrien wie zum Beispiel Teller umgeformt [CUMM97, S. 11]. Durch die Entwicklung der Glasbläserei hin zu protoindustriellen Maßstäben gelang den Römern jedoch die Fertigung von hohen Stückzahlen, wodurch das Wissen um das Schwerkraftsenken vorerst in Vergessenheit geriet [CUMM97, S. 24].

Die Herstellung farbloser Gläser wurde im 15. Jhd. möglich und war ein wesentlicher Fortschritt der Glasindustrie. Zuvor waren die in Deutschland hergestellten Gläser grünlich gefärbt, weil statt Soda die eisenreiche, aus Holz gewinnbare Pottasche als Alkalirohstoff verwendet wurde. In Folge der industriellen Revolution zu Beginn des 20. Jahrhunderts erreichte die Glasindustrie mit der maschinellen Glasherstellung ihren zweiten Höhepunkt. Während dieser Zeit erfolgte ebenfalls eine Wiederbelebung der Verformung von flachen Glasplatten. [CUMM97, S. 35; SCHO88, S. 1-2]

Im Kontext des 21. Jahrhunderts ist der Werkstoff Glas weiterhin ein Hauptbestandteil des täglichen Lebens. Besonders im Bereich der Herstellung immer dünner werdender Gläser konnten durch innovative Glasherstellungsverfahren wie dem von SCHOTT entwickelten Down-Draw Prozess in den letzten Jahren kontinuierlich Fortschritte erzielt werden. Dabei wird ein Glasband von oben über Walzen, die durch geringer werdenden Abstand zueinander kontinuierlich die Dicke des Glasbandes verringern können, durch eine Kühlstrecke nach unten gezogen. [SCHO19a, S. 1]

Durch die hohe Kratzfestigkeit und das geringe Gewicht ergeben sich stetig neue Einsatzmöglichkeiten für komplex geformte, dünne Gläser, die heutzutage zum Beispiel in kleinen und mittelgroßen Serien von Fahrzeugen und vernetzten Geräten zu finden sind. Aufgrund der damit einhergehenden, marktseitig geforderten, hohen Stückzahlen sollen nicht-isotherme Prozesse angewandt werden. Das sind Prozesse, bei denen das umzuformende Glas und das Formwerkzeug einen signifikanten Temperaturgradienten aufweisen. So können die Werkzeugbelegungszeit und somit die Taktzeit stark reduziert werden. Dabei wird Glas auf ein Formwerkzeug gelegt und beides zusammen in einen Heizraum eingebracht. Durch Wärmeaustausch stellt sich in der Regel eine höhere Glastemperatur ein, da das Glas isoliert platziert ist, während die Temperatur des Formwerkzeugs durch Wärmeleitung reduziert wird.

Durch Wärmeströme stellt sich in der Regel (bis auf den Kontaktbereich) eine heißere Glastemperatur ein. Danach können unterschiedliche Heißformgebungsprozesse angewandt werden, deren Erzeugnisse in Abbildung 1.1 beispielhaft dargestellt sind. Bei dem Schwerkraftsenken formt sich das Glas allein durch sein Eigengewicht um (Bild I). Beim vakuumunterstützten Senken wird zusätzlich zur vorliegenden Schwerkraft ein Unterdruck appliziert, der für eine höhere Umformung sorgen kann (Bild II). Wird darüber hinaus ein Niederhalter verwendet, der die Kanten des Glases eingespannt, liegt ein Tiefziehprozess vor (Bild III). Weitreichendes Potential dieser drei Verfahren liegt in einer deutlichen Zeit- und Temperaturreduzierung, die das Umformen mit Formwerkstoffen niedriger Temperaturbeständigkeiten ermöglicht. In dieser Arbeit wird das vakuumunterstützte Senken fokussiert. [VOGE19a]

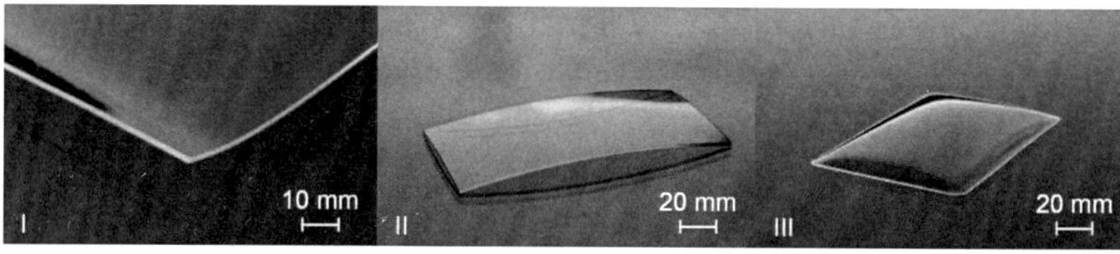

Abbildung 1.1: Erzeugnisse replikativer Glasheißformgebungstechnologien (I Ausschnitt einer Mittelkonsole; II Spiegelsubstrat eines Head-up-Display (HUD); III Smartphone Abdeckglas)

Products of replicative glass hot forming technologies (I Section of a Center Console; II Mirror substrate of a Head-up-Display (HUD); III Smartphone Coverglass)

Das begrenzte Prozessverständnis des vakuumunterstützten Senkens stellt das bedeutendste Problem dar. Mangelnde Kenntnis über Grenzen des Prozesses und fehlende Expertise signifikanter Einflussfaktoren für eine beschreibbare Ausformung resultieren in einem derzeit begrenzten Einsatz des Verfahrens. Durch unterschiedliche Randbedingungen besteht eine geringe Übertragbarkeit von Prozessmodellen anderer Umformverfahren, insbesondere in Bezug auf die nicht-isotherme Temperaturführung und die vielschichtigen Wärmeübergangsmechanismen.

Daher liegt der Fokus dieser Arbeit auf der Entwicklung eines empirischen Prozessmodells, welches das vakuumunterstützte Senken quantitativ hinreichend genau beschreibt und auf dessen Basis eine gezielte Prädiktion der Formgenauigkeit erfolgen kann. Das empirische Modell dieser Arbeit wird durch die Auswertung von Versuchsdaten entwickelt. Mittels Wärmetransportgleichungen kann ein analytischer Ansatz der Temperaturverteilung gebildet werden. Des Weiteren wird eine analytische Beschreibung des Drucks in der Formwerkzeugkavität entwickelt. Das empirische und analytisch erweiterte Modell wird durch ein FEM-Modell ergänzt, mit dessen Hilfe Ursache- und Wirkungszusammenhänge der Erwärmung und Umformung beschrieben und erklärt werden können. Die gewonnenen Erkenntnisse werden auf Demonstratoren zur Validierung übertragen und angewandt.

Introduction

Einleitung

The processing of glass has a long history that goes back several millennia. Already 5000 years ago naturally occurring glass, the obsidian, was used for the production of cutting tools [SCHO88, S. 1].

Complexly shaped glasses with thin walls have been of proven importance to mankind for more than 2000 years [CUMM97, S. 25]. In Syria already 800 B.C. bowls were produced by slumping [CUMM02, S. 102]. In the workshop of PHIDIAS in Hellenistic Greece 500 B.C. large glass sheets were formed in ceramic forming tools, for example for the representation of the robes of statues of gods – these forming tools are assigned with a high degree of certainty to the Zeus statue of PHIDIAS [CUMM97, S. 34-35].

The Romans also used to form glass disks into three-dimensional geometries such as plates by means of gravity slumping [CUMM97, S. 11]. However, the development of glassblowing towards proto-industrial standards enabled the Romans to produce large quantities, which meant that the knowledge of gravity slumping was forgotten for the time being [CUMM97, S. 24].

The production of colorless glass was made possible in the 15th century and was an essential step in the development of the glass industry. Previously, the glasses produced in Germany were greenish in color, because instead of soda ash, the iron-rich potash, which can be extracted from wood, was used as an alkaline raw material. In the course of the industrial revolution around 1900, the glass industry reached its second peak with the mechanical production of glass. During this time the deformation of flat glass plates was also revived. [CUMM97, S. 35; SCHO88, S. 1-2]

In the context of the 21st century the material glass is still a main component of daily life. Particularly in the area of manufacturing of ever thinner glass, innovative glass manufacturing processes such as the down-draw process developed by SCHOTT have made continuous progress in recent years. In this process, a glass ribbon is drawn downwards through a cooling section from above over various rollers, which can continuously reduce the thickness of the glass ribbon by decreasing the distance between them. [SCHO19a, S. 1]

The comparatively high scratch resistance and low weight constantly opens up new applications for complexly shaped, thin glasses, which can already be found today, for example, in small and medium-sized series of vehicles and networked devices. Due to the associated high production volumes demanded by the market, the fastest possible processes should be applied. So-called non-isothermal processes, in which the glass to be formed and the forming tool have a significant temperature gradient, can greatly reduce the tool occupancy time and thus the cycle time. The glass is placed on a forming tool and both are transported together into a furnace room. Complex heat flows usually result (except for the contact area) in a hotter glass temperature. Different hot forming processes can then be applied, the products of which are shown in Figure 1.2.

In the gravity slumping process, the glass is transformed by its own weight alone (Fig. I). In vacuum-assisted slumping, a vacuum is applied in addition to the existing force of gravity, which can ensure a higher degree of forming (Fig. II). If a hold-down device is also used for this additional application, a deep-drawing process is applied (Fig. III). The far-reaching potential of these three processes lies in a significant reduction in time and temperature, which reduces forming tool wear and enables forming with forming tool materials of lower temperature resistance. In this thesis, vacuum-assisted slumping is focused. [VOGE19a]

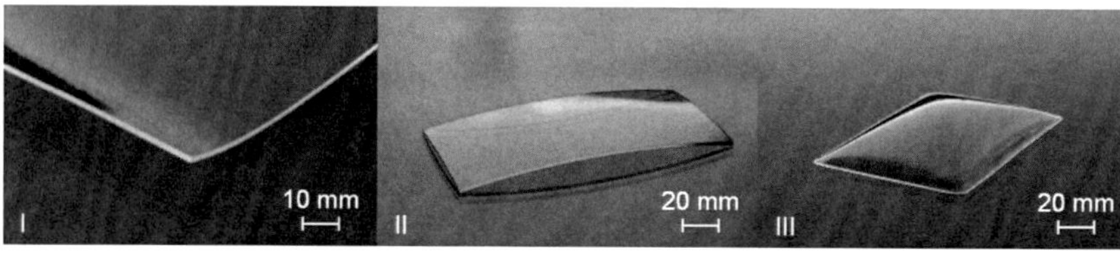

Figure 1.2: Products of replicative glass hot forming technologies (I Section of a Center Console; II Mirror substrate of a Head-up-Display (HUD); III Smartphone Coverglass)

Erzeugnisse replikativer Glasheißformgebungstechnologien (I Ausschnitt einer Mittelkonsole; II Spiegelsubstrat eines Head-up-Display (HUD); III Smartphone Abdeckglas)

The limited process understanding of vacuum-assisted slumping is the most significant problem, which is further complicated by resource intensive test series and high reject rates. A lack of knowledge about the limits of the process and a lack of expertise in significant factors for a describable design result in a currently limited use of the process. Due to different boundary conditions, there is still a low transferability of process models of other forming processes, especially with regard to non-isothermal temperature control and complex heat transfer mechanisms.

Thus, the focus of this thesis is on the development of an empirical and analytical extended process model, which describes vacuum-assisted slumping qualitatively and quantitatively with sufficient accuracy and on the basis of which a targeted prediction of the shape accuracy can be made.

The empirical model of this work is developed by evaluating experimental data. By means of heat transport equations an analytical approach can be formed. Furthermore, an analytical approach for the time dependent pressure in the forming tool cavity is developed. The empirical and analytically extended model is supplemented by an FEM model, which can be used to describe and explain cause-and-effect relationships between heating and forming.

The knowledge gained will be transferred and applied to demonstrators.

2 Stand der Erkenntnisse

State of the art

Die kontinuierliche Erforschung von Technologien zur Erzeugung und Formgebung des Werkstoffes Glas ermöglicht neue und vielversprechende Anwendungsmöglichkeiten in Märkten wie Consumer Electronics oder Automotive [SCHO19b, S. 2].

Der stetig wachsende Markt von Dünnglasprodukten wird durch eine Vielzahl von Anwendungen vorangetrieben, zu denen Automobilinnenräume und Unterhaltungselektronik gehören, wie z.B. 3D-Glasabdeckungen für Displays, Mittelkonsolen, Lautsprecher etc. oder als Teil des Optiksystems in Head-up-Displays. Glashersteller stehen heute vor der Herausforderung, dass Formkomplexität, Genauigkeit und Produktvarianten zunehmen und gleichzeitig die Herstellkosten sinken müssen. Die direkte Herstellungsmethode über Schleifen und Polieren ist aufgrund ihrer eingeschränkten Bearbeitungsfähigkeit für Dünngläser in Bezug auf den Bruch und ihrer Kostenunzulänglichkeit aufgrund der zeitlichen und örtlichen Länge der Prozesskette nicht mehr geeignet. Stattdessen werden replikationsbasierte Technologien oder die Dünnglasformung zu vielversprechenden Herstellungsmethoden, um die oben genannten technischen und wirtschaftlichen Herausforderungen zu überwinden. So kann das Schwerkraftsenken nur die grundlegendsten Anforderungen erfüllen und ist insbesondere hinsichtlich des Verformungsgrades und der Formkomplexität von Dünnglasprodukten begrenzt. Technologien wie das vakuumunterstützte Senken oder das Tiefziehen befinden sich derzeit in der Entwicklung und versprechen Kostenvorteile. [VOGE19a]

Die Eigenschaften des Werkstoffs Glas sind hierbei bestimmend für seine Verarbeitbarkeit und Endanwendungen. In einem besonderen Maße wird dabei im weiteren Verlauf der Arbeit auf eine Auswahl an relevanten Heißformgebungsverfahren eingegangen, zugehörige Prozessmodelle diskutiert und Problemfelder aufgezeigt. Des Weiteren werden Anwendungsgebiete dünner, komplex geformter Gläser vorgestellt, die den Fokus dieser wissenschaftlichen Untersuchung bilden. Als Abschluss des Kapitels werden Gestaltabweichungen vorgestellt, die das grundlegende Verständnis der Auswertungen der Versuche schaffen sollen. Die in späteren Kapiteln durchzuführenden Versuche sind Datengrundlage für die Modellbildung. Da in der Literatur keine einheitliche Definition für dünne Gläser vorzufinden ist, wird in dieser Arbeit der Stärkenbereich zwischen 400 µm und 2 mm definiert.

2.1 Werkstoff Glas

Material glass

Tabelle 2.1 fasst optische und geometrische Anforderungen ausgewählter Anwendungen zusammen. Der Werkstoff Glas kann diese optischen und mechanischen Anforderungen erfüllen. Von essenzieller Bedeutung sind in diesem Zusammenhang die niedrige Rauheit (vgl. Kapitel 4.2.6) und die hohe Transmission des Werkstoffs in einem weiten Wellenlängenbereich [SCHN16, S. 19-23].

Die Beständigkeit gegen Chemikalien prädestiniert die Verwendung von Glas für Applikationen, die einer regelmäßigen Reinigung unterliegen müssen [ARNO17, S. 290]. Vor dem Hintergrund von neuen Betreibermodellen für die automobile Zukunft (wie beispielsweise Shared Mobility) ist dies von hoher Relevanz [ADLE19]. Die chemische Härtung von Gläsern führt durch Einbringung von oberflächennahen Druckspannungen zu einer Verbesserung der mechanischen Belastbarkeit und insbesondere Steigerung der Kratzfestigkeit [SCHO17].

Tabelle 2.1: Anforderungen der Anwendungen [VOGE18a; VOGE19a]
Requirements of the applications [VOGE18a; VOGE19a]

Anwendung	Optische Anforderung	Geometrische Anforderung
Head-Up Displays	▪ Mindestens eine Funktionsoberfläche (Reflektor) ▪ Niedrige Oberflächenrauheit → anschließende Beschichtung	▪ Makrogeometrie i.d.R. zwei Biegeachsen ▪ Funktionalisierung z.B. in Form von optischen Strukturen
3D-Glasabdeckungen für Displays und Mittelkonsolen	▪ Beide Oberflächen haben optische Anforderungen → transmissive Eigenschaften	▪ 3D-komplexe Makrogeometrie und mehrachsige verformte Kanten und Eckbereiche ▪ Dünne Substrate für Gewichtseinsparung ▪ Funktionalisierung z.B. in Form von – Haptischen Strukturen – Selbstreinigenden oder benetzungsarmen Oberflächen

2.1.1 Definition des Werkstoffs Glas

Definition of the material glass

Glas gehört der Gruppe der nichtmetallischen, anorganischen Werkstoffe an [ARNO17, S. 287]. Eine einheitliche Definition des Werkstoffes Glas ist in der Literatur nicht zu finden. Um dennoch einen Überblick zu schaffen, werden nachfolgend die Viskosität und ausgewählte Definitionen vorgestellt.

Da die Viskosität bei Gläsern temperaturabhängig ist und bestimmte Schmelz- und Verarbeitungsprozesse an bestimmte Zähigkeitswerte gebunden sind, stellt die Viskosität bzw. die innere Reibung einen bedeutenden Stoffkennwert dar [SPAU74, S. 45]. Weiterhin erlaubt sie eine Beschreibung und Erklärung der Bildung des Glaszustandes als unterkühlte Flüssigkeit [NERO11, S. 563]. Die Viskosität η ist ein Maß für ihre Zähflüssigkeit beziehungsweise für ihren Fließwiderstand [GOTT14, S. 405]. Basis sind das zunächst in Abbildung 2.1 dargestellte Geschwindigkeitsprofil und die zugehörige Viskositätsgleichung für Nicht-NEWTONsche Flüssigkeiten [LECH18, S. 117].

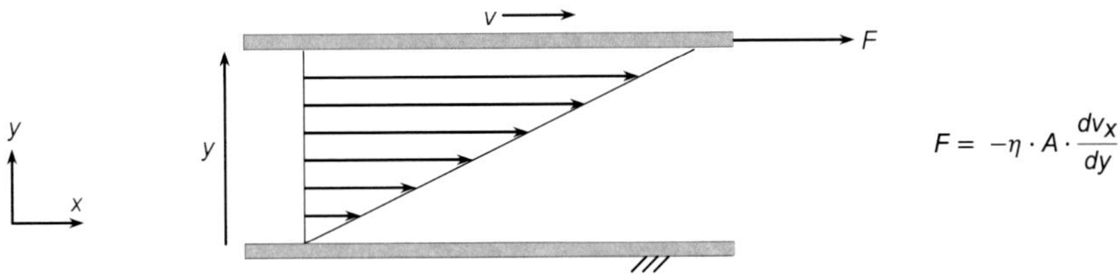

Abbildung 2.1: Schematische Darstellung der Viskosität [LECH18, S. 117]
Schematic representation of viscosity [LECH18, S. 117]

Mit ihr lassen sich Aussagen darüber treffen, wie hoch die Kraft F sein muss, um die in Abbildung 2.1 sichtbare, zur Wand parallele Platte mit der Fläche A mit der Relativgeschwindigkeit v zueinander zu verschieben [SPAU74, S. 46]. Dabei werden die Kraft F als Scherkraft und die Fläche A der Platte als Scherfläche bezeichnet. Die Viskosität η hat die Dimension [Pas] und ist für normale, sogenannte NEWTONsche Flüssigkeiten für eine bestimmte Temperatur konstant [LECH18, S. 117].

Um glasspezifische Viskositätskurven mittels Interpolation hinreichend genau zu ermitteln, eignet sich die VOGEL-FULCHER-TAMMANN-Gleichung [DIN98, S. 5]:

$$\lg \eta = K_{VFT} + \frac{L}{T - T_0} \tag{1}$$

Dabei sind K_{VFT}, L und T_0 stoffspezifische Konstanten für das zu prüfende Glas und T die Temperatur in °C [DIN98, S. 5].

GUSTAV TAMMANN beschrieb Glas als einen festen, nichtkristallisierten Stoff [TAMM33, S. 5]. Nach dieser Definition würden dadurch aber auch andere Stoffe wie zum Beispiel das Kieselgel zum Oberbegriff Glas gehören. In der weiteren wissenschaftlichen Auseinandersetzung mit dem Werkstoff wurden die Versuche einer einheitlichen Definition immer konkreter. Das spezielle Viskositätsverhalten von Glas wurde in den Fokus gesetzt. 1945 definierte die AMERICAN SOCIETY FOR TESTING MATERIALS Glas als ein anorganisches Schmelzprodukt, das auf einen starren Zustand, ohne zu kristallisieren, abgekühlt werden kann [AST15; SCHO88, S. 3].

Diese Definition ist auch in der DIN1259-1 vorzufinden, die optisches Glas wie folgt definiert: "[…] ein anorganisches Schmelzprodukt, das abgekühlt und erstarrt ist, ohne zu kristallisieren." Es ist weitgehend frei von Blasen, Knoten, Steinchen, Inhomogenitäten, Schlieren und Spannungen und wird durch Angabe mehrerer Brechzahlen (Brechungsindizes) charakterisiert." [DIN01, S. 12].

Zusammenfassend lässt sich sagen, dass keine der vorgestellten Definitionen den Begriff Glas eineindeutig bestimmen kann. Für den weiteren Verlauf dieser Arbeit wird daher auf das physikalisch-chemische Verhalten von Glas fokussiert.

In Abbildung 2.2 ist der Prozess der Abkühlung schematisch dargestellt und über das Volumen nach der Temperatur aufgetragen. Die Betrachtung erfolgt im Kurvenverlauf von rechts nach links bei sinkender Temperatur. Im Ausgangszustand (rechter Rand der Kurve) liegt der Werkstoff als Schmelze vor. [FELD12, S. 8; SCHO88, S. 4]

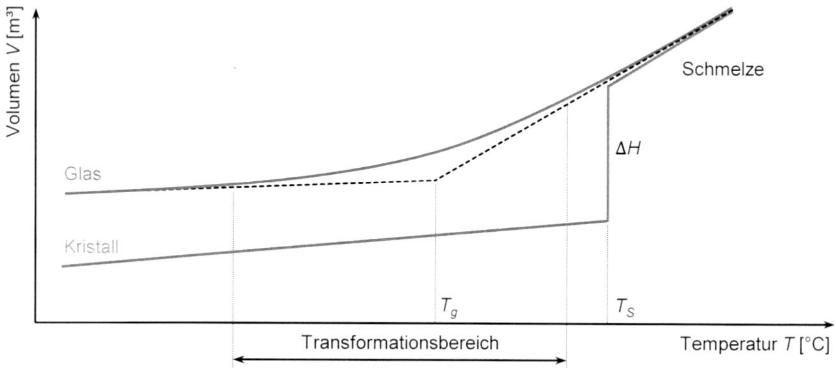

Abbildung 2.2: Thermisches Ausdehnungsverhalten von Glas [FELD12, S. 8]
Thermal expansion behavior of glass [FELD12, S. 8]

Das Volumen einer Schmelze von nicht glasartigen Werkstoffen nimmt beim Abkühlen auf die Schmelztemperatur T_S sprunghaft ab, was durch eine Phasenänderung, z.B. die Kristallisation, zu erklären ist [SCHO88, S. 4].

Beim Abkühlen von Glas ändert sich über den Punkt T_S hingegen das Volumen stetig und sprungfrei. Eine Kristallisation bleibt aus. Vielmehr folgt der Kurvenverlauf des Glases zunächst dem Abfall des Verlaufes der Schmelze und wird daher zur unterkühlten Schmelze oder Flüssigkeit. Das Glas befindet sich dort im metastabilen thermodynamischen Gleichgewicht [PETZ90, S. 31]. Dies entspricht der Definition von amorphen Materialien, wozu folglich auch der Werkstoff Glas gehört. [ARNO17, S. 287].

Unter einem bestimmten Punkt, der Transformationstemperatur T_g, wird die Steigung flacher. Eine Gleichgewichtseinstellung ist nicht mehr möglich, da die Einstellung der zu jeder Temperatur gehörenden Flüssigkeitsstruktur immer langsamer wird. Das bedeutet, dass die Viskosität ansteigt, bis die Flüssigkeit mechanisch einem Festkörper gleicht. [SCHO88, S. 3-4]

Da der Übergang der Steigung der Schmelze in die Steigung des Kristalls kontinuierlich erfolgt, wird die Transformation von Glas aus der Schmelze als Transformationsbereich bezeichnet [PETZ90, S. 32]. In dem physikalischen Sinn ist Glas als eine eingefrorene unterkühlte Flüssigkeit charakterisiert und wird nach SCHOLZ unterhalb T_g als Festkörper und oberhalb T_g als Schmelze bezeichnet [SCHO88, S. 4-5].

2.1.2 Struktur

Structure

In Tabelle 2.2 sind ausgewählte Glassorten zugeordnet, die sich in ihrer chemischen Zusammensetzung teils stark voneinander unterscheiden. Grundlegend wird zwischen oxidischen und nicht-oxidischen Gläsern unterschieden. Bei oxidischen Gläsern wird wiederum zwischen Silikatgläsern und Nicht-Silikatgläsern unterschieden [PETZ90, S. 32]. Die Versuche in dieser Arbeit werden mit einem Silikatglas, dem Lithium-Aluminiumsilikatglas XENSATION® 3D von SCHOTT durchgeführt. Dieses Glas lässt sich chemisch härten und findet daher beispielsweise Anwendung als dünnes Abdeckglas für Displays [SCHO19b]. Durch seine vergleichbar niedrige Verarbeitungstemperatur eignet es sich für umformende Prozessketten [SCHO19b]. Aus diesem Grund wird das Glas XENSATION® 3D für die vorliegende Arbeit gewählt.

Tabelle 2.2: Einteilung der Gläser [PETZ90, S. 32]
Classification of the glasses [PETZ90, S. 32]

Oxidische Gläser		Nicht oxidische Gläser
Silikatgläser	**Nicht silikatische Gläser**	
Kieselglas	Boratglas	Fluoridglas
Alkali-Kalk-Silikatglas	Phosphatglas	Sulfidglas
Borosilikatglas		Nitratglas
Bleiglas		
Lithium-Aluminiumsilikatglas		

Eine Grundlage für das Verständnis der Struktur von Glas schaffte 1932 ZACHARIASEN. ZACHARIASEN beschrieb Glas als ein räumliches, zufallsbedingtes Netzwerk, das aus einem Gerüst von SiO_4-Baugruppen aufgebaut ist [PETZ90, S. 33; ZACH32].
In Abbildung 2.3 ist die Gegenüberstellung von kristallisiertem SiO_2 (Quarz) und glasigem SiO_2 (Kieselglas) dargestellt. Hier wird deutlich, dass das Kieselglas eine amorphe Struktur besitzt. Der Grund dieser Unterscheidung liegt in der Unterbindung der Anordnung der Moleküle in ein regelmäßiges Kristallgitter in der zur Verfügung stehenden Zeit während der Erstarrung. [FELD12, S. 7; SCHO88, S. 7]

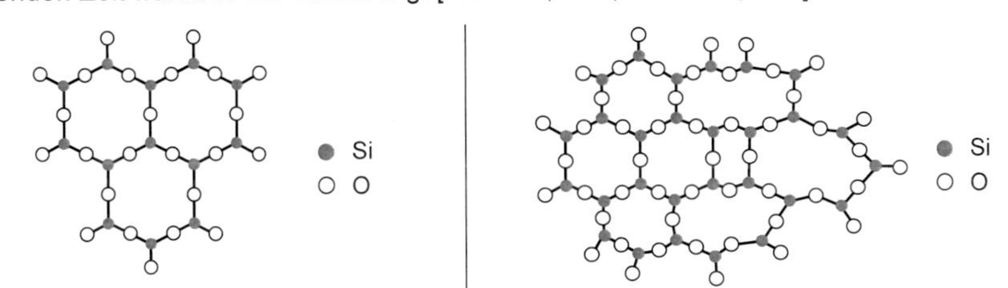

Geordnete SiO_2 –Struktur (Quarz) Amorphe SiO_2 –Struktur (reines Kieselglas)

Abbildung 2.3: Ebene Darstellung eines regelmäßigen und eines unregelmäßigen SiO_2-Netzwerks [SCHO88, S. 7]
Plane projection of a regular and an irregular SiO_2-network [SCHO88, S. 7]

Ferner wird aus der Abbildung ersichtlich, dass das Kieselglas ausschließlich eine Nahordnung in Form von SiO_4-Tetraedern besitzt, jedoch keine kristalline Fernordnung [ARNO17, S. 289].

In diesem Zusammenhang bezeichnet das sog. Netzwerkmodell eine Art anorganisches Polymer, bei dem bestimmte Nichtmetalloxide mit Metalloxiden ein räumliches Netzwerk bilden [ARNO17, S. 289]. Die grundlegenden Bestandteile dieses Netzwerkes sind unterschiedlich, die höchste Bedeutung wird dem Netzwerkbildner Siliziumoxid zugeteilt [ARNO17, S. 289]. Weitere Bestandteile sind Kalk, Soda als Netzwerkwandler und diverse Zwischenoxide (Stabilisatoren) zur Reduzierung der Viskosität und Verbesserung der Verarbeitbarkeit bei niedrigen Temperaturen [FELD12, S. 9; KALW12, S. 239].

2.1.3 Umformrelevante Eigenschaften

Properties relevant to forming

In diesem Kapitel werden grundlegende Eigenschaften für die Warmumformung von Glas vorgestellt. Hervorzuheben ist die entscheidende Rolle der Viskosität bei der Anwendung von Verarbeitungs- und Formgebungsverfahren, die im nachfolgenden Kapitel näher beschrieben werden [ARNO17, S. 289]. Bevor sich Glas viskos verformt, tritt linear-elastisches und danach viskoelastisches Verhalten auf [SPAU74, S. 46]. In dem Bereich der Viskosität unterhalb der Transformationstemperatur T_g werden bei Verformungen elastische Rückstellkräfte in einer endlichen Zeit abgebaut, was auch als Spannungsrelaxation bezeichnet wird [SPAU74, S. 46].

Festigkeit

Die Beschreibung der Festigkeit bezieht sich auf Glas als Festkörper bei Temperaturen unterhalb der Transformationstemperatur T_g. „Glas ist ein homogener und isotroper Werkstoff, der sich linear-elastisch verhält und nach Überschreiten der Beanspruchungsgrenze spröde versagt“ [FELD12, S. 43]. Glas weist hierbei bis zum Erreichen der Bruchdehnung bei ca. 0,10 % linear-elastisches Verhalten auf [NERO11, S. 565]. Die Qualität der Glasoberfläche ist entscheidend für die Bruchfestigkeit des Glases, da eine durch Risse oder Kratzer hervorgebrachte Kerbwirkung die mechanischen Eigenschaften des Glases negativ beeinflusst [ARNO17, S. 290; WEIß01]. Im Besonderen kann Glas als Festkörper im Vergleich zu duktilen Werkstoffen keine Spannungskonzentrationen durch plastische Verformung abbauen und versagt spröde (siehe Abbildung 2.4) [FELD12, S. 44]. Das liegt unter anderem daran, dass an Oberflächendefekten im Kerbgrund hohe Spannungsspitzen entstehen, die zum Bruch des Glases durch ein „überkritisches“ Risswachstum führen, bevor sich dieses plastisch verformen könnte [FELD12, S. 43].

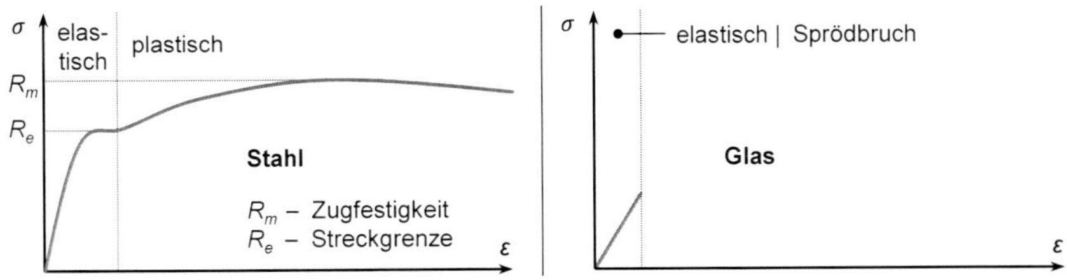

Abbildung 2.4: Spannungs-Dehnungsverhalten von Stahl und Glas bei Raumtemperatur im Vergleich [FELD12, S. 44]

Stress-strain behavior of steel and glass at room temperature in comparison [FELD12, S. 44]

Viskoelastizität

Um das viskoelastische Verhalten von Glas beschreiben zu können, werden zunächst die grundlegenden Gleichungen der Elastizitätslehre betrachtet. Glas verhält sich unterhalb des Transformationsbereichs wie ein elastischer Festkörper [KREI18, S. 10].

Die Dehnung eines Körpers aufgrund einer einachsigen Zug- oder Druckspannung wird mithilfe des HOOKEschen Gesetzes beschrieben [MARK14, S. 71]:

$$\sigma_N = E \cdot \varepsilon \tag{2}$$

Die proportionale Dehnung ε mit der Proportionalitätskonstante E, dem sogenannten Elastizitätsmodul, folgt auf eine angelegte Normalspannung σ_N. Wird diese wieder entfernt, begibt sich der Körper wieder in seinen Ausgangszustand, wodurch eine reversible, rein elastische Dehnung vorliegt [HOSF12, S. 21].

Wird eine Schubspannung τ angelegt, kommt es zu einer Schiebung mit dem Schubwinkel γ und es ergibt sich der folgende lineare Zusammenhang [MARK14, S. 115; SPUR19, S. 133]:

$$\tau = G \cdot \tan(\gamma) \approx G \cdot \gamma \tag{3}$$

Der Proportionalitätsfaktor G wird als Schubmodul bezeichnet und ist über die Querkontraktionszahl ν mit dem Elastizitätsmodul E verknüpft [MARK14, S. 115]:

$$G = \frac{E}{2 \cdot (1 + \nu)} \tag{4}$$

Im Gegensatz zu dem hier vorgestellten elastischen Materialverhalten von Glas unterhalb des Transformationsbereiches liegt im Transformationsbereich ein viskoelastisches Verhalten des Glases vor, weit oberhalb des Transformationsbereiches sogar ein rein viskoses. Dieser Zusammenhang wird in Abbildung 2.5 dargestellt, die das sogenannte MAXWELL-Modell veranschaulicht. [KREI18, S. 11]

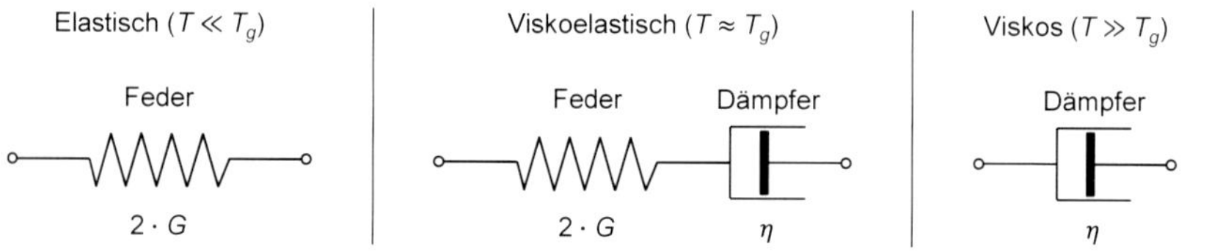

Abbildung 2.5: Mechanische Ersatzmodelle für den Werkstoff Glas in unterschiedlichen Temperaturbereichen [KREI18, S. 11]
Mechanical substitute models for the material glass in different temperature ranges [KREI18, S. 11]

Dabei beschreiben die Federn den elastischen Anteil des Modells (ε_F), wodurch sich bei viskoelastischem Verhalten Gl. (2) durch Einsetzen von Gl. (4) mit $\nu = 0$ zu folgender Beziehung erweitert [KREI18, S. 11]:

$$\sigma_N = E \cdot \varepsilon_F = 2 \cdot G \cdot \varepsilon_F \tag{5}$$

Die Dämpfer im Modell stellen den viskosen Anteil dar und werden wie folgt beschrieben [KREI18, S. 11]:

$$\sigma_N = \eta \cdot \dot{\gamma} = 2 \cdot \eta \cdot \dot{\varepsilon}_D \tag{6}$$

$\dot{\varepsilon}_D$ ist dabei die zeitliche Änderung der Dehnung [RANZ07, S. 6].

Die Gesamtdehnung der Reihenschaltung aus Feder und Dämpfer ist die Addition ihrer beiden Anteile und ergibt sich zu [KREI18, S. 11]:

$$\varepsilon_{ges} = \varepsilon_F + \varepsilon_D \tag{7}$$

Wird diese Gleichung nach der Zeit abgeleitet und ε_F und ε_D durch Gl. (5) und Gl. (6) substituiert, ergibt sich das sogenannte MAXWELL-Modell:

$$\frac{d\varepsilon_{ges}}{dt} = \frac{1}{2 \cdot G}\frac{d\sigma_N}{dt} + \frac{\sigma_N}{2 \cdot \eta} \tag{8}$$

Wärmeausdehnung

Aufgrund der thermischen Energie in Gläsern führen die Atome eine unharmonische Schwingung um ihre Ruhelage aus. Durch Wärmeeintrag während eines Umformprozesses werden die Amplituden dieser Schwingungen durch die Umwandlung von thermischer in kinetische Energie, die die Atome beschleunigt, immer größer. Dadurch zeigen Gläser bei immer höher werdender Temperatur eine Längen- und Volumenänderung mit meist positivem Vorzeichen. [SPAU74, S. 55]

Die Wärmeausdehnung $\alpha_{Wärmeausdehnung}$ ist definiert als

$$\alpha_{Wärmeausdehnung} = \frac{\Delta l}{l_0 \cdot \Delta T} \tag{9}$$

und ist mit der Längenänderung Δl bezogen auf den Temperaturbereich ΔT und die Ausgangslänge l_0 [SPAU74, S. 55]. Gläser besitzen einen vergleichsweise niedrigen thermischen Ausdehnungskoeffizienten $\alpha_{Wärmeausdehnung}$ [KALW12, S. 236].

Wärmeleitfähigkeit und -strahlung

Aufgrund der Transparenz des Werkstoffs Glas in einem weiten Wellenlängenbereich setzt sich der Wärmetransport im Glas aus zwei Komponenten zusammen. Bei vergleichsweisen niegrigen Temperaturen überwiegt der Mechanismus der Wärmeleitung. Mit steigenden Temperaturen überwiegt der Mechanismus der Wärmestrahlung, da dieser Anteil überproportional zu der Temperaturdifferenz wirkt [SPAU74, S. 61].

Die Wärmeleitungsgleichung ist eine partielle Differentialgleichung (PDGL) und wird in der ingenieurswissenschaftlichen Literatur auch „FOURIERsche DGL" genannt. [KÖHN70, S. 7]:

$$c_p \cdot \rho \cdot \frac{dQ}{dt} = \lambda \cdot \left(\frac{d^2T}{dX} + \frac{d^2T}{dY} + \frac{d^2T}{dZ} \right) + \varphi(X,Y,Z,T) \tag{10}$$

Dabei ist λ die Wärmeleitfähigkeit, c_p die spezifische Wärmekapazität, ρ die Dichte und φ die Wärmequellenergiebigkeit. Die Wärmeleitfähigkeit ist bei verschiedenen Gläsern weitestgehend über die Temperatur konstant [JEBS11, S. 43].

Die Wärmestrahlung ist definiert als der Ausgleichsprozess durch elektromagnetische Wellen zweier oder mehrerer Körper verschiedener Temperatur, bis sich ein Temperaturgleichgewicht zwischen ihnen einstellt [KNEE16, S. 3]. Der Anteil der Strahlungswärme wird in der Regel bei Temperaturen oberhalb von 400 °C in Form einer Strahlungsleitfähigkeit λ_S zusammengefasst [KING61; SPAU74, S. 61].

Die effektive Wärmeleitfähigkeit λ_{eff} setzt sich somit wie folgt zusammen: [SPAU74, S. 61]

$$\lambda_{eff} = \lambda + \lambda_S \tag{11}$$

Die Wärmeleitfähigkeit und der Wärmeausdehnungskoeffizient von Glas sind in vielen Umformprozessen entscheidende Werkstoffkennwerte. So führt zum Beispiel ein zu schnelles Abkühlen einer Glasoberfläche bei niedriger Wärmeleitung zu einem Temperaturgefälle im Glas. Während die Oberfläche stark abgekühlt ist, ist der Kern noch warm. Durch zu hohe Abkühlgeschwindigkeiten bilden sich Zugspannungen, die bei Überschreiten eines bestimmten Grenzwertes zum Bruch des Glases führen können. Bei zu schnellem Aufheizen des Glases können wiederum Druckspannungen in das Glas induziert werden, die ebenfalls zu einem Bruch des Glases führen können. [SPAU74, S. 56-57]

2.2 Heißformgebung dünner Gläser

Hot forming of thin glasses

Aktuelle Technologien und Methoden zur Entwicklung von Warmumformprozessen für komplexe 3D-Dünnglasprodukte können die Anforderungen an Effizienz, Kosten und Zeit nicht erfüllen. Aufgrund der Formkomplexität sind Prozessketten, die ausschließlich auf Schleifen und Polieren [ONO08; WANG16] aufbauen, nicht für die Massenproduktion geeignet [VU18]. Ein heute üblicher Ansatz ist daher die Verwendung der Prozesskette des isothermen Pressformens mit Graphitformwerkzeugen (sog. Graphitpressen) [HE18]. Die Graphitformwerkzeuge führen zu einer Oberflächenkontamination der Glasoberfläche [HE18]. Daher wird nach dem Formgebungsprozess ein weiterer Polierprozess durchgeführt, um die Oberflächendefekte zu beseitigen, was oft nicht vollständig möglich ist [HE18; VU18].

Im Folgenden werden Fertigungsverfahren erläutert, die eine hohe Oberflächengüte direkt nach der Umformung erzielen. Die Notwendigkeit der spanenden Nachbearbeitung entfällt somit. Dabei wird zwischen isothermen und nicht-isothermen Temperaturführungen unterschieden (siehe Abbildung 2.6). Bei der isothermen Temperaturführung werden Formwerkzeug und Glassubstrat gemeinsam auf die Umformtemperatur erwärmt, bei der nicht-isothermen wird das Glas separat erwärmt und auf das unabhängig temperierte Formwerkzeug aufgelegt [VOGE19a].

Aufgrund der langen Taktzeiten sind die isothermen Verfahren für die Umformung großflächiger Dünnglaserzeugnisse nur bedingt geeignet. Die Unterschiede der nicht-isothermen Prozesse gegenüber isothermen Prozessen sind folgende: [VOGE19a]

- Geringere Zykluszeit und Werkzeugbelegungszeit
- Geringerer Werkzeugverschleiß
- Eignung für die Massenproduktion

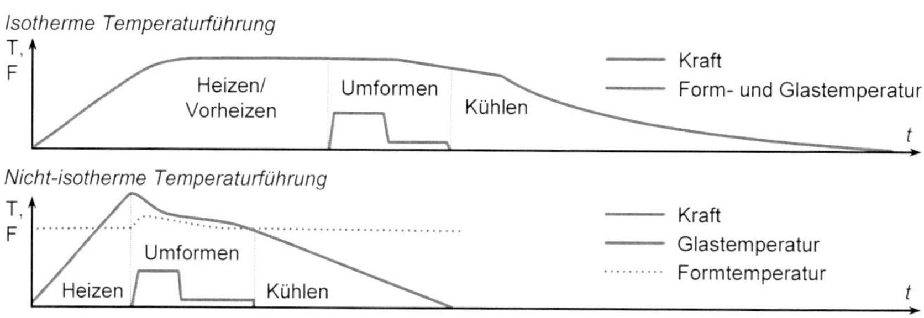

Abbildung 2.6: Isotherme und nicht-isotherme Temperaturführung der Heißformgebungsverfahren [VOGE19a]

Isothermal and non-isothermal temperature control of hot forming processes [VOGE19a]

Zu beachten ist weiterhin die Angleichung der Temperatur zwischen Glas- und Formwerkzeug im Zuge der nicht-isothermen Glasumformung.

Jede Verformung eines Glases hängt von der Viskosität des Glases, der Kraft und der Zeit der Kraftexposition ab (vgl. MAXWELL-Modell in Kapitel 2.1.3). Abbildung 2.7 bietet einen Überblick über den ersten dieser Faktoren [NÖLL09, S. 131-132]. Die Viskositätsfixpunkte und -bereiche sowie die Produktionsstufen der Glasumformung sind dargestellt. Die Verfahren der Dünnglasumformung im Bereich zwischen 10^{10} - 10^{12} dPas sind besonders hervorzuheben. Dabei kann das vakuumunterstützte Senken durch den Einsatz des Unterdrucks noch im viskoelastischen Bereich der Gläser angewandt werden. Mit abnehmender Viskosität kann ebenfalls mit Schwerkraftsenken umgeformt werden. Tiefziehprozesse benötigen gegenüber vakuumunterstützten Senkprozessen eine niedrigere Viskosität, ermöglichen jedoch eine höhere Bauteilkomplexität und Filigranität. [VOGE19a]

Weiterhin bietet Abbildung 2.7 einen Überblick über ausgewählte viskosimetrische Festpunkte für das in den Versuchen verwendete Glas XENSATION® 3D von SCHOTT [DIN98].

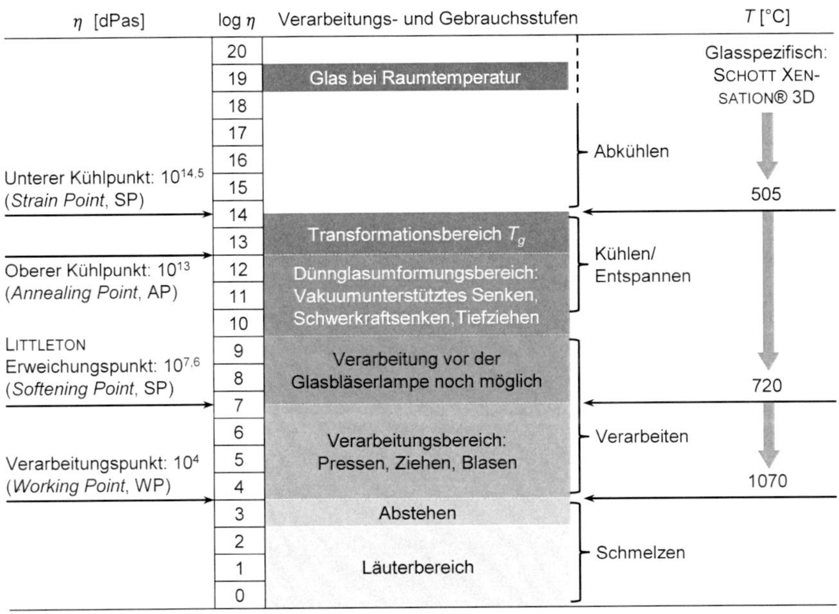

Abbildung 2.7: Viskositätsfixpunkte und zugehörige Produktionsstufen in Anlehnung an [SPAU74, S. 50; VOGE19a]; Mit ausgewählten viskosimetrische Festpunkten von SCHOTT XENSATION® 3D [SCHO19b, S. 2]

Viscosity fixed points and associated production stages according to [SPAU74, S. 50; VOGE19a]; With selected viscosimetric fixed points of SCHOTT XENSATION® 3D [SCHO19b, S. 2]

Von besonderer Bedeutung für die Umformung ist der Transformationspunkt T_g bei 505 °C, der bei der Wahl der oberen und unteren Grenzen für die Heizraumsolltemperatur (im späteren Versuchsplan) berücksichtigt werden muss. Abbildung 2.8 zeigt in diesem Zusammenhang die Einordnung der Heißformgebung von Dünnglas in die Prozesskette der Glasverarbeitung.

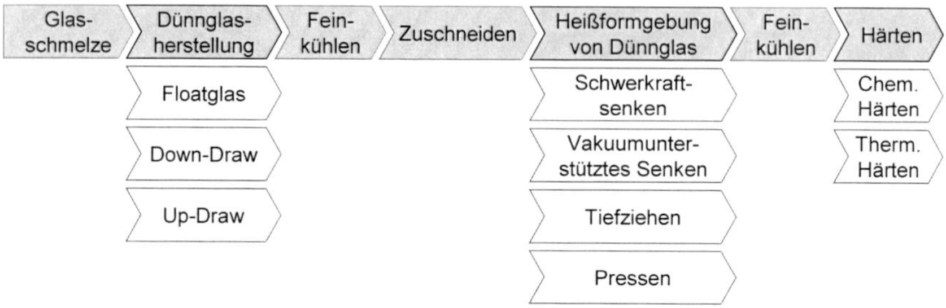

Abbildung 2.8: Einordnung der Heißformgebung in die Prozesskette
Classification of hot forming in the process chain

Ausgehend von der Glasschmelze existieren verschiedene Verfahren der Herstellung von Dünnglas [SCHO17; SCHO19a; SCHO20]. Der Rohglasherstellung (Aufschmelzen, Läutern und Abstehen) folgen das Annealing (Feinkühlen) zum Abbau der Spannungen und das Zuschneiden [JEBS11, 193 ff.; SCHO17]. In verschiedenen Verfahren der Heißformgebung von Dünnglas, die in den folgenden Kapiteln vorgestellt werden, wird das Dünnglas wiedererwärmt und in die Zielgeometrie verformt [VOGE19a]. Abschließend erfolgen ein erneutes Annealing (Feinkühlen) und chemisches oder thermisches Härten [SCHO17]. Im Folgenden werden verschiedene Verfahren der Heißformgebung von Dünnglas vorgestellt.

2.2.1 Schwerkraftsenken

Gravity slumping

Bei dem nicht-isothermen Verfahren, welches Fokus der vorliegenden Arbeit ist, wird ein Formwerkzeug bis unter die Transformationstemperatur des Glases vorgewärmt [SCHI10, S. 2-4]. Anschließend wird das umzuformende Glassubstrat auf das Formwerkzeug aufgelegt und beides gemeinsam weiter erwärmt. In nicht-isothermen Verfahrensvarianten wird dabei das Glassubstrat auf eine höhere Temperatur als das Formwerkzeug erwärmt [SCHI10, S. 2-4]. Dies wird insbesondere durch Wärmeabfuhr des Formwerkzeugs in die Maschinenstruktur erreicht. Im Zuge der Erwärmung sinkt die Viskosität des Glases, wodurch sich dieses im weiteren Verlauf des Prozesses durch sein Eigengewicht verformt [SCHI10, S. 2-4]. Bei dieser Art der Umformung wird (vgl. Abbildung 2.9) zwischen direktem und indirektem Schwerkraftsenken unterschieden [PROS11, S. 67].

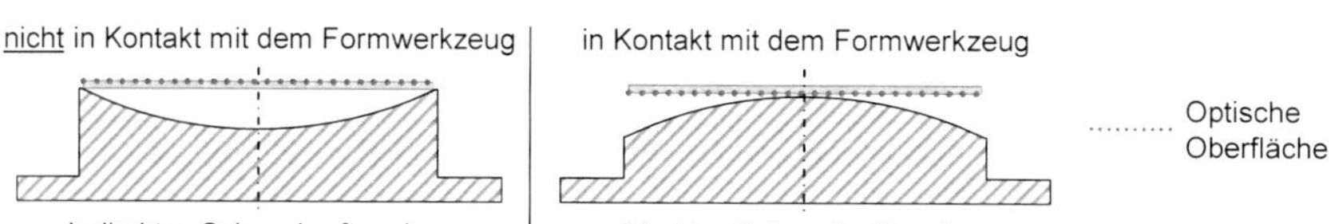

Abbildung 2.9: Indirektes und direktes Schwerkraftsenken [PROS11, S. 67; SCHI10, S. 1]
Indirect and direct gravity slumping [PROS11, S. 67; SCHI10, S. 1]

Beide Verfahren unterscheiden sich lediglich in der Lage der optischen Oberfläche. Beim direkten Schwerkraftsenken ist die optische Oberfläche in Kontakt mit der Form, beim indirekten liegt sie auf der formabgewandten Seite. Begrenzt wird das Verfahren durch die Notwendigkeit von hohen Temperaturen, damit eine ausreichend niedrige Viskosität des Glases und somit Umformung erreicht werden kann. Die Folge von hohen Temperaturen ist ein beschleunigter Verschleiß der Formwerkzeuge. [PROS11, S. 67; VOGE19a]

2.2.2 Vakuumunterstütztes Senken

Vacuum-assisted slumping

Im Gegensatz zum Schwerkraftsenken begünstigt beim vakuumunterstützten Senken neben der Gravitation ein Unterdruck die Umformung (siehe Abbildung 2.10). Ebenfalls in der Abbildung dargestellt sind Vakuumkanäle, die für einen homogenen Unterdruck im Hohlraum zwischen Form und Glas sorgen. Dies ist notwendig, da mit tortschreitender Umformung das Glas einzelne Vakuumbohrungen blockieren kann. Die Positionierung der Vakuumbohrungen ist entscheidend für eine vollständige Umformung. Der Vorteil dieses Verfahrens liegt darin, dass auch sehr dünne Gläser umgeformt werden, da andernfalls die Schwerkraft alleine für eine vollständige Umformung nicht ausreichend ist. Begrenzt wird das Verfahren durch den Grad der Komplexität der gewünschten Umformung. Faltenbildung durch gekrümmte Kanten kann im Randbereich der initialen Auflagefläche zu Undichtigkeiten führen, die den Formprozess auf die Umformung mit reiner Schwerkraft reduzieren. [VOGE19a; VOGE19b]

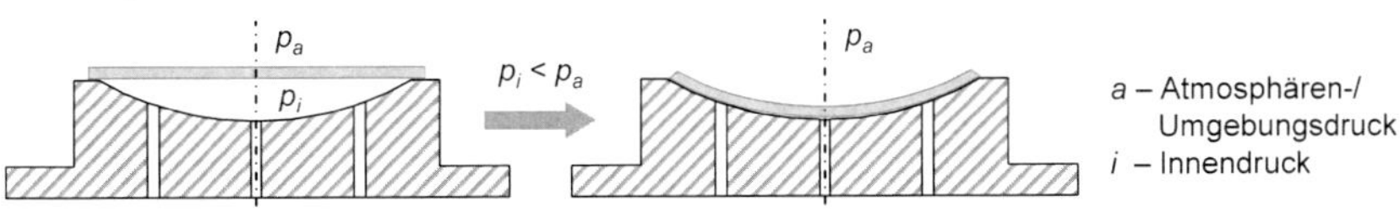

Abbildung 2.10: Vakuumunterstütztes Senken in Anlehnung an [VOGE18a, S. 1]

Vaccuum assisted slumping according to [VOGE18a, S. 1]

Der Begriff des vakuumunterstützten Senkens ist in der Literatur nicht genormt und kann derzeit nur über Patente abgebildet werden [VOGE18a].

2.2.3 Tiefziehen

Deep drawing

Abbildung 2.11 bietet einen Überblick über die Einordnung des Tiefziehens in die Fertigungsverfahren. Dabei liegt keine einheitliche Nomenklatur über die Benennung und Differenzierung der Heißumformverfahren vakuumunterstütztes Senken und Tiefziehen vor.

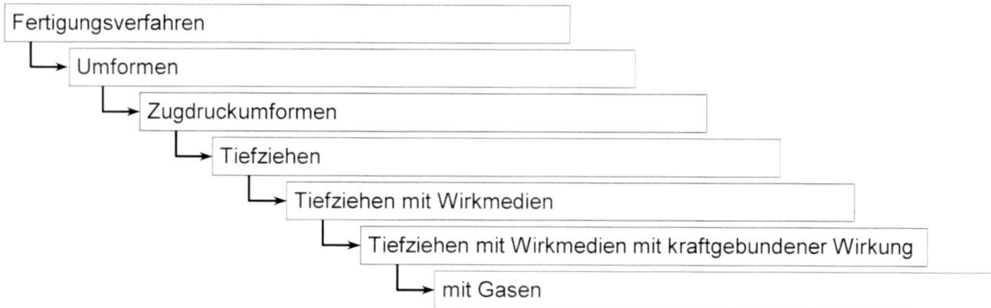

Abbildung 2.11: Einordnung des Tiefziehens in Anlehnung an DIN8584 [DIN03, S. 15]

Classification of deep drawing according to DIN8584 [DIN03, S. 15]

Die wichtigste Differenzierung dieser beiden Verfahren entsteht durch den eingesetzten Niederhalter beim Tiefziehen, durch den Faltenbildung vermieden wird. Eine entscheidende Rolle für die lokale Ausdünnung (vgl. Kapitel 5.8.2) des Glases während der Umformung spielt die Reibung zwischen der Form, dem Glas und dem Niederhalter. [VOGE18b; VU18]

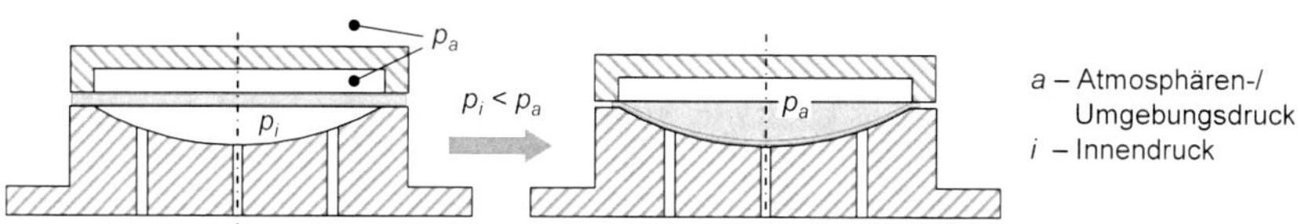

Abbildung 2.12: Vakuum basierter Tiefziehprozess mit Niederhalter in Anlehnung an [BLIE10, S. 120; LANG11, S. 25-43; VOGE18a, S. 1]

Vacuum based Deep drawing process with down holder according to [BLIE10, S. 120; LANG11, S. 25-43; VOGE18a, S. 1]

Die Vorhersage und Kontrolle der Glasausdünnung ist unerlässlich, um den unterschiedlichen Produktanforderungen gerecht zu werden. Ursprünglich kommt das Tiefziehen aus der Blechumformung [KLOC06, S. 6], wo es das bedeutendste Verfahren für die Erzeugung dreidimensionaler Geometrien ist und in verschiedenen Industrien und Seriengrößen eingesetzt wird [KLOC06, S. 323]. Im Bereich der Glasumformung können Tiefziehprozesse für größtmögliche Formkomplexität eingesetzt werden [VOGE18b; VOGE18a; VU18].

2.2.4 Pressen

Molding

Unter Anwendung von Kraft und Wärme wird beim Pressen ein Körper durch Replizieren einer Werkzeugnegativgeometrie in eine neue Form überführt [BLIE10, S. 114]. In der Glasindustrie hat sich das Pressen als Massivumformverfahren für die Massenproduktion etabliert [TROS99, S. 57]. Ursächlich dafür ist, dass die Kosten für die Herstellung der Formwerkzeuge aufgrund hoher Anforderungen wie zum Beispiel einer hohen Temperaturbeständigkeit, erst wirtschaftlich sind, wenn eine größere Stückzahl damit gefertigt werden kann. [BLIE10, S. 114-119] Im Folgenden werden Blankpressverfahren zur Umformung volumetrischer Glashalbzeuge wie Gobs oder Kugeln betrachtet. Das isotherme Glaspressen wird auch Präzisionsblankpressen genannt. Bei diesem Verfahren werden das umzuformende Glas und das Formwerkzeug zusammen aufgeheizt. Beim nicht-isothermen Glaspressen wird das extern stärker vorgeheizte Glas auf die aufgeheizte Form gelegt. Dabei ist der Kern des volumetrischen Glashalbzeugs kühler als die äußeren Bereiche, wodurch das Materialhandling erleichtert wird. Gleichzeitig ist aufgrund der hohen thermischen Masse der Glashalbzeuge die Abkühlung im Transportvorgang kompensierbar. Diese Entkopplung der Erwärmung von Glas und Formwerkzeug ist der Grund, warum das nicht-isotherme Glaspressen eine wesentlich kürzere Taktzeit als das isotherme Präzisionsblankpressen hat. [KREI18, S. 16-21; VU16a; VU16b]

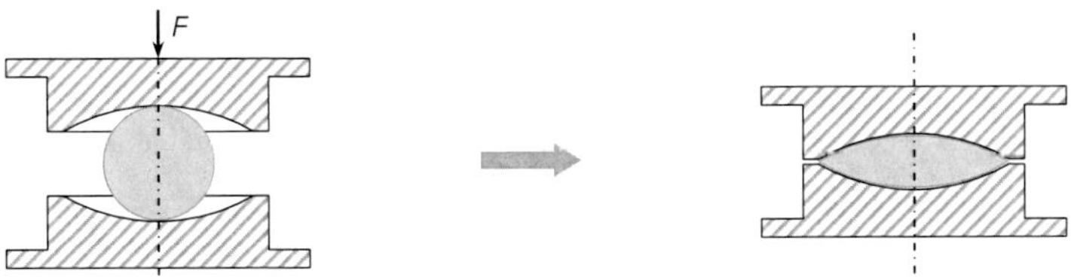

Abbildung 2.13: Pressen von Glas [HÜNT15, S. 50]
Pressing of glass according to [HÜNT15, S. 50]

In Abbildung 2.13 ist der eigentliche Pressprozess schematisch dargestellt. Das Glas wird zuvor vor dem Beladen des Formwerkzeuges erwärmt. Das Formwerkzeug wird auf eine Temperatur unterhalb der Transformationstemperatur des Glases vorgewärmt. Anschließend wird das Glas dem Formwerkzeug zugeführt und die Umformung wird durchgeführt. Nach der Umformung wird das Glas entnommen und einem Kühlprozess zugeführt. [KREI18, S. 18]

2.3 Prozessmodelle der Heißformgebung dünner Gläser

Process models of hot forming of thin glasses

Während experimentelle Methoden der Prozessentwicklung, wie sie in der Glasindustrie üblich sind, schon seit Jahrzehnten eingesetzt werden, werden in jüngster Zeit numerische oder simulative Ansätze auf den Umformprozess angewendet [LIU18; SU11; VU15; VU16a; WANG14].

2.3.1 Einführung in die Modellarten

Introduction to the model types

In dem Kontext der Arbeit sollen ingenieurstechnische Modelle betrachtet werden. Im Bereich der Heißformgebung von Glas wurden insbesondere folgende Ansätze verfolgt [HOLL16; HÜNT15; JAIN05a; JAIN05b; KREI18; WANG14; YI05]:

- Analytische Modelle
- Empirische Modelle
- Numerische Modelle

Analytische Modelle basieren auf physikalischen Grundgleichungen und vertreten das deduktive Prinzip. Die Deduktion verlangt nach einer Allgemeingültigkeit in der Erklärung der betrachteten Vorgänge [POPP35, S. 1-7]. Eine geschlossen analytische und vollständige Lösung ist oft nur mit einer hinreichend starken Vereinfachung möglich. Aus diesem Grund werden numerische FEM-Modelle verwendet. Eine eindeutige Klassifizierung der Arbeiten des Stands der Technik ist oft nicht möglich. Mit der Verwendung empirischer Daten wird das induktive Prinzip angewandt. Auf eine Allgemeingültigkeit kann hierbei nicht geschlossen werden [POPP35, S. 1-7]. In den meisten Fällen werden kombinierte Modelle verwendet. In kombinierten Modellen werden simulative oder analytische Ansätze durch empirische Modelle und Daten ergänzt und validiert.

2.3.2 Modellierungsansätze in der Heißformgebung dünner Gläser

Modelling approaches in the hot forming of thin glasses

Zur Problembeschreibung wird im Folgenden ein Überblick über die Prozessmodelle und -ansätze bestehender Literatur zum Heißumformen von Glas gegeben.

Pressen

Bei den Pressverfahren sind beide Verfahrensvarianten der Temperaturführung, die isotherme und die nicht-isotherme, Thema diverser wissenschaftlicher Untersuchungen. Dadurch konnte in den letzten Jahren das Verständnis für diese Prozesse kontinuierlich weiterentwickelt werden. Dabei wird vorrangig die Umformung von volumetrischen Halbzeugen wie Kugeln oder sog. Gobs behandelt. [CHEN08; HÜNT15; KREI18; ZHOU09]

Beim isothermen Präzisionsblankpressen hat WANG das Schrumpfungsverhalten von Glas mit einem numerischen Modell und der Finite-Elemente-Methode (FEM) untersucht und festgestellt, dass es mit den temperaturabhängigen Materialeigenschaften des simulierten Glases zu vergleichbaren Ergebnissen führen kann [WANG14, S. 125]. XIAO konnte durch eine FEM mit verschiedenen Prozessparametern ermitteln, dass maximale Spannungen beim Pressen von Glas an den Kanten vorliegen, die durch eine höhere Pressgeschwindigkeit höher und durch eine höhere Umformtemperatur niedriger ausfallen [XIAO15].

Das nicht-isotherme Blankpressen wurde für höhere Stückzahlen entwickelt, da dort die Prozesszeit deutlich geringer als beim isothermen Präzisionsblankpressen ausfällt. Im Vergleich zu den isothermen Verfahren unterscheiden sich die Temperaturrandbedingungen ohne die gemeinsame Erwärmung maßgeblich [VU18, S. 3]. Die Erkenntnisse aus den isothermen Pressverfahren sind somit nur bedingt übertragbar.

HÜNTEN entwickelte ein Erklärungsmodell für das nicht-isotherme Blankpressen. Als sensitive Parameter für die Umformung wurden die Abweichung der Glastemperatur, der Wärmeübergangskoeffizient des Formwerkzeuges und die Strukturrelaxation des Glassubstrats festgestellt. Maschinen- und prozessseitig wurden die Glas- und Formwerkzeugtemperatur, der Umformgrad und die Verweildauer des Glases innerhalb der Erwärmungseinrichtung als bedeutende Einflussgrößen identifiziert. Er vernachlässigt den Einfluss der Schwerkraft gegenüber der Presskraft in der eigentlichen Umformung. Während der Heizphase geht er weiterhin von einem vernachlässigbaren Einfluss der Schwerkraft auf die Geometrie des Halbzeugs aus. In simulativen Untersuchungen wählte er für die Heizphase einen vollständigen Kontakt [HÜNT15]. In der Industrie werden jedoch Aufheizvorrichtungen mit einem stark reduzierten Flächenkontakt verwendet [DENN01]. Die von HÜNTEN gewählte Randbedingung ist somit kritisch zu hinterfragen. Bei reduzierter Auflagefläche ist eine Durchbiegung zu erwarten.

KREILKAMP befasste sich mit den Ursachen der Gestaltabweichungen umgeformter Gläser. Mithilfe statistischer Versuchsplanung konnte er feststellen, dass die Zustellgeschwindigkeit (Verfahrbewegung der Pressachsen), die Formtemperatur und die Systemgröße der Formwerkzeugtopografie einen starken Einfluss auf die Gestaltabweichungen ausüben. [KREI18, S. 127] Eine Diskussion des Einflusses der Gewichtskraft erfolgt in seiner Arbeit nicht.

Schwerkraftsenken

Im Folgenden werden Arbeiten zu beiden Varianten der Temperaturführung vorgestellt. SU untersuchte die Variation der Glasdicke durch simulative und experimentelle Methoden. In seiner Arbeit stellte er fest, dass eine geringe Glasdicke bei den damals verwendeten Versuchsparametern zu keiner vollständigen Ausformung führte, eine höhere Glasstärke konnte diesen Effekt jedoch erzeugen. Für weitere Untersuchungen riet er zu einer höheren Prozesstemperatur. Eine Variation der Temperaturgradienten wurde nicht untersucht. [SU11]

CHEN untersuchte beim Schwerkraftsenken den Einfluss der Erwärmungsbedingung auf die Oberflächenrauheit. Eine Heizzeit im Stundenbereich führte hierbei zu einer signifikanten Oberflächendegradation und einem Anstieg der Rauheit. Der Mechanismus der Rauheitsveränderung konnte nicht erklärt werden. [CHEN11]

HUNT stellte bei seinen Untersuchungen fest, dass sich die Glasdicke durch die Umformung und Nachfließen lokal verändert. Er verwendete numerische Ansätze mit konstanten und variablen Viskositäten, um den Einfluss der Schwerkraft beim Umformen von dünnem Glas zu bestimmen. Nach einer anfänglich schnellen Verformung unter Schwerkraft soll sich die Umformgeschwindigkeit aufgrund der Biegung des Glases kontinuierlich verlangsamen. Nach einer Ausdünnung des Glases an den Rändern kann sich das Glas wieder weiter verformen. Die Applikation von Vakuum zur Steigerung der Ausformung wurde nicht betrachtet. [HUNT02, S. 552]

Nicht-isotherme Temperatureffekte beim Schwerkraftsenken wurden Ende der 1990er Jahre untersucht. STOKES forschte an beiden Temperaturführungsarten des Schwerkraftsenkens und fasste für den isothermen Prozess zusammen, dass nicht-isotherme Temperaturschwankungen im Umformprozess keine signifikanten Auswirkungen auf den thermischen Replikationsprozess haben. Diese Aussage ist jedoch zu hinterfragen, weil sie sich in ihrer Arbeit an einem NEWTONschen Viskositätsmodell orientiert hat, welches nach heutiger Erkenntnis nicht bei der Umformung von Glas im betrachteten Temperaturbereich vorliegt (siehe Kapitel 2.1.3). Des Weiteren waren die betrachteten nicht-isothermen Abweichungen vergleichsweise gering ($\pm$ 5 °C). Diese wurden durch schwankende Ofentemperaturen erklärt. Eine gezielte Einstellung eines Temperaturgradienten zur Verbesserung der Ausformung oder Beschleunigung der Prozesszeit wurde nicht untersucht. [AGNO05; STOK00; STOK98]

Vakuumunterstütztes Senken

PROSERPIO diskutiert verschiedene Ansätze zur Heißformgebung von Röntgenspiegeln. Einer davon war das vakuumunterstützte Senken, welches in ihrer Dissertation unter „indirektem Senken" [PROS11, S. 70-71] beschrieben wurde. Beim beschriebenen isothermen Prozess wurde das Vakuum jedoch nicht nur zur Umformung angelegt, sondern auch danach. Dadurch wurde sichergestellt, dass die eingeschlossene Luft vollständig evakuiert wurde. [PROS11, S. 77].

Um Prozesszeiten zu verkürzen und Umformgrade zu erhöhen, stellte VU einen Ansatz der isothermen Heißformgebung von dünnem Glas vor, bei dem während der Umformung zwischen Glas und Formwerkzeug ein Vakuum appliziert wird. Durch die Anwendungen von Vakuum in isothermen Untersuchungen konnten die Umformtemperatur und -zeit reduziert werden. Eine Diskussion nicht-isothermer Effekte oder Verfahrensprinzipien ist nicht erfolgt [VU18]. Ferner ist aktuell neben Patenten keine Literatur vorhanden, in der der Prozess des nicht-isothermen Senkens untersucht wird.

Tiefziehen

VU untersuchte das Tiefziehen von Glas; einem Ansatz des vakuumunterstützten Senkens mit einem Niederhalter, der das Glas an den Rändern fixiert. Durch die Strukturierung des Rohglases konnte eine effiziente Prozesskette zur Funktionalisierung 3D geformter Oberflächen entwickelt werden. [VU18]

Zusammenfassung der Technologien

In Abbildung 2.14 ist die vorgestellte wissenschaftliche Literatur als Übersicht dargestellt. In diesem Zusammenhang wird zwischen Arbeiten mit simulativem oder experimentellem Fokus unterschieden.

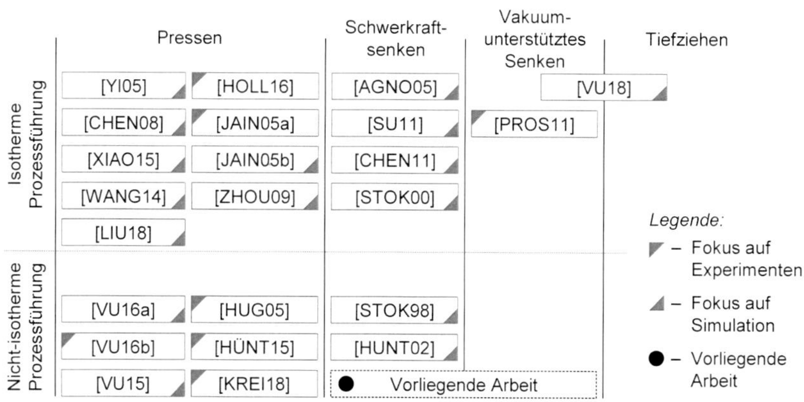

Abbildung 2.14: Überblick ausgewählter Literatur über Prozessmodelle unterschiedlicher Heißformgebungsverfahren und Einordnung der vorliegenden Arbeit

Overview of selected literature on process models of different hot forming processes and positioning of the thesis at hand

Somit kann festgehalten werden, dass insbesondere im Bereich der Prozessentwicklung für die Umformung dünner Gläser nur sehr wenig wissenschaftlich publizierte Erkenntnisse vorliegen. [VOGE19a; VOGE19b]

Auch das isotherme Schwerkraft- und vakuumunterstützte Senken wurde in diversen Arbeiten thematisiert. Die Übersicht zeigt, dass das nicht-isotherme vakuumunterstützte Senken bisher nicht in der Literatur diskutiert wird. Im Gegensatz dazu existieren weitreichende Erfahrungen und Erkenntnisse im Bereich der nicht-isothermen Pressverfahren von Massivglas. Im Folgenden wird eine Übertragbarkeit dieser Erkenntnisse diskutiert. In diesem Zusammenhang ist in Abbildung 2.15 der direkte Vergleich der Press- und Senkverfahren in Bezug auf das Kraftbelastungskollektiv dargestellt.

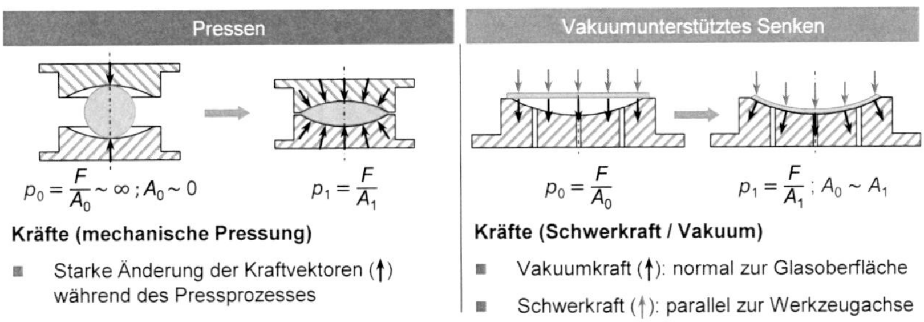

Abbildung 2.15: Kraftbelastungskollektiv nicht-isothermer Press- und Senkverfahren
Force load collective of non-isothermal molding and slumping processes

Je nach Rohlings- und Werkzeugeometrie liegt bei den Pressverfahren von Massivglas initial ein Flächenkontakt vor. Einen Extremfall stellen Kugelrohlinge dar, bei denen zu Beginn des Heizvorgangs ein quasi-punktartiger Kontakt vorliegt [KREI18]. Mit steigender Erwärmung verformt sich die Kugel unter Eigengewicht, wodurch die Auflagefläche vergrößert wird. Die Applikation der Presskraft steigert die Ausformung, wodurch die Kontaktfläche weiter vergrößert wird. Bei konstanten Presskräften reduziert sich somit die spezifische Flächenbelastung. Aufgrund der Wärmeabfuhr vom heißeren Glas in die kühleren Formwerkzeuge kann nicht direkt auf die Spannungszustände im Glas geschlossen werden. Die Schlussfolgerung ist, dass innerhalb der Pressprozesse die Spannungsbedingungen stark instationär sind.

Bei den Senkverfahren wirken zwei Teilbelastungskollektive auf das erwärmte Rohglas. Der Schwerkraftvektor wirkt normal in Werkzeugrichtung. Das applizierte Vakuum wirkt während der Umformung normal zur sich umformenden Glasoberfläche. Unter Annahme einer sich nur geringfügig vergrößernden Glasoberfläche bleibt das Kraftbelastungskollektiv während der Umformung annähernd konstant. Somit sind die Erkenntisse der Pressverfahren in Bezug auf die Applikation der Umformkraft nicht übertragbar auf die vakuumunterstützten Senkverfahren.

In Abbildung 2.16 ist der direkte Vergleich der Press- und Senkverfahren in Bezug auf das Temperaturbelastungskollektiv dargestellt.

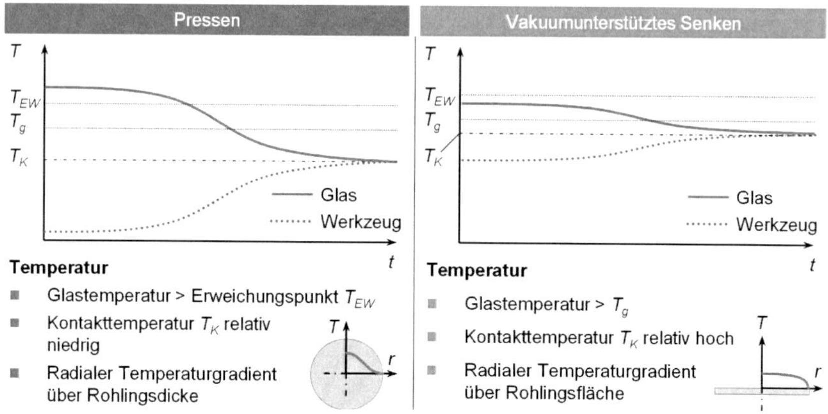

Abbildung 2.16: Temperaturbelastungskollektiv nicht-isothermer Press- und Senkverfahren
Thermal load collective of non-isothermal molding and slumping processes

Bei den nicht-isothermen Pressverfahren bildet sich durch die Verwendung volumtrischer Halbzeuge (Kugeln, Gobs, etc.) bei der Erwärmung ein Temperaturgradient über den Kugelradius aus. Dabei wird der Glasrohling auf eine Temperatur im Bereich des LITTLETON Erweichungspunkts (vgl. Abbildung 2.7) erwärmt. Die Formwerkzeuge werden auf eine Temperatur deutlich unterhalb der Glastransformationstemperatur temperiert [HÜNT15; KREI18]. Bei den Senkverfahren ist gemäß von Patentliteratur der Temperaturgradient zwischen Glasrohling und Formwerkzeug deutlich geringer [VOGE18b]. Die Belastungskollektive der Press- und Senkverfahren unterscheiden sich somit signifikant. Folgend werden (vgl. Abbildung 2.7) unterschiedliche Viskositätsbereiche addressiert. Aufgrund der verzögerten Erhöhung der Glaskontaktfläche bei den Senkverfahren erfolgt der Wärmeaustausch zwischen Glas und Formwerkzeug erst zu einem späteren Zeitpunkt. Eine Übertragbarkeit der bisherigen Erkenntnisse der Pressverfahren ist somit nicht gegeben.

2.4 Gestaltabweichungen

Form deviation

Für die im Verlauf der Arbeit durchzuführenden Umformversuche ist eine Charakterisierung der Gestaltabweichung notwendig. Im Folgenden wird das Ordnungssystem der Gestaltabweichungen nach DIN 4760 in Abbildung 2.17 vorgestellt. [DIN82, S. 1-2]

Gestaltabweichungen (als Profilschnitt überhöht dargestellt)		Beispiele für die Art der Abweichung
1. Ordnung: Formabweichungen		Geradheits-, Ebenheits-, Abweichung, u.a.
2. Ordnung: Welligkeit		Wellen (siehe DIN 4761)
3. Ordnung: Rauheit		Rillen (siehe DIN 4761)
4. Ordnung: Rauheit	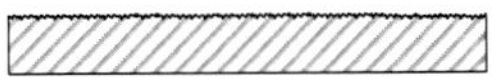	Riefen / Schuppen (siehe DIN 4761)
5. Ordnung: Rauheit Anmerkung: nicht mehr in einfacher Weise bildlich darstellbar		Gefügestruktur
6. Ordnung: Anmerkung: nicht mehr in einfacher Weise bildlich darstellbar		Gitteraufbau des Werkstoffes

Abbildung 2.17: Gestaltabweichungen 1. - 6. Ordnung [DIN82, S. 2]

Form deviations 1st - 6th order [DIN82, S. 2]

Ordnungssystem

Das Ordnungssystem wurde zum Zweck der Unterscheidung der verschiedenen Gestaltabweichungen normiert. Unterschieden werden die verschiedenen Gestaltabweichungen in die Ordnungen 1 – 6, welche als Profilschnitt überhöht in der ersten Spalte dargestellt und benannt werden. In der zweiten Spalte werden die Arten der Abweichungen unterschieden. In der Industrie wird als Kenngröße für die erste Ordnung der Gestaltabweichung der *Pt*-Wert auch häufig als PV-Fehler (peak-to-valley) bezeichnet. Gemeint ist die Gesamthöhe des Profils, die die Summe aus der Höhe der größten Profilspitze P_P und der Tiefe des größten Profiltales P_V innerhalb der Messstrecke darstellt [DIN10, S. 10-15].

Weiterhin wird als Kenngröße für die dritte und vierte Ordnung der Gestaltabweichung der arithmetische Mittelwert der Beträge der Ordinatenwerte Z entlang der Koordinate X innerhalb einer Einzelmessstrecke L als Rauheit Ra beschrieben: [DIN10, S. 10-15]

$$Ra = \frac{1}{L}\int_0^L |Z(X)|dx \qquad (12)$$

Innerhalb dieser Arbeit sind insbesondere die Gestaltabweichungen der ersten, dritten und vierten Ordnung von Bedeutung.

2.5 Zwischenfazit

Interim conclusion

Weltweit werden zunehmend Dünngläser in technisch immer anspruchsvolleren Formen und Stärken (z.B. als Abdeckgläser für die Märkte Automotive und Consumer Electronics) nachgefragt. Anlagen und Prozesstechnik, die derzeit für die Herstellung solcher 3D geformter Gläser zum Einsatz kommen, stoßen an ihre verfahrensbedingten Grenzen. Das isotherme Umformen mithilfe von Formwerkzeugen aus Graphit (auch als Graphitpressen bezeichnet) erfordert eine spanende Nachbearbeitung. Diese Nachbearbeitung erhöht insbesondere bei Freiformgeometrien das Risiko für Glasbruch. Umformende Fertigungsverfahren, die direkt eine hohe Oberflächengüte in der Umformung erzielen, werden daher präferiert. In diesem Zusammenhang wird in Bezug auf die Temperaturführung zwischen isothermen und nicht-isothermen Verfahren unterschieden.

Für isotherme Prozesse gibt es hierbei sowohl in der Dünn- als auch in der Massivglasumformung umfangreiches Vorwissen. Durch die gleichzeitige Erwärmung, Umformung und Kühlung von Glas und Formwerkzeug sind die Taktzeiten extrem lang und eine Skalierung für Großserien problematisch. Durch die Entkopplung der Temperierung von Glas und Formwerkzeug können in nicht-isothermen Verfahren die Taktzeiten signifikant reduziert werden. Insbesondere für die nicht-isothermen Senkverfahren besteht ein Wissensdefizit in Bezug auf die Prozessauslegung. Die Erkenntnisse aus den nicht-isothermen Pressverfahren (von Massivglas) können nur sehr begrenzt übertragen werden.

Das Kraftbelastungskollektiv (vgl. Abbildung 2.15) der Pressverfahren zeichnet sich durch zeitlich stark instationäre Spannungssituationen aus. Bei den vakuumunterstützten Senkverfahren wirkt das applizierte Vakuum normal zur Glasoberfläche und führt so zu einer gleichmäßigen Belastung. Die Temperaturniveaus und -gradienten (vgl. Abbildung 2.16) der nicht-isothermen Press- und Senkverfahren unterscheiden sich signifikant, wodurch die Umformung in verschiedenen Viskositätsbereichen stattfindet. Bedingt durch den verzögerten Glaskontakt bei den Senkverfahren erfolgt der Wärmeaustausch zwischen Glas und Formwerkzeug erst zu einem späteren Zeitpunkt.

Aufgrund dieser Tatsachen kann nicht auf das Prozessverständnis des in dieser Arbeit betrachteten Verfahrens, dem nicht-isothermen, vakuumunterstützten Senken, geschlossen werden. Bestehende Modelle sind nicht dazu geeignet Gestaltabweichungen, wie die Formgenauigkeit beim Senken, vorherzusagen. Weiterhin kann das bestehende Wissen der Pressprozesse in Bezug auf notwendige Aktorik und Sensorik nicht übertragen werden.

Die Entwicklung eines geeigneten vakuumunterstützten Senkumformprozesses birgt ein hohes technologisches Risiko und erfordert umfangreiches Vorwissen. Fähige und beherrschte Prozesse sind essenziell für die wirtschaftliche Etablierung dieses Verfahrens der Dünnglasumformung.

3 Zielsetzung und Vorgehensweise

Objectives and procedure

Derzeit existiert kein Umformverfahren, das die wirtschaftliche Serienproduktion von Freiformgeometrien aus Dünnglas ermöglicht. Zielgeometrien zeichnen sich durch die Kombination von konkaven oder konvexen Elementen oder Freiformen aus. Dabei soll die Wandstärke möglichst nicht verändert werden, wodurch Blasprozesse verfahrensbedingt ausscheiden [JEBS11, S. 434-437]. Bestehende isotherme Prozessvarianten können aufgrund der langen Zykluszeiten, den Marktbedarf nur ungenügend bedienen [VOGE19b; VOGE19a]. Die ökonomische Bedeutung wird vorrangig durch die Nachfrage an Abdeckgläsern für Smartphones und Interieur-Elemente von Fahrzeugen, sowie durch die Nachfrage an Spiegelsubstraten bestimmt [VOGE19a; VOGE19b; VU18].

Des Weiteren existiert für die nicht-isotherme, vakuumunterstützte Umformung von Dünnglas derzeit nur ein sehr geringes Prozessverständnis. Bestehende Modelle können die Formgenauigkeit nur ungenügend vorhersagen. Modellhaft ist der Prozess in Abbildung 3.1 dargestellt.

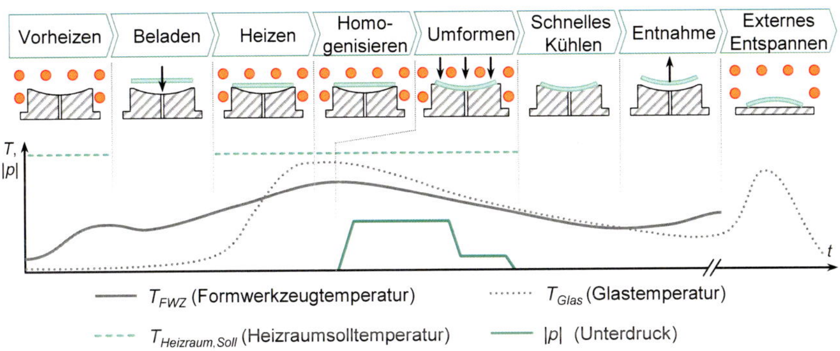

Abbildung 3.1: Betrachtete Prozessvariante in dieser Arbeit
Observed process variant in this thesis

Das Ziel ist daher, ein Beschreibungsmodell zu entwickeln, welches das Umformverhalten dünner Gläser qualitativ und quantitativ hinreichend genau beschreibt und auf dessen Basis eine gezielte Prädiktion der Formgenauigkeit erfolgen kann. Die Arbeit zielt auf die Beantwortung von relevanten Fragestellungen für das Prozessverständnis des Verfahrens des vakuumunterstützten Senkens ab. Da auf Basis von Erfahrungswissen eine geschlossene analytische Lösung nicht möglich ist, bietet sich ein empirisch analytisch erweitertes Modell an.

Um dieses Ziel zu erreichen, wird die Forschungshypothese wie folgt definiert:

„Ein empirisch analytisch erweitertes Prozessmodell kann die Gestaltabweichung beim vakuumunterstützten, nicht-isothermen Umformen von Dünnglas hinreichend genau vorhersagen.“

Zur Beantwortung der Forschungshypothese werden daraus folgende drei Forschungsfragen formuliert:

1. *Welche Prozessstellgrößen haben signifikanten Einfluss auf die Gestaltabweichung?*
2. *Wie kann die Gestaltabweichung in Abhängigkeit von signifikanten Prozessstellgrößen in einem empirisch und analytisch erweiterten Modell beschrieben werden?*
3. *Wie kann das Modell anhand einer Freiformgeometrie validiert werden?*

Aufgrund der Komplexität der analytischen Zusammenhänge werden im Zuge der Beantwortung der zweiten Forschungsfrage ausgewählte Aspekte (insbesondere das viskoelastische Materialverhalten des betrachteten Glases) in einem numerischen Modell betrachtet. Das numerische Modell basiert auf analytischen Grundgleichungen und empirisch gewonnenen Daten.

Der Aufbau der Arbeit orientiert sich an den drei Forschungsfragen.

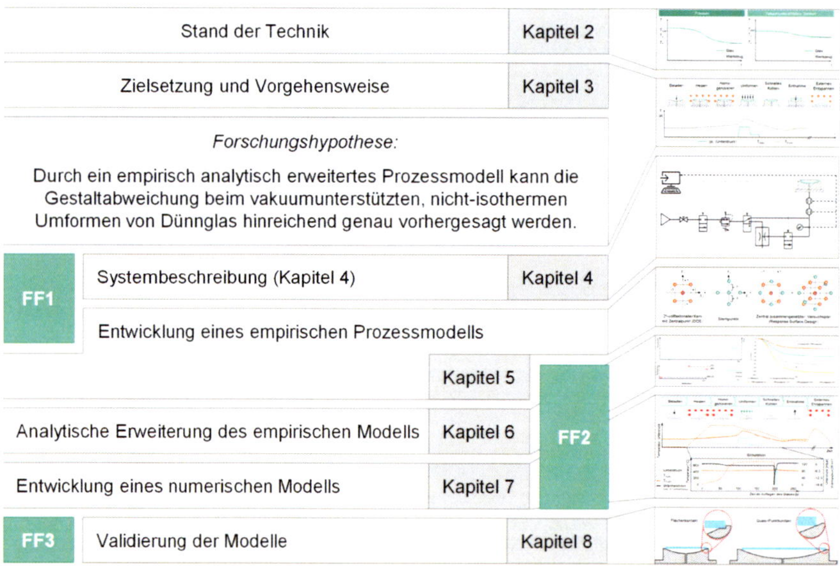

Abbildung 3.2: Struktur der Arbeit
Structure of the thesis

In Kapitel 2 wurden die Thematik und der zugehörige Stand der Technik gewürdigt. Dabei wurden der Werkstoff Glas sowie Heißformgebungsverfahren vorgestellt und die Lücke im Prozessverständnis des vakuumunterstützten Senkens aufgezeigt.

In Kapitel 3 werden die Ziele und Vorgehensweise dieser Arbeit definiert.

Im Anschluss folgt in Kapitel 4 die System- und Prozessbeschreibung, die die grundlegenden technischen Komponenten und den Prozess vorstellen. Zu den beteiligten

Komponenten gehören neben der Umformanlage, dem Formwerkzeug, den Erwärmungseinrichtungen, den Greifer- und Transporteinrichtungen auch der Kühlofen und die in den Versuchen verwendeten Glasrohlinge.

Als Datengrundlage müssen zunächst die Methoden der Empirie genutzt werden. Im Zuge der Einführung der Theorie des empirischen Prozessmodells in Kapitel 5 und der Auswahl und Analyse von Prozess-, Prozessstell-, Prozessziel- und Störgrößen werden die Versuche durchgeführt und dokumentiert, wobei die Strategie der Auswertung eingehend diskutiert wird. In Kapitel 5 wird die erste Forschungsfrage adressiert und die Datengrundlage für die zweite Forschungsfrage geschaffen.

In Kapitel 6 wird das rein empirische Modell durch analytische Teilmodelle erweitert, um eine bessere Allgemeingültigkeit und Übertragbarkeit zu erreichen. Dabei werden neben Ergänzungsversuchen zur Beschreibung und Auswertung der Maschinen- und Prozessabbildungsfunktionen auch analytische Ansätze entwickelt, die den Druck in der Formkavität und das instationäre Erwärmungsverhalten der Glasscheibe beschreiben. Mithilfe der empirisch analytisch erweiterten Modelle können die der Umformung zugrunde liegenden Phänomene und Ursache-Wirkungszusammenhänge nicht vollständig erklärt werden.

In Kapitel 7 wird daher ein numerisches Modell entwickelt. Das numerische Modell greift hierbei auf die in Kapitel 6 erarbeiteten analytischen Ansätze und Randbedingungen zurück. Ziel dieser Untersuchungen ist die Modellierung des Erwärmungs- und Umformungsverhaltens. Insbesondere für letzteres ist aufgrund des viskoelastischen Materialverhaltens der Glaswerkstoffe eine geschlossene analytische Lösung kaum möglich. Mithilfe des numerischen Modells können Ursachen und Wirkzusammenhänge erklärt und das Modell ergänzt werden.

In Kapitel 8 werden das Modell und die bis dahin entwickelten Vorgehensweisen auf eine komplexe Freiformgeometrie übertragen und angewendet, was der Beantwortung der dritten Forschungsfrage dient.

In einer abschließenden Zusammenfassung und dem Ausblick in Kapitel 9 werden wichtige Ergebnisse hervorgehoben und auf Berechtigung und Notwendigkeit zukünftiger Untersuchungen hingewiesen.

Die nicht-isotherme Dünnglasumformung hat aufgrund der schnellen Umformung im Sekundenbereich erhebliche Effizienzpotentiale gegenüber konkurrierenden Verfahren. Mit der vorliegenden Arbeit werden somit Methoden geschaffen, die die nicht-isotherme Umformung von dünnen Gläsern in einen wissensbasierten Kontext überführen und somit die Anwendung dieser neuen Technologie ermöglichen und vorantreiben.

4 Systembeschreibung

System description

In den folgenden Abschnitten werden der behandelte Prozessrahmen und dessen Randbedingungen vorgestellt und analysiert. Beginnend mit Kapitel 4.1 werden der Prozess beschrieben und das System sowie die Prozesskette abgegrenzt. Darauf aufbauend werden in Kapitel 4.2 relevante Systemkomponenten beschrieben. Abschließend wird in Kapitel 4.3 die verwendete Messtechnik zur Bewertung der umgeformten Bauteile vorgestellt.

4.1 Prozessbeschreibung und Systemabgrenzung

Process description and system delimitation

In der vorliegenden Arbeit wird auf den Umformprozess fokussiert. Ausgangsmaterial des Systems ist bereits zugeschnittenes dünnes Glas. Die Fertigung des Rohglases ist als etablierter Prozess somit nicht Gegenstand dieser Arbeit. Das Ergebnis des betrachteten Prozesses ist ein entspanntes, umgeformtes Glasbauteil. Nachgelagerte Prozessschritte, wie die Beschichtung oder Fügeoperationen, sind nicht Gegenstand dieser Arbeit. Abbildung 4.1 stellt die einzelnen Schritte des betrachteten Umformprozesses dar.

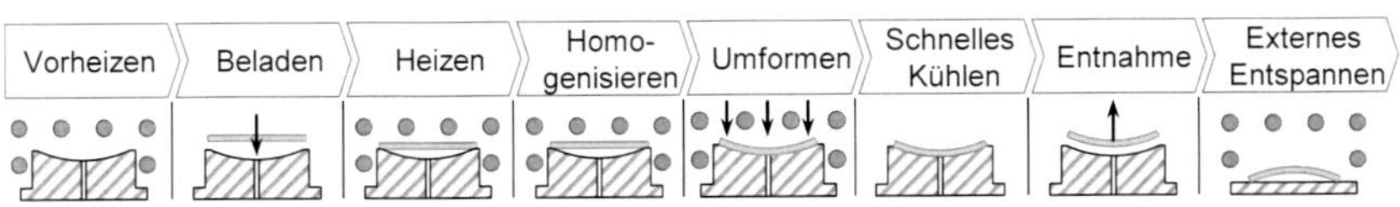

Abbildung 4.1: Schritte des nicht-isothermen vakuumunterstützten Umformprozesses
Steps of the non-isothermal vacuum assisted forming process

Das Formwerkzeug wird zunächst ohne Glas durch Einbringen in einen Heizraum vorgewärmt, um einen reproduzierbaren Erwärmungszustand zu erreichen. Anschließend kann durch eine Verfahrbewegung außerhalb des Heizraums das Formwerkzeug mit einem Glasrohling beladen werden. Folgend werden Formwerkzeug und Glas in den Heizraum bewegt und erwärmt. Nachdem sich ein quasistationärer Zustand der Glas- und Formwerkzeugtemperaturverteilung eingestellt hat und eine anfängliche Umformung durch die Schwerkraft stattgefunden hat, wird die weitere Umformung durch Anlegen eines Unterdrucks zwischen Glas und Kavität des Formwerkzeugs durchgeführt.

Danach wird das umgeformte Glas mit dem Formwerkzeug aus dem Heizraum heraus bewegt und durch die Umgebungstemperatur schnell gekühlt. Anschließend kann das umgeformte Bauteil entnommen werden, um in einem externen Kühlofen einem Entspannungsprozess (Annealing) zugeführt zu werden.

4.2 Beschreibung der Systemkomponenten

Description of the system components

In den folgenden Unterkapiteln werden wesentliche Elemente der verwendeten Anlagentechnik und des Versuchsaufbaus erläutert. Beginnend werden die verwendete

Umformanlage und ihre Grundfunktionen vorgestellt. Weiterführend werden Kernkomponenten der Umformanlage wie Formwerkzeug, Erwärmungseinrichtungen sowie Greifer- und Transporteinrichtungen erläutert. Darauf aufbauend werden der Kühlofen und der Glasrohling beschrieben.

4.2.1 Umformanlage

Forming machine

Für die Versuche wird eine vom Fraunhofer IPT modifizierte Glaspresse vom Typ PR-52 verwendet (vgl. Abbildung 4.2).

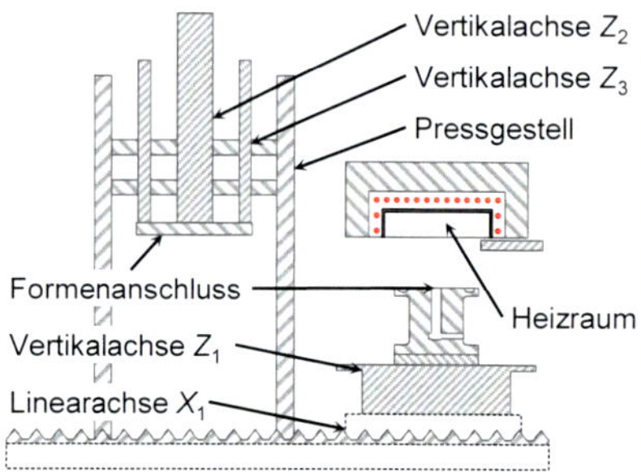

- Servomotoren mit Kugelgewindetrieb
- Linearachse X_1
  - Wiederholgenauigkeit: E_{Achse} = 5,80 µm
  - Absolute Genauigkeit: R_{Achse} = 1,82 mm
  - Maximalgeschwindigkeit: v_{max} = 80 mm/s
- Vertikalachse Z_1
  - Wiederholgenauigkeit: E_{Achse} = 6,74 µm
  - Absolute Genauigkeit: R_{Achse} = 2,04 mm
  - Maximalgeschwindigkeit: v_{max} = 125 mm/s

Abbildung 4.2: Übersicht der Umformanlage (links) und Leistungsdaten der Achsen (rechts)

Overview of the forming machine (left) and performance of the drive axes (right)

Der Grundaufbau der Anlage basiert auf drei Säulen, die zusammen mit einer Traverse das Pressgestell bilden. Die Umformanlage verfügt über vier mittels Servomotoren mit Kugelgewindetrieb angetriebene Verfahrachsen. Mithilfe der unteren Linearachse X_1 und der unteren Vertikalachse Z_1 werden die für die Versuche benötigten Bewegungsabläufe erzeugt. Die Maschine verfügt über eine hohe Wiederholgenauigkeit sämtlicher Bewegungsachsen (vgl. Abbildung 4.2 - Messungen nach VDI 3441 [VDI77]). Neben den Verfahrachsen können weitere Hilfsbewegungen über Druckluftzylinder erzeugt werden. An der Anlage wurden umfangreiche Modifikationen vorgenommen. So wurde unter anderem die Anlage durch eine Lösung zur vollautomatischen Aufzeichnung aller Sensor- und Aktorsignale erweitert [MEND19].

Abbildung 4.3 zeigt den für die vorliegende Arbeit verwendeten Versuchsaufbau.

Abbildung 4.3: Detaillansicht des Versuchsaufbaus

Detailed view of the experimental Setup

Insbesondere das Formwerkzeug und die verwendeten Erwärmungseinrichtungen werden im Folgenden diskutiert.

4.2.2 Formwerkzeug

Forming tool

Das Formwerkzeug ist zusammen mit den Erwärmungseinrichtungen der wesentliche Untersuchungsgegenstand der verwendeten Maschinentechnik. Das Formwerkzeug wird auf einen Formenhalter montiert. In Abbildung 4.4 ist die Schnittansicht des Formwerkzeugs dargestellt.

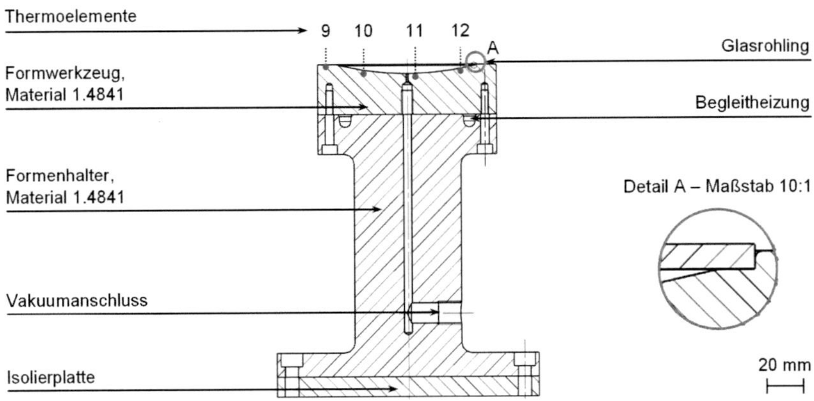

Abbildung 4.4: Schnittansicht des Formwerkzeuges
Sectional view of the forming tool

Das Formwerkzeug besteht aus einem rotationssymmetrischen Grundkörper. Aufgrund der hohen Einsatztemperaturen wird ein bis 700 °C zunderbeständiger Edelstahl (1.4841) verwendet. Die optische Funktionsfläche bildet einen Kugelausschnitt mit einem Radius von 150 mm und einem Öffnungsdurchmesser von 68,8 mm. Durch die Wahl dieser Geometrie ist die Auswertbarkeit der umgeformten Glasproben nach der Umformung mit einer Vielzahl an Messmitteln sichergestellt. Für die Fertigung der optischen Oberfläche wurde ultraschallunterstützte Zerspanung mit monokristallinen Diamanten verwendet, wodurch eine Formgenauigkeit (Peak-to-Valley) von unter 1 µm erreicht werden konnte. Die initiale Rauheit *Ra* des Formwerkzeugs beträgt weniger als 20 nm.

In der Mitte der Kavität befindet sich eine funkenerodierte Bohrung, durch die ein Vakuum zwischen Glas und Formwerkzeug realisiert werden kann. Der Durchmesser der Bohrung beträgt 0,5 mm – dadurch können bei hinreichend hoher Viskosität (vgl. Abbildung 2.7) des Glases Abdrücke der Bohrung auf dem Glas unterbunden werden. Auf kleinere Vakuumbohrungen wird aufgrund der schlechten Herstellbarkeit verzichtet. Für das Formwerkzeug wird nur diese einzige Vakuumbohrung vorgesehen, wodurch das System eine vergleichsweise geringe Komplexität aufweist. Weiterhin wird vermutet, dass durch die Verwendung einer einzigen Vakuumbohrung gegenüber einer Vielzahl an Vakuumbohrungen der Gestaltfehler der ersten Ordnung größer ist und sich daher messtechnisch besser erfassen lässt.

Für die Umformung des Glases ist die initiale Positionierung des Glasrohlings auf dem Formwerkzeug von großer Bedeutung. Insbesondere eine Schieflage des Glasrohlings gegenüber der Öffnung des Formwerkzeuges kann zu großen Formabweichungen und Leckage des Vakuumsystems führen. Um eine möglichst eindeutige Positionierung mit einer hohen Wiederholgenauigkeit zu gewährleisten, hat das Formwerkzeug eine zylindrische Auflagefläche (siehe Detail A Abbildung 4.4). Dabei bilden der Außendurchmesser des Glasrohlings und der Innendurchmesser der Öffnung des Formwerkzeuges eine enge Spielpassung (Zeichnung siehe Anhang). Weitere Passungen (wie vom Formenhalter zum Formwerkzeug) sind nicht notwendig.

Ein Heizleiter in einer Nut des Formenhalters gewährleistet, dass die Temperatur des Formwerkzeugs außerhalb des Heizraums nicht unter einen Schwellwert (1 K gegenüber der Solltemperatur) fällt. Eine Isolierplatte reduziert den Wärmeeintrag in die Maschinenstruktur. Für die thermische Messung des Formwerkzeuges werden Typ-K Thermoelemente (Durchmesser 1 mm) verwendet. Hierdurch ist die Messung der Temperaturverteilung des Formwerkzeugs während der Erwärmung und Umformung möglich. Durch die oberflächennahe Positionierung sind zusätzlich während der Umformung Rückschlüsse auf die Glastemperatur möglich. Die exakte Position der Thermoelemente kann dem Anhang entnommen werden.

Die Anordnung der Ventiltechnik und Sensorik ist in Abbildung 4.5 dargestellt. Über das Leitungssystem kann über zwei verschiedene Schaltstellungen die Werkzeugkavität entweder mit einem Unter- oder einem Überdruck beaufschlagt werden. Für die Vakuumerzeugung wird ein Ejektor verwendet, wobei die Intensität über ein Proportionalventil gesteuert wird.

In beiden Arbeitsschaltstellungen (detaillierte Darstellung im Anhang in Tabelle 11.2) können der entstehende Druck über einen Drucksensor (p_{Mess}) und der Volumenstrom über zwei Durchflusssensoren gemessen werden. Die Verwendung von zwei Durchflusssensoren wird durch den unterschiedlichen Einsatz- und Verwendungszweck der beiden Sensoren begründet:

Der erste Durchflusssensor (Messbereich: ± 100 l/min) wird insbesondere während des Aufbaus des Vakuums verwendet. Nachdem ein quasi-statischer Zustand erreicht bzw. die in der Leitung und Formkavität vorhandene Luft abgesaugt worden ist, wird mit einem zweiten Durchflusssensor (Messbereich: ± 1 l/min) Leckage überwacht.

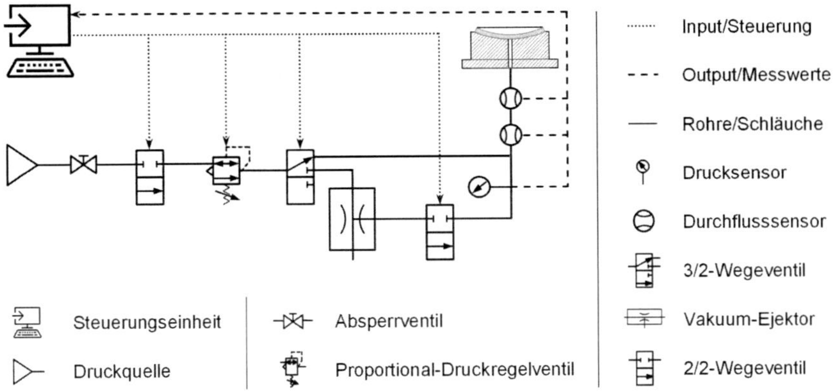

Abbildung 4.5: Ventiltechnik und Sensorik zur Vakuumversorgung des Formwerkzeugs
Valve and sensor technology for vacuum supply to the molding tool

Der Vakuumejektor generiert in Abhängigkeit vom eingehenden Betriebsdruck einen Unterdruck [FEST14, S. 7]. Tatsächlich kann der Unterdruck in der Formkavität $w_{p,Formkavität}$ aufgrund der Änderung des Öffnungsgrades des Proportionalventils und der unterschiedlichen Leitungsquerschnitte zumindest während der instationären Phase des Vakuumaufbaus vom gemessenen Druck am Sensor p_{Mess} abweichen und somit Auswirkungen auf das Umformergebnis haben.

4.2.3 Erwärmungseinrichtungen
Heating devices

Beim Heizraum handelt es sich um einen von fünf Seiten geschlossenen Körper. Jede der fünf Flächen wird mit mäanderförmigen Infrarotstrahlern mit jeweils 2,5 kW Leistung der Firma KANTHAL beheizt. Der Abbildung 4.6 können Informationen der beiden Heizkreise I und II entnommen werden.

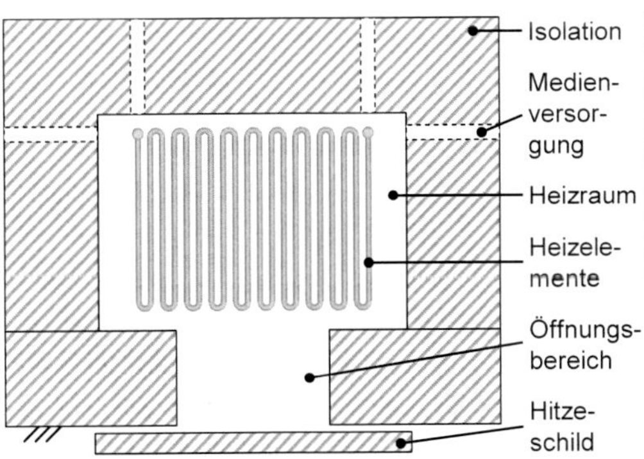

Leistungsdaten Heizraum:

- KANTHAL-APM-Heizelemente
  - Max. Temperatur: 1425 °C
  - Filterplatten vor Heizleiter zur Homogenisierung
- Heizkreis I
  - Vier Seitenflächen: 4 x 2,5 kW
  - Typ-S Thermoelement
- Heizkreis II
  - Dachfläche: 2,5 kW
  - Typ-S Thermoelement

Abbildung 4.6: Isometrische Ansicht und Leistungsdaten des Heizraums
Isometric view and data of the heating furnace

Die Strahler bestehen aus einer Eisen-Chrom-Aluminium-Legierung und sind für den Einsatz bei Temperaturen bis zu 1425 °C geeignet [KANT18, S. 1]. Zur weiteren Homogenisierung dieser Strahlungsleistung werden Filterplatten vor den Strahlern verbaut. Der Heizraum übernimmt im Prozess zwei Funktionen. Die Hauptfunktion ist die Erwärmung des Glases und die Nebenfunktion die Erwärmung des Formwerkzeuges. Für die Prozessentwicklung und insbesondere die Festlegung der Grenzen der Versuchsparameter ist die Temperaturverteilung des Heizraums von großer Bedeutung. Aus diesem Grund stellt Abbildung 4.7 die bei einer Solltemperatur von 900 °C gemessene, durchschnittliche Temperaturverteilung dar. Hierbei wurden 13 Thermoelement-Sensoren auf einer Messplatte (200 mm x 300 mm) montiert und diese auf zehn Messhöhen (Abstand jeweils 20 mm) gefahren. Die Positionen der Sensoren können dem Anhang entnommen werden.

Eine Temperaturschichtung über die Höhe (Koordinate Z) ist für diese Art Ofen typisch. Auffällig sind in diesem Zusammenhang sehr starke Abweichungen der *X*-*Y*-Ebenen im unteren Drittel des Heizraums, die durch Konvektionen im Öffnungsbereich erklärt werden. Die örtlichen Abweichungen der Heizraumtemperatur werden für die Auslegung des späteren Versuchsplans berücksichtigt.

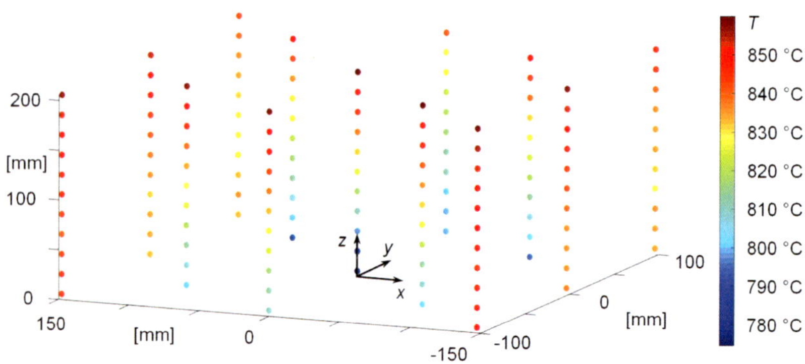

Abbildung 4.7. Temperaturverteilung des Heizraums (Solltemperatur 900 °C)
Temperature distribution of the heating furnace (set temperature 900 °C)

Da sich das Formwerkzeug bei einem Teil der Prozessschritte außerhalb des Heizraums befindet, benötigt es zum Erreichen und Halten hoher Temperaturen eine Begleitheizung. Diese wird durch einen flexiblen Heizleiter mit 0,3 kW Heizleistung realisiert. Der Heizleiter bildet eine aktive Isolierung (durch die Einbringung von zusätzlicher Wärmeenergie) und die Keramikplatte eine passive Isolierung (vgl. Kapitel 4.2.2).

Durch den Kontakt des zunächst kühleren Glasrohlings mit dem Formwerkzeug im Zuge des Prozessschritts Beladen entsteht durch Temperaturdifferenzen in der Berührungszone ein Wärmeübergang durch Wärmeleitung vom Formwerkzeug auf den

Glasrohling, wodurch das Formwerkzeug lokal abkühlt. Weiterhin wird das Formwerkzeug durch den Wärmeverlust an die angebundene Maschine gekühlt.

4.2.4 Greifer- und Transporteinrichtungen

Gripper and transport equipment

Für das Handling des zu beladenden Rohlings und des umgeformten Glasbauteils wird ein Vakuumgreifer mit einer Silikonlippe verwendet. Das Silikonmaterial ist bis 450 °C temperaturbeständig. Nach der Entnahme wird das umgeformte Bauteil auf einen gereinigten Werkstückträger aus einem hitzebeständigen Glaskontaktmaterial platziert, wodurch die Degradation der Glasoberfläche vermieden wird.

4.2.5 Kühlofen

Annealing furnace

Für das geregelte Kühlen zum Abbauen der induzierten internen Spannungen im Glas wird ein Kühlofen vom Typ N 250/65 HAC der Firma NABERTHERM verwendet. Mit einer Heizleistung von 18,6 kW und einer maximalen Ofentemperatur von 650 °C wird der Ofen von drei Seiten beheizt – unbeheizte Flächen sind der Boden, die Tür und die Rückwand. Zur Homogenisierung der Ofeninnentemperatur wird ein Umluft-Ventilator verwendet.

Kühlöfen werden i.d.R. isotherm betrieben. Dies wird durch die Anwendung langsamer Heiz- und Kühlraten erreicht. Die Temperaturverteilung des Ofens wird daher charakterisiert. Die Abweichung von der Sollkühltemperatur während der Homogenisierungsphase ist in Abbildung 4.8 dargestellt. Hierfür wird eine Messplatte mit neun regelmäßig verteilten Typ-K-Thermoelementen in mehrfachen Messungen verwendet.

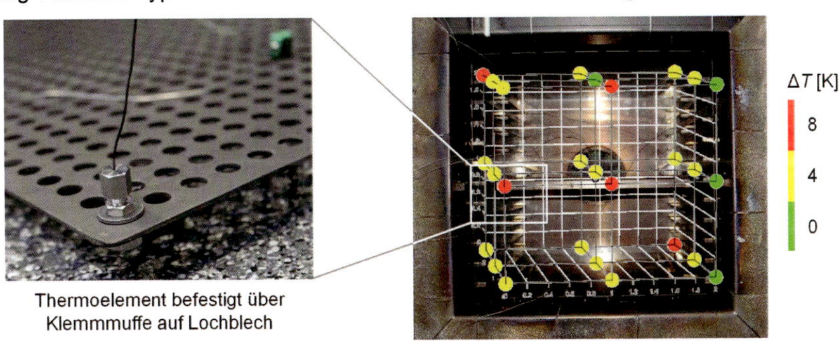

Abbildung 4.8: Messung der Temperaturverteilung des Kühlofens

Measurement of the temperature distribution of the annealing furnace

Durch die Art der Befestigung der Thermoelemente wird die Temperatur an der Messplatte durch Wärmeleitung gemessen.

Hierbei werden Abweichungen gegenüber der Solltemperatur von bis zu 8 K festgestellt. Die umgeformten Erzeugnisse befinden sich jedoch ausschließlich auf der unteren Ebene, mit Abstand zum Tür- und Wandbereich, wodurch Temperaturabweichungen von weniger als 4 K auf das Erwärmungsgut wirken.

Diese verbleibende Abweichung muss für die Auslegung des externen Kühlprozesses berücksichtigt werden. Um die systematische Temperaturabweichung des Ofens zu kompensieren wird daher die Homogenisierungstemperatur um 4 K niedriger gewählt. Die im Rahmen dieser Arbeit verwendete Kühlkurve ist im Anhang dargestellt. Für die Auslegung der Kühlkurve werden die minimale und maximale Heizrate sowie das Überschwingverhalten des Kühlofens sowie die experimentell ermittelte Kühlvorschrift berücksichtigt. Diese Vorgehensweise ist auf andere Glassorten übertragbar. Mit den durchgeführten Maßnahmen gilt der Kühlofen als qualifiziert und thermische Fehlereinflüsse auf das Prozessgut können ausgeschlossen werden.

4.2.6 Glasrohling

Glass preform

Für die Versuche wird das Glas XENSATION® 3D, ein Lithium-Aluminiumsilikatglas des Glasherstellers SCHOTT, verwendet. Dies wird mit der Verfügbarkeit dieses Glases als Plattenmaterial im Dickenspektrum von 0,55 bis 8 mm und der breiten Verwendung in der Industrie begründet. Die Glasübergangstemperatur von 505 °C ermöglicht eine Umformung bei vergleichsweise niedrigen Temperaturen gegenüber anderen Glassorten. Der Glasrohling ist eine Kreisscheibe mit einem Außendurchmesser von 70 mm (siehe Abbildung 4.9). Als Dicken der Scheibe werden für die Versuche in dieser Arbeit 0,7 mm und 2,0 mm gewählt, da diese für viele Anwendungen im Bereich Automotive und Consumer Electronics einen typischen Wert darstellen.

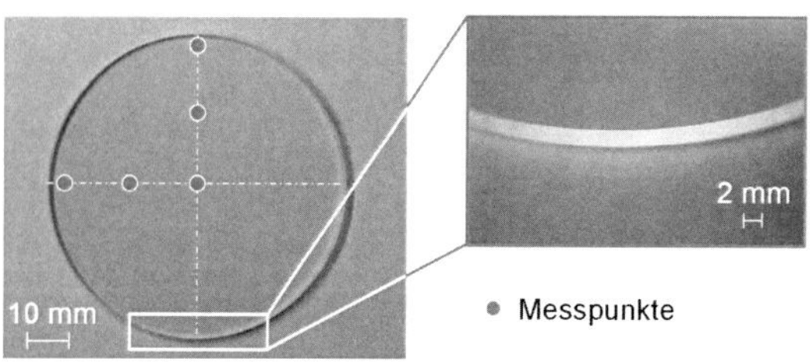

- SCHOTT XENSATION® 3D
- Glasdicken: 0,7 und 2 mm
- Hohe Kantenqualität durch Laserstrahlschneiden
- Arithmetisch gemittelter *Ra*-Wert an fünf Messpunkten: 1,36 nm (min. 1,04 nm; max. 1,73 nm)

Abbildung 4.9: Glasrohling – Übersicht der Messpunkte (links); Kantenqualität (mittig)
Glass preform - Overview of measuring points (left); edge quality (center)

Durch das Ausschneiden der Kreisscheiben mit einem Ultrakurzpulslaser werden Kanten mit geringen Defekten (Mikrorisse, Ausbrüche, etc.) gefertigt (siehe Abbildung 4.9, vergrößerter Ausschnitt). Die Rauheit Ra der Glasoberfläche beträgt unter zwei Nanometer. Der Rohling erfüllt somit alle Anforderungen an die Umformaufgabe.

4.3 Messtechnik

Measurement technology

Für die Bewertung der umgeformten Glasbauteile und der Formwerkzeuge wird in diesem Abschnitt die benötigte Messtechnik vorgestellt. Grundlage sind die in Kapitel 2.4 vorgestellten Gestaltabweichungen und der im Anhang (vgl. Abbildung 11.3) dargestellte Hauptdemonstrator. Ziel des Hauptdemonstrators ist, den Kugelradius des

Formwerkzeugs von 150 mm bestmöglich abzuformen. Die Erfassung der Formgenauigkeit der umgeformten Glasbauteile wird mit einem taktil arbeitenden Profilometer der Firma TAYLOR HOBSON Typ *PGI 1250* (Abbildung 4.10) durchgeführt.

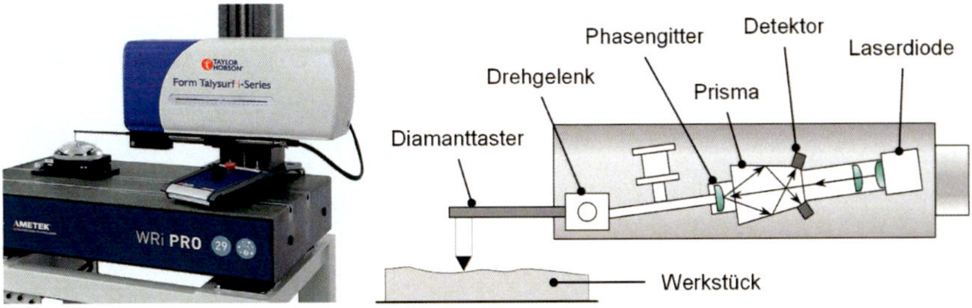

Abbildung 4.10: Taktiles Messgerät - TAYLOR HOBSON „FORM TALYSURF PGI 1250“ [KREI18, S. 43; TAYL14]
Tactile measuring device – TAYLOR HOBSON "FORM TALYSURF PGI 1250 [KREI18, S. 43; TAYL14]

Der Hub der Tastnadel beträgt 10 mm und bildet damit eine Randbedingung für den Messbereich, außerhalb dessen keine Daten mehr generiert werden [KREI18, S. 43; TAYL14].

Weiterhin wird die Rauheit Ra mithilfe eines Weißlichtinterferometers gemessen. Das eingesetzte Messgerät BRUKER CONTOUR GT-K sowie das Funktionsprinzip sind in Abbildung 4.11 dargestellt. Basierend auf dem Intensitäts- bzw. Helligkeitsverlauf eines Interferenzmusters wird ein exaktes, dreidimensionales Höhenprofil der gemessenen Probenoberfläche berechnet [KOCH98, S. 122; KREI18, S. 43].

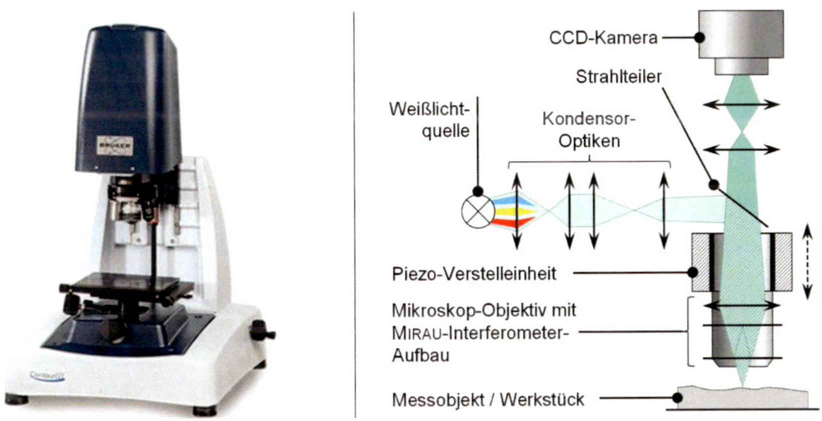

Abbildung 4.11: Funktionsprinzip eines Weißlichtinterferometers [KREI18, S. 46]
Principle of a white light interferometer [KREI18, S. 46]

4.4 Zwischenfazit der Systembeschreibung

Interim conclusion of system description

In diesem Kapitel wurden wesentliche Systemkomponenten charakterisiert. Dabei wurden insbesondere die Umformanlage und die Erwärmungseinrichtungen diskutiert. Die Schlussfolgerung ist somit, dass die Wiederholpositioniergenauigkeit der Verfahrachsen für die in dieser Arbeit durchzuführende Umformaufgabe ausreichend ist.

Das Formwerkzeug besitzt eine ultrapräzisionszerspante, optische Oberfläche mit einer Formgenauigkeit von unter 1 µm P-V, wodurch es die Genauigkeitsanforderungen von nicht-isothermen Prozessen erfüllt. Durch die in das Formwerkzeug integrierten Thermoelemente kann der thermische Zustand von Formwerkzeug und Glas im Prozess überwacht werden.

Dies ist insbesondere notwendig, da nachgewiesen werden konnte, dass der Heizraum eine örtliche und zeitliche Abweichung aufweist. Aufgrund dieser Erkenntnis werden in den Versuchen die Stellgrößenbereiche der Heizraumtemperatur entsprechend weit gewählt, um dadurch den absoluten Fehler zu relativieren.

Die Abweichungen der Temperaturverteilung des Kühlofens wurde bewertet und für die Auslegung der Kühlkurve berücksichtigt. Der Kühlofen ist somit für die Umformaufgabe qualifiziert.

Durch Messungen konnte gezeigt werden, dass der Glasrohling hohe Anforderung in Bezug auf Kantenqualität und Oberflächengüte erfüllt. Der Glasrohling gilt somit als ebenfalls qualifiziert.

5 Entwicklung eines empirischen Prozessmodells

Development of an empirical process model

Das vorliegende Kapitel befasst sich mit der Beantwortung der ersten Forschungsfrage, welche Prozessstellgrößen signifikanten Einfluss auf die Formgenauigkeit haben. In Kapitel 5.1 wird die Prozesskette abstrahiert und folgend in Kapitel 5.2 der Modellansatz gebildet. Darauf aufbauend werden in Kapitel 5.3 Prozessstellgrößen ausgewählt, die einen sensitiven Einfluss auf die in Kapitel 5.4 zu erläuternden Prozesszielgrößen haben können. Die Analyse von Störgrößen und deren Abstellung wird in Kapitel 5.5 behandelt. Ferner werden in Kapitel 5.6 Prozessgrößen vorgestellt. In den Kapiteln 5.7 (Hauptversuchsdurchführung) und 5.8 (Hauptversuchsauswertung) wird die Datengrundlage für das empirische Modell geschaffen, welches ausführlich in Kapitel 5.9 diskutiert wird. In Kapitel 5.10 erfolgt ein Zwischenfazit.

5.1 Abstraktion der Prozesskette

Abstraction of the process chain

Die in diesem Kapitel betrachtete Prozesskette bezieht sich auf das in Kapitel 4.1 definierte System. Ziel ist die Abstraktion der einzelnen Prozessschritte. Fundamentale analytische Gleichungen der Wärmelehre werden hierbei verwendet, um ein Verständnis der Dimensionen der temperaturbezogenen Effekte zu schaffen.

Mit dem Vorheizen beginnt die Prozessabfolge, indem das Formwerkzeug in dem Heizraum verbracht wird (vgl. Abbildung 5.1),

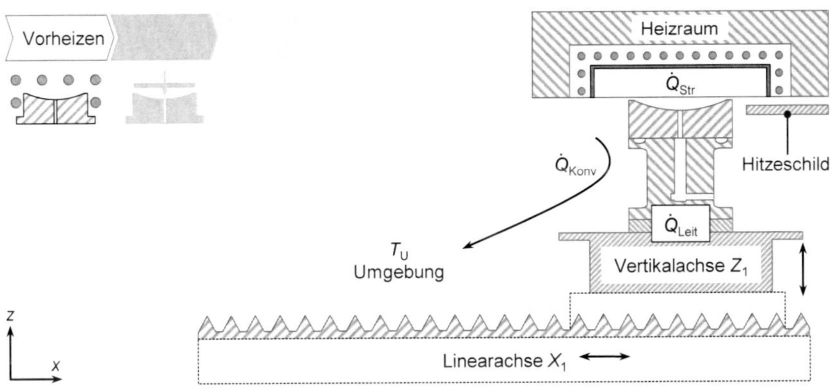

Abbildung 5.1: Vorheizen: Werkzeug unter Heizraum mit offenem Hitzeschild
Preheating: Tool under heating furnace with open heat shield

Für einen stabilen Serienprozess muss die initiale Temperatur des Formwerkzeugs immer gleich sein. Abbildung 5.2 (links) zeigt, dass unter den verfügbaren Laborbedingungen durch die gewählte Vorheizstrategie stabile Temperaturbedingungen erreicht werden konnten. Die Solltemperatur Begleitheizung $T_{Begleit,Soll}$ wird hierbei auf 440 °C gesetzt. Der Vorheizprozess innerhalb des Heizraums endet, wenn die Solltemperatur der Begleitheizung $T_{Begleit,Soll}$ 450 °C erreicht hat. Hierdurch wird eine gute Durchwärmung der Formwerkzeugoberfläche erreicht.

Selbst bei verschiedenen Heizraumtemperaturen schwankt die über ein Pyrometer gemessene Oberflächentemperatur des Werkzeugs auch bei mehrfachen Wiederholungen nur geringfügig. Ausnahme ist die Heizraumtemperatur von 950 °C aufgrund nichtlinearer Effekte der strahlungsdominierten Erwärmung. Moderate Abweichungen werden über die Einstellungen des PID-Reglers erklärt.

Der Strahlungsaustausch zwischen zwei Körpern (A und B) kann weiterhin in diesem Zusammenhang mit Gleichung (13) dargestellt werden [KNEE16, S. 3]:

$$\dot{Q}_{Str,\,A\text{-}B} = \varepsilon_S \cdot A \cdot \sigma_{SB} \cdot (T_A^4 - T_B^4) \tag{13}$$

Dabei ist die STEFAN-BOLTZMANN-Konstante als σ_{SB} = 5,669 · 10^{-8} W/(m^2K^4) und mit ε_S die Emissivität definiert. Die Emissivität ist stark materialabhängig. Insbesondere bei hohen Temperaturen ist der Wärmeübergangsmechanismus der Strahlung dominierend gegenüber anderen Mechanismen. Empirische Modelle werden daher aufgrund der vierten Potenz der Strahlungsgleichung Nichtlinearitäten enthalten.

Neben der bereits erläuterten Strahlung beeinflusst die Wärmeleitung ebenfalls die Temperaturführung. So steht das Formwerkzeug im mechanischen Kontakt mit dem Formenhalter, der wiederum über eine Isolierplatte am Formenanschluss montiert ist. Über diese mechanische Kette wird dem Formwerkzeug Wärme entzogen, da seine Kontaktpartner durch einen größeren Abstand zum Heizraum kälter sind. Gleichung (14) beschreibt den Verlust $\dot{Q}_{Leit}$ durch Wärmeleitung (mit der Wärmeleitfähigkeit λ) innerhalb eines Körpers [KNEE16, S. 4]:

$$\dot{Q}_{Leit} = -A_Q \cdot \lambda \cdot \frac{dT}{dx} \tag{14}$$

Im Folgenden wird in Abbildung 5.2 die Stabilität der Temperatur des Formwerkzeugs bei verschiedenen Heizraumtemperaturen bewertet.

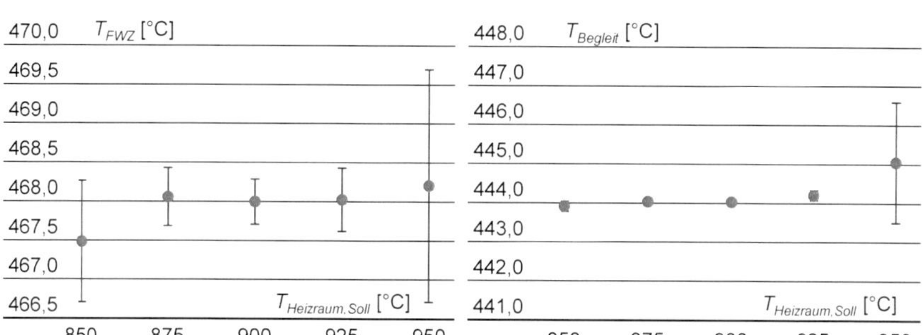

Abbildung 5.2: Stabilität der Formwerkzeugtemperatur (links); Stabilität der Temperatur der Begleitheizung (rechts)

Mold tool temperature stability (left); Trace heating temperature stability (right)

Insbesondere im Temperaturbereich von 875 °C bis 925 °C ist die Streuung der Oberflächentemperatur des Formwerkzeugs (gemessen über Pyrometer) $T_{FWZ,\ Pyrometer}$ (Abbildung 5.2 links) und der Begleitheizung $T_{Begleit}$ (Abbildung 5.2 rechts) mit jeweils 1 K sehr gering. Bei 950 °C und 850 °C sind etwas schlechtere (auf die Bezugstemperatur bezogene) Ergebnisse zu beobachten. Diese Abweichungen sind zurückzuführen auf Nicht-Linearitäten der strahlungsdominierten Wärmeübergänge bei erhöhten Temperaturen. Die Schlussfolgerung ist, dass die Wärmeabfuhr im gesamten Temperaturbereich als weitestgehend konstant zu bewerten ist, wodurch Störungen des Prozesses aufgrund von Wärmeleitung unwahrscheinlich sind.

Der dritte Mechanismus des Wärmeaustauschs ist die Konvektion $\dot{Q}_{Konv}$, bei der Wärme zwischen einem Körper A und einem strömenden Medium (Umgebungstemperatur T_U) mit dem Wärmeübergangskoeffizienten α ausgetauscht wird. Dieser Vorgang wird wie folgt dargestellt [KNEE16, S. 5-6]:

$$\dot{Q}_{Konv} = A \cdot \alpha \cdot (T_A - T_U) \tag{15}$$

An der Öffnung des Heizraums befindet sich die Luft auf Raumtemperatur. Durch diesen Temperaturgradienten entstehen konvektive Wärmeübergänge zwischen Formwerkzeug und der Umgebungsluft außerhalb des Heizraums. Die Erkenntis ist somit, dass eine messtechnische Bewertung der Thermik der Umformwerkzeuge in jedem Experiment notwendig ist.

Beladen

Nachdem das Vorheizen abgeschlossen ist, fährt das Formwerkzeug auf die Beladungsposition $P_{Beladen}$. Die Verweilzeiten (z.B. die Dauer außerhalb des Heizraums für das Beladen) haben einen starken Einfluss auf den thermischen Zustand des Formwerkzeuges aufgrund des Wärmetransfers durch Strahlung und Konvektion. Das Beladen erfolgt im Rahmen der Versuche dieser Arbeit manuell. Um die Versuche vergleichbar zu machen, wird die Beladungszeit $t_{Beladen}$ durch Einführung eine Signaltons für den Bediener konstant gehalten. Beim Beladen des nicht vorgewärmten Rohlings (Raumtemperatur) in die Form wird der Rohling im Randbereich aufgrund des Linienkontakts durch Wärmeleitung vorgewärmt, wobei dem Formwerkzeug Wärme entzogen wird.

Im oberen Bereich von Abbildung 5.3 sind die Positionen der Thermokamera und des Pyrometers schematisch dargestellt. Die beiden Geräte messen die Temperatur des Formwerkzeugs jeweils vor der Beladeposition und vor der später vorgestellten Entnahmeposition. Die Thermokamera (Spektralbereich 7,5 bis 14 µm) kann hierbei Glas- und Formwerkzeugtemperatur mit bis zu 30 Hz 680 x 480 IR-Pixel erfassen, wohingegen das Pyrometer (Spektralbereich 0,7 bis 1,1 µm) ausschließlich die Temperatur des Formwerkzeugs an einem Messpunkt (Durchmesser 1,5 mm) ermittelt.

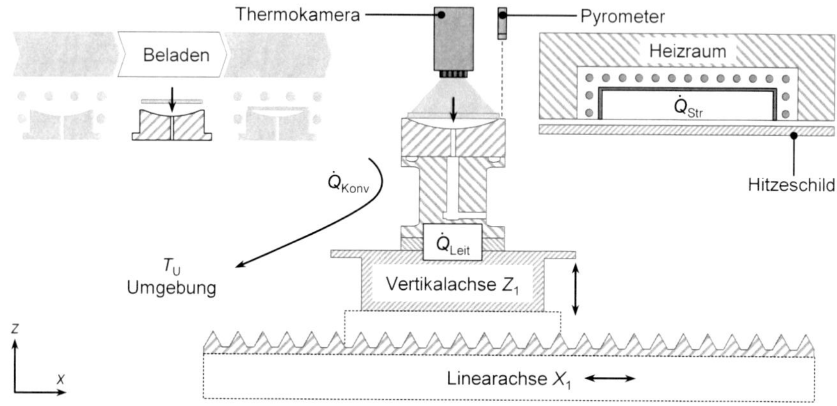

Abbildung 5.3: Beladen: Werkzeug auf Beladeposition, Heizraum mit Hitzeschild geschlossen
Loading: Mold at loading position, heating furnace closed by heat shield

Heizen/ Homogenisieren

Nach dem Beladen öffnet der Hitzeschild und das Formwerkzeug fährt in die Heizposition P_{Heizen}, um dort mit der Heizzeit t_{Heizen} den Glasrohling und das Formwerkzeug zu erwärmen (vgl. Abbildung 5.4). Zum Ende des Heizschritts erfolgt eine Homogenisierung der Glastemperatur. Die (zeitliche) Homogenisierug ist dann erreicht, wenn sich die räumlichen Temperaturgradienten des Glasrohlings nicht mehr verändern und ein quasi-stationärer Zustand erreicht wurde.

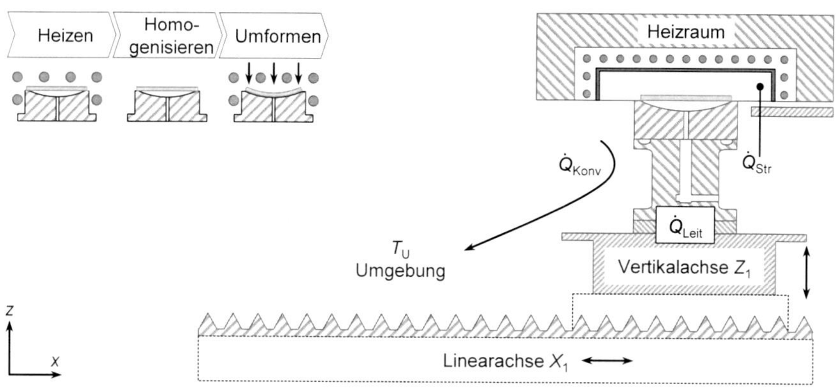

Abbildung 5.4: Heizen, Homogenisieren und Umformen innerhalb des Heizraums
Heating, homogenizing and forming within the heating furnace

Der Glasrohling steht mit dem Formwerkzeug im Wärmeaustausch. Die in einem Körper gespeicherte Wärmemenge Q kann in diesem Zusammengang für Glas und Formwerkzeug mit Gleichung (16) beschrieben werden [KNEE16, S. 68]:

$$Q = m \cdot c_p \cdot T \tag{16}$$

Dabei sind m die Masse und c_p die spezifische Wärmekapazität des Materials. Mit dieser Gleichung kann erklärt werden, dass die Temperatur des Formwerkzeugs zunächst nur geringfügig durch die geringe Masse des Glasrohlings beeinflusst werden kann. Der Nachweis wird in Abbildung 5.5 erbracht. Die Erwärmung des Formwerkzeugs (Messstelle TE11, vgl. Abbildung 4.4) in Umformexperimenten gegenüber Leerfahrten (Experimente zur Erwärmung der Maschinenstruktur ohne Beladen mit Glasrohling) unterscheidet sich zum Ende der Heizphase nicht mehr messbar. Die Erwärmung mit Glasrohling erfolgt zunächst verzögert und wird mit der thermischen Trägheit des Glasrohlings und durch Reflexionsverluste an der Glasoberfläche erklärt.

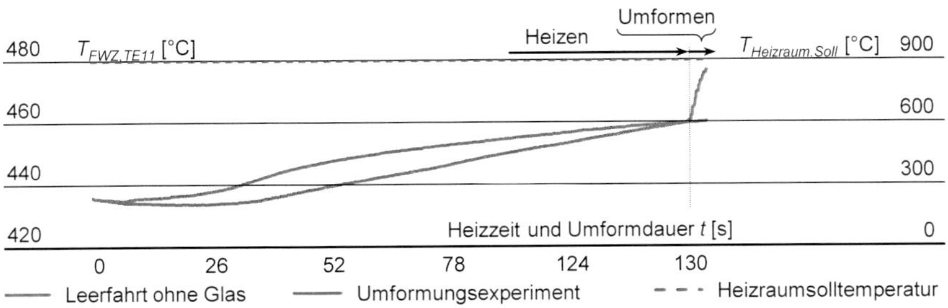

Abbildung 5.5: Einfluss des Glasrohlings auf den Erwärmungszustand des Formwerkzeugs
Influence of the glass blank on the heating state of the forming tool

Umformen

Während des in Abbildung 5.4 dargestellten Prozessschritts „Umformen" befindet sich das Formwerkzeug auf der Umformposition $P_{Umformen}$. Dabei entspricht:

$$P_{Vorheizen} = P_{Heizen} = P_{Umformen}.$$

Da das Umformen innerhalb des Heizraums stattfindet, ist eine direkte Beobachtung des Prozesses nicht möglich. Grundsätzlich wird als Bedingung innerhalb der Prozessauslegung definiert, dass sich vor Beginn des Prozessschritts „Umformen" der Glasrohling bereits durch Eigengewicht und niedrige Viskosität zu einem kleinen Teil vorverformt haben muss. Über den Öffnungsgrad des Proportionalventils kann die Stärke des Unterdrucks der Formkavität variiert und somit die Umformung beeinflusst werden.

Abbildung 5.5 zeigt weiterhin die Gegenüberstellung einer Leerfahrt mit einem vakuumunterstützten Umformexperiment mit identischen Heizparametern (Heizraumsolltemperatur 900 °C, Heizzeit 130 s). Die Erkenntnis ist somit, dass im Umformexperiment eine deutlich höhere Formwerkzeugtemperatur (Messstelle TE11, vgl. Abbildung 4.4) auftritt. Auch wenn die Masse des Glasrohlings klein ist, so wird der Rohling durch die nicht-isothermen Bedingungen deutlich stärker erwärmt als das Formwerkzeug. Während der Umformung kommt das deutlich heißere Glas mit dem Formwerkzeug in Kontakt, welches folglich erwärmt wird. Folgend ermöglichen die verbauten Thermoelemente Rückschlüsse auf die Glastemperatur und die Umformung.

Schnelle Kühlung

Ziel der schnellen Kühlung ist die Reduzierung der Belegungszeit des Formwerkzeuges. Dies ist notwendig, um industrienahe bzw. kosteneffiziente Prozesse zu schaffen.

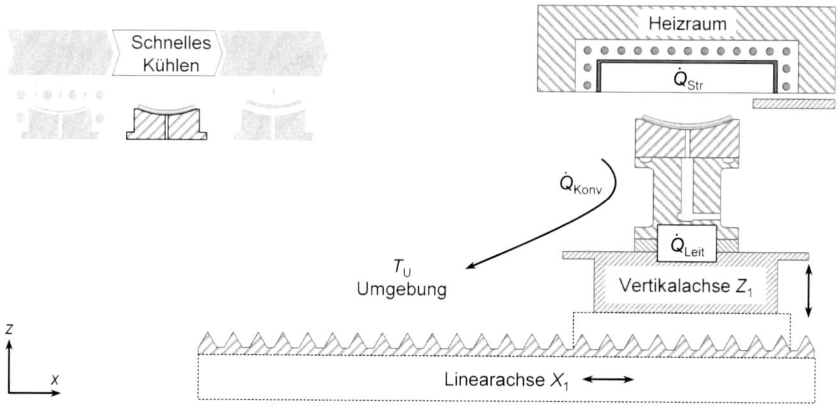

Abbildung 5.6: Schnelles Kühlen auf der Kühlposition mit geöffnetem Hitzeschild
Fast cooling on the cooling position with the heat shield open

Zur schnellen Kühlung fährt das Formwerkzeug unterhalb des Heizraums, wie in Abbildung 5.6 dargestellt, auf eine Kühlposition $P_{Kühlen}$. Damit steht das Formwerkzeug im Strahlungsaustausch mit dem Heizraum und der Umgebung. Ein direktes Kühlverfahren außerhalb des Strahlungsbereichs des Heizraums wird nicht durchgeführt, um Thermoschocks und Glasbruch zu vermeiden.

Entnahme

Für die Entnahme des umgeformten Glasbauteils aus dem Formwerkzeug, wie in Abbildung 5.7 dargestellt, fährt das Formwerkzeug auf die Entnahmeposition $P_{Entnahme}$.

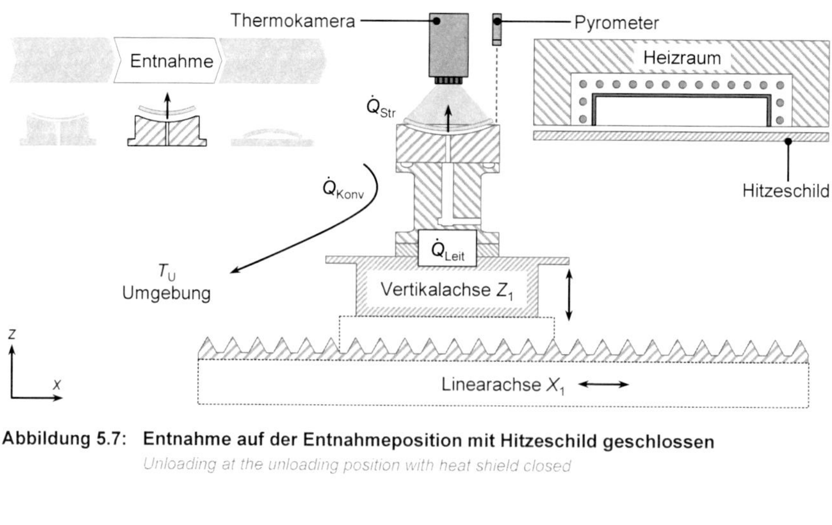

Abbildung 5.7: Entnahme auf der Entnahmeposition mit Hitzeschild geschlossen
Unloading at the unloading position with heat shield closed

Bei der Entnahme ist die Entnahmetemperatur $T_{Entnahme}$ des Glases unterhalb der Transformationstemperatur T_g. Ungewollte Verformungen des Glases können so vermieden werden.

Externes Entspannen

Der Entspannungsprozess findet im in Kapitel 4.2.5 diskutierten Kühlofen statt. Dafür wird das umgeformte Glasbauteil mit dem Vakuumgreifer aus der Form gehoben und in einer Kühlkiste bzw. auf einem Werkstückträger im Ofen platziert. Dieser Prozess ist schematisch in Abbildung 5.8 dargestellt.

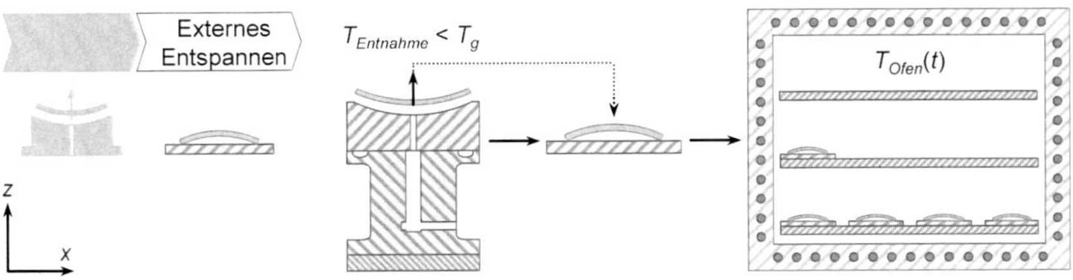

Abbildung 5.8: Externes Entspannen im Kühlofen
External annealing in the annealing furnace

5.2 Bildung des empirischen Ansatzes

Derivation of the empirical approach

Der Umformprozess wird zunächst als Blackbox betrachtet (vgl. Abbildung 5.9). Eine Auswahl an Stellgrößen x_k und Störgrößen z_q wirken in einem Blackbox-Modell auf die Zielgrößen y_n. Die Beobachtung erfolgt über Prozessgrößen w_i. Im folgenden Verlauf der Arbeit wird das Modell detailliert.

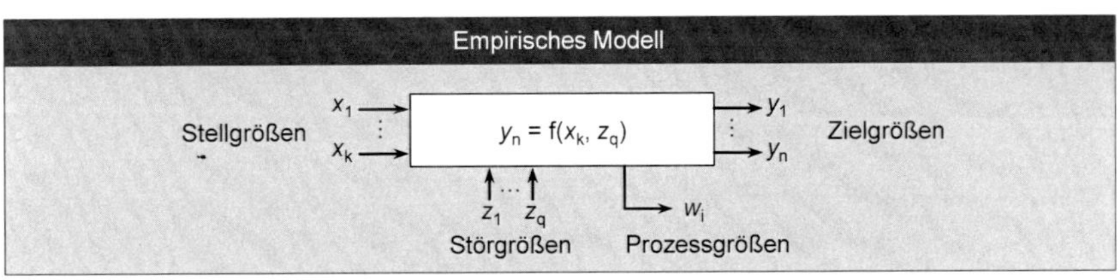

Abbildung 5.9: Bildung des empirischen Ansatzes
Derivation of the empirical approach

Zunächst wird ein allgemeiner Ansatz gewählt:

$$y_n = f(x_k, z_q) \tag{17}$$

Um die Ergebnisse nach den Versuchen statistisch auswerten zu können, wird in dieser Arbeit die statistische Versuchsplanung, auch *Design of Experiments* (DOE) genannt, unter Zuhilfenahme der Software MINITAB durchgeführt. Das DOE ist eine Methode zur effizienten Planung und Auswertung von Versuchsreihen. Dabei wird die Menge der Eingangsgrößen Parameter genannt. Diejenigen Eingangsgrößen, die im Prozess variiert werden, werden Faktoren genannt [SIEB10, S. 1-3].

Aufgrund der vermuteten Nichtlinearitäten werden rein lineare Ansätze nicht verwendet. ANTONY schlägt vor bereits bestehendes Prozesswissen und historische Daten für die Auslegung des Versuchsplans zu verwenden. Für die Wahl der Faktorstufen müssen bei angenommenen nicht linearen Zusammenhängen mehr als drei gewählt werden [ANTO14, S. 34]. Durch die Wahl eines Wirkungsflächenversuchsplans (Response Surface Methodology – RSM), welcher ein um Sternpunkte erweitertes DOE ist, ist diese Anforderung erfüllt (vgl. Abbildung 5.10). Die Abhängigkeit der Zielgrößen y_n von den Stellgrößen x_k innerhalb eines Wirkungsflächenversuchsplans werden wie folgt dargestellt: [MYER16, S. 6]

$$y_n = \beta_0 + \sum_{i=1}^{k} \beta_i \cdot x_i + \sum_{i=1}^{k} \beta_{ii} \cdot x_i^2 + \sum_{i=1}^{k-1} \sum_{j=i+1}^{k} \beta_{ij} \cdot x_i \cdot x_j + \varepsilon(z_q) \tag{18}$$

Mithilfe der RSM können sowohl lineare und quadratische Wirkungen als auch Wechselwirkungen von Stellgrößen effizient untersucht werden, wordurch auch Effekte höherer Dimensionen approximiert werden können.

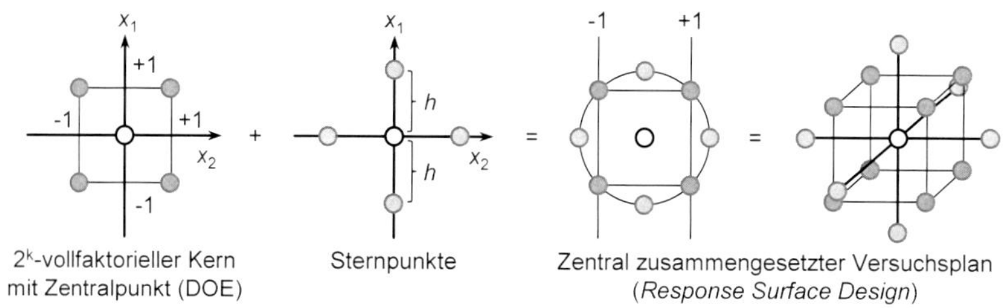

Abbildung 5.10: Zentral zusammengesetzter Wirkungsflächenversuchsplan in Anlehnung an [WEBE14, S. 50]

Centrally composed response surface methodology based on [WEBE14, S. 50]

Die β-Koeffizienten in der Gleichung sind die empirischen Parameter, die durch die Datenaufnahme der Versuche durch Ausgleichsrechungen ermittelt werden müssen. Der zweite Term der Summe beschreibt die linearen Haupteffekte der Stellgrößen x_k, der dritte die quadratischen. Term vier beschreibt die Wechselwirkungen der Stellgrößen. Der Einfluss der Störgrößen z_q wird im Residuumsterm $\varepsilon(z_q)$ berücksichtigt [MYER16, S. 6]. Die Anzahl der notwendigen Versuche k ergibt sich hierbei wie folgt:

$$\textit{Eckpunkte} = 2^k \tag{19}$$

$$\textit{Sternpunkte} = 2 \cdot k \tag{20}$$

$$\textit{Zentralpunkte} = \tau \tag{21}$$

Die Eckpunkte umschließen einen vollfaktoriellen Kern. Der Versuchsaufwand steigt exponentiell mit der Anzahl der Faktoren. Der Einzelversuch am Zentralpunkt wird im Extremfall nur einfach durchgeführt. Eine Wiederholung der Versuche des Zentralpunkts mit τ Wiederholungen erlaubt jedoch zusätzlich Aussagen über die Wiederholgenauigkeit des zu untersuchenden Prozesses. Kategoriale Faktoren zeichnen sich durch eine stark begrenzte Anzahl an (oft rein qualitativen) Merkmalen bzw. Ausprägungen (z.B. der Glasdicke) aus. Binäre kategoriale Faktoren erfordern die Duplikation des Versuchsplans.

5.3 Definition von Prozessstellgrößen

Definition of process control variables

Als Prozessstellgrößen werden Größen bezeichnet, die durch den Maschinenbediener als Sollwert eingestellt werden können.

Für die Auswahl der Prozessstellgrößen gilt es einen Kompromiss zu finden. Durch eine große Anzahl dieser kann der Prozess im Zuge der Modellbildung hinreichend genau beschrieben werden, der Aufwand steigt jedoch bei Wirkungsflächenversuchsplänen mit der Anzahl der zu variierenden Größen k exponentiell. Zusätzlich sollen bei der Auswahl der Stellgrößen mögliche Kolinearitäten vermieden werden, da sonst die Regressionen instabil werden können. [SIEB10, S. 61] Die Schlussfolgerung ist somit, dass Stellgrößen, die sich gegenseitig beeinflussen, ausgeschlossen werden müssen.

Es werden daher folgende Prozessstellgrößen für eine gezielte Untersuchung innerhalb der durchzuführenden Versuche definiert und begründet:

- Heizraumsolltemperatur $T_{Heizraum,Soll}$
- Heizzeit t_{Heizen}
- Vakuumdauer t_{Vakuum}
- Öffnungsgrad des Proportionalventils $V_{\%}$
- Glasdicke d_G

Die Heizraumsolltemperatur und die Heizzeit werden aufgrund der weitreichenden Erfahrungen aus den Pressverfahren als hoch signifikant eingeschätzt (vgl. [HÜNT15; KREI18]). Weiterhin werden die Vakuumdauer und der Öffnungsgrad des Proportionalventils als signifikant vermutet, da die Umformspannungen und deren Zeitverläufe, wie in Kapitel 2.1.3 vorgestellt, Teil der MAXWELL-Modelle sind, die zur Beschreibung des viskoelastischen Materialverhaltens von Glas genutzt werden. Mit der Variation der Glasdicke soll der Einfluss der Schwerkraft auf den Prozess bewertet werden.

Im Folgenden werden weitere Prozessstellgrößen diskutiert, die als weniger relevant eingestuft werden. Die Variation der Heizposition P_{Heizen} wird nicht ausgewählt, weil mit der Veränderung dieser Größe keine Änderung einer einzigen Temperatur möglich ist. Vielmehr wird mit der Veränderung dieser Höhe das vollständige Erwärmungsverhalten des Glases aufgrund der in Kapitel 4.2.3 beschriebenen starken Temperaturinhomogenitäten im Heizraum verändert und schafft zudem Kreuzabhängigkeiten.

Die Variation der Sollvorheiztemperatur im Prozessschritt „Vorheizen" wird im Vergleich zu den ausgewählten Prozessstellgrößen nicht variiert, da andernfalls eine thermische Beschädigung des Formwerkzeugs nicht ausgeschlossen und somit keine systematische Datengrundlage geschaffen werden kann. Stattdessen soll die Heizzeit t_{Heizen} systematisch variiert werden.

Ebenfalls ausgeschlossen wird die Variation der Öffnungsgeschwindigkeit des Proportionalventils. Da die Intensität des Unterdrucks ein schnelleres Evakuieren bewirkt, wären die Stellgrößen voneinander abhängig, was bei einem statistischen Versuchsplan vermieden werden soll (siehe Kapitel 5.7).

Die Variation der Glastemperatur vor dem „Beladen“ wird aus konstruktiven Gründen nicht als Stellgröße ausgewählt. Die Erhöhung dieser Temperatur kann als empfehlenswert bewertet werden, um die Heizzeiten des Prozesses zu verkürzen.

Prozesspositionen sollen nicht variiert werden, da hierdurch auch der Erwärmungszustand von Formwerkzeug und Glas, insbesondere innerhalb des Heizraums, stark beeinflusst wird.

5.4 Definition von Prozesszielgrößen

Definition of process target variables

Gegenstand der Arbeit ist die Vorhersage und Optimierung der Gestaltabweichung der umgeformten Glasbauteile mithilfe eines Prozessmodells. Aus diesem Grund wird als vorrangige Zielgröße der (absolute) PV-Formfehler $y_{pv,Absolut}$ der umgeformten Glasbauteile zur Beschreibung der Profilhöhe Y bzw. des Differenzprofils ΔY definiert. Als weitere zu untersuchende Zielgröße wird die mittlere Rauheit Ra der umgeformten Glasbauteile y_{Ra} definiert. Diese beiden sind typische Qualitätsmerkmale aus der Optikbranche [DIN18]. Da $y_{pv,Absolut}$ und y_{Ra} eindimensionale Kennwerte sind, reduzieren sie die technische Oberfläche auf eine einzige Kennzahl, wodurch Informationen verloren gehen. Aus diesem Grund werden in Kapitel 5.8 weitere parametrierbare Hilfsgrößen eingeführt. Im Zuge von Vorversuchen wurden die Umformergebnisse auf Grundlage von DIN 4760 (vgl. Abbildung 2.17) auf Welligkeit untersucht [DIN82]. Die Versuchsbedingungen enstsprechen dabei einem Zentralpunkt der Versuchsstudie (vgl. Kapitel 5.7). Abbildung 5.11 zeigt die Formauswertung eines Umformexperiments gegen den Absolutradius der Form. Deutlich zu erkennen sind periodische Effekte, die jedoch außerhalb der Definition von Welligkeit liegen.

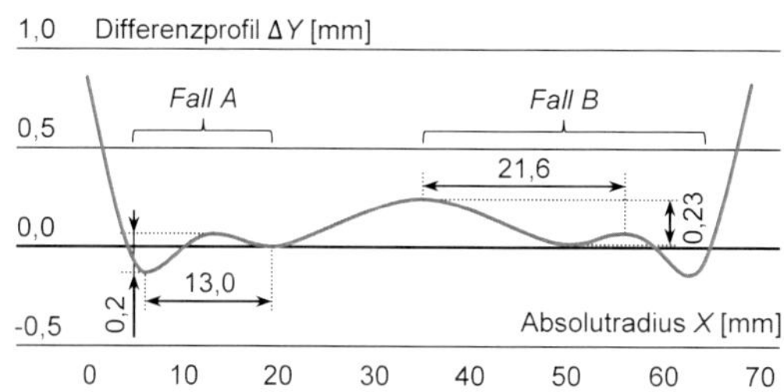

Welligkeit nach DIN 4760:
„... Abweichungen der Istoberfläche eines Formelements, bei denen das Verhältnis der Wellenabstände zur Wellentiefe im allgemeinen zwischen 1000:1 und 100:1 liegt“

- Fall A: $\frac{13{,}0}{0{,}2} = 56 \notin [100{,}1000]$
- Fall B: $\frac{21{,}6}{0{,}23} = 93{,}9 \notin [100{,}1000]$

Abbildung 5.11: Testung der Umformergebnisse auf Welligkeit

Testing the forming results for waviness

Aus diesem Grund sind in dieser Arbeit insbesondere die Gestaltabweichungen der ersten, dritten und vierten Ordnung von besonderer Bedeutung.

5.5 Analyse von Störgrößen

Analysis of disturbance variables

Für Pressprozesse sind die mechanische Umformkraft und Positioniergenauigkeit der Antriebe für die Ausformung von hoher Bedeutung. Im Vergleich dazu haben bei den in dieser Arbeit betrachteten Senkprozessen die mechanischen Presskräfte der Antriebe für die Umformung keine Bedeutung. Des Weiteren hat die Positioniergenauigkeit der Antriebe auf die Umformung nur einen mittelbaren Einfluss. Durch Abweichung der Position des Formwerkzeuges innerhalb des Heizraums wirken andere Temperaturbedingungen auf Werkzeug und Glas. Da sich die systematische Abweichung der Position jedoch im Mikrometerbereich befindet (vergleiche Kapitel 4.2.1), kann dieser Einfluss gegenüber den in Kapitel 5.8 ermittelten Fehlerprofilen vernachlässigt werden.

Einen potenziell hohen Einfluss haben thermische Störgrößen. Sie können durch den konstruktiven Aufbau oder durch den Prozess verursacht werden.

Thermischer Verzug und Alterung können bei allen Heizeinrichtungen auftreten. Innerhalb einer Versuchsreihe sind diese Effekte gegenüber einer länger andauernden Serienproduktion deutlich geringer. Weiterhin verändern sich die Strahlungseigenschaften der Formwerkzeugoberfläche durch Effekte wie Oxidation. Diese Einflüsse (erkennbar an der Färbung der Formwerkzeugoberfläche) sind in den ersten Umformzyklen am stärksten. Die Bildung einer stabilen Oxidschicht kann durch Exposition in einem Ofen oder mehrmalige Leerfahrten der Prozesskette erreicht werden, bei denen kein Glas aufgelegt wird.

Aus diesen Gründen werden Vorversuche zu dem Beobachten der zyklischen Oxidation des Formwerkzeuges durchgeführt. Die deutliche Farbänderung nach etwa 80 Leerläufen ist in Abbildung 5.12 aus zwei Perspektiven dargestellt. Bild I und Bild III zeigen dabei das Formwerkzeug in seinem initialen Zustand. Durch Kontaktmessungen über Thermoelemente konnte eine initiale Emissivität von 0,15 ermittelt werden. Bild II sowie Bild IV zeigen weiterhin das Formwerkzeug nach 80 Leerläufen. Durch erneute Kontaktmessungen konnte eine Emissivität von 0,32 ermittelt werden.

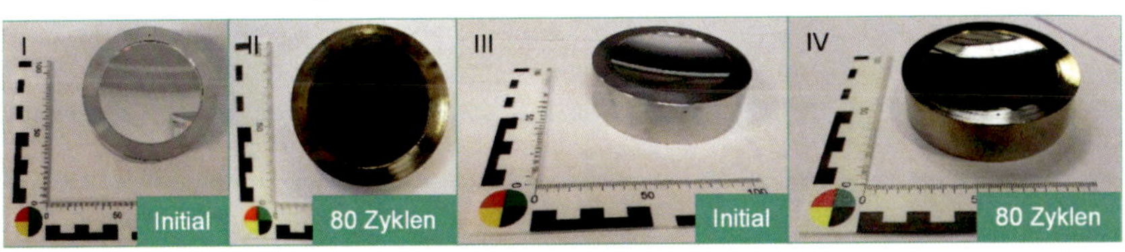

Abbildung 5.12: Farbänderung des Formwerkzeuges durch Oxidation (I und III: Initial – II und IV nach 80 Zyklen)

Color change of the forming tool through oxidation (I and III: Initial - II and IV after 80 cycles)

Ein weiterer Effekt ist, dass sich bei Ein- und Ausbau der Formwerkzeuge Mikrospalte zwischen Formwerkzeugen und weiteren Elementen durch eine Veränderung der Vorspannung ändern können. Auf die Besonderheiten des thermo-mechanischen Kontaktwiderstands wurde bereits ausführlich durch VU eingegangen [VU19]. In der vorliegenden Arbeit wurden die Formwerkzeuge unter Anwendung eines definierten Drehmoments montiert und so reproduzierbare Bedingungen geschaffen. Weiterhin wurden die Thermoelemente in erodierten Bohrungen befestigt. Durch den ebenen Lochgrund herrschen gegenüber gebohrten Löchern reproduzierbarere Kontaktbedingungen.

Tabelle 5.1 fasst die wichtigsten thermischen Störgrößen in Bezug auf die Konstruktionselemente zusammen. Da die meisten der aufgeführten Strörgrößen stark abhängig von Verschleiß und Alterung sind, können sie für Versuche, die in einem begrenzten Zeitfenster durchgeführt werden, weitestgehend ausgeschlossen werden.

Tabelle 5.1: Konstruktionselemente - Thermische Störgrößen
Construction elements - Thermal disturbance variables

Konstruktionselement	Thermische Störgröße
Thermoelemente	▪ Veränderung der Position der Thermoelemente (Austausch, Wartung, etc.) ▪ Alterung der Thermoelemente (Drift) ▪ Thermischer Kontakt
Heizleiter	▪ Thermischer Verzug ▪ Alterung des Heizelements
Heizraum	▪ Thermischer Verzug des Stahlbaus des Heizraums ▪ Alterung der Heizelemente ▪ Homogenität des Strahlungsraums
Hitzeschild	▪ Thermischer Verzug des Hitzeschilds
Formwerkzeug	▪ Veränderung der Oberflächen- und Strahlungseigenschaften ▪ Wärmeübergang der Zwischenelemente (Formenhalter, Isolierplatten, etc.)

Neben den konstruktiv bedingten sind die prozessinternen Störgrößen zu betrachten. Alle Prozessschritte sind bestimmten Schwankungen der Umgebungstemperatur ausgesetzt. Ebenfalls sind Luftstöße, die Konvektion am Glas oder am Formwerkzeug hervorrufen, aufgrund der schlechten Zugänglichkeit nur schwer detektierbar. Tabelle 5.2 zeigt prozessbezogene thermische Störgrößen auf.

Tabelle 5.2 Prozess - Thermische Störgrößen
Process - Thermal disturbance variables

Prozessschritt	Thermische Störgröße
Alle Schritte	▪ Hallenklima ▪ Luftstöße (Bediener, Türen, etc.)
Grundstellung	▪ Thermischer Beharrungszustand
Beladen	▪ Manuelles Beladen innerhalb der Beladungszeit
Externes Entspannen	▪ Temperaturinhomogenität im Kühlofen ▪ Verweilzeiten im Ofeninnenraum

Der Bediener verkleinert den Abstand zum Formwerkzeug schneller oder langsamer und variiert dadurch die Zeit, die er für den gesamten Beladungsprozess des Glases benötigt. Ebenfalls hervorzuheben ist der Übergang zwischen „Entnahme“ und dem „Externen Entspannen“. Das Handling aus der Maschine in den Kühlofen birgt diverse Störfaktoren. So kann das Glas aufgrund der Interaktion mit der Umwelt (z.B. durch Staub, Abrieb von Glas oder Werkzeugmaterial und Isolationsmaterial) kontaminiert werden oder zu schnell abkühlen und mechanische Spannungen induzieren.

Bei den vakuumunterstützten Prozessen muss darüber hinaus die Qualität des Vakuums bewertet werden. Leckage an Verbindungselementen kann zu nicht systematischen Effekten führen. Daher kann sie über die Volumenstromsensoren gemessen und bewertet werden. Der Unterdruck der Formkavität $w_{p,Formkavität}$ kann nur indirekt über den Drucksensor an der Vakuumleitung bewertet werden. Zusätzlich kann eine Degradation der erodierten Vakuumbohrung im Formwerkzeug (insbesondere eine Verstopfung) einen starken Einfluss auf den Unterdruck $w_{p,Formkavität}$ haben. Eine mögliche Degradation kann über Lichtmikroskopaufnahmen (vgl. Abbildung 5.15) ausgeschlossen werden.

5.6 Definition von zu bewertenden Prozessgrößen

Definition of process variables

Prozessgrößen w_i sind physikalische Größen, die einen unmittelbaren Einfluss auf die Umformung haben. Zu nennende Beispiele sind die Glas- und Formwerkzeugtemperatur sowie der Druck in der Formkavität (bzw. korrespondierende Spannungen), da diese Größen auf den Prozess wirken und sich durch das MAXWELL-Modell (vgl. Kapitel 2.1.3) mathematisch beschreiben lassen. Die Prozessgrößen können nur mittelbar durch den Bediener über Variation der Prozessstellgrößen x_k beeinflusst werden. Prozessstellgrößen und Prozessgrößen stehen in einem Ursache-Wirkungszusammenhang, der quantifiziert werden soll. Zusätzlich können Störgrößen z_q einen nichtsystematischen Einfluss auf die Prozessgrößen haben. Die Zielstellung ist daher, die zu bewertenden Prozessgrößen während der Versuchsdurchführung messtechnisch zu erfassen.

Die Erfassung der Glastemperatur ist in diesem Zusammenhang besonders problematisch. Eine Temperaturmessung des Glases über ein Pyrometer ist aufgrund der temperaturabhängigen Strahlungseigenschaften und der Störstrahlung, die auf das Pyrometer trifft, fehlerbehaftet. Des Weiteren erschwert die geringe Zugänglichkeit Messungen innerhalb des Heizraums. Als Abhilfe kann die Temperatur über Thermoelemente gemessen werden (siehe Kapitel 6.2.2). Zusätzlich kann die qualitative Temperaturverteilung der Glasoberfläche im Prozessschritt „Beladen“ (kaltes Glas) und im Zuge des Prozessschritts „Entnahme“ (Glas mit Restwärme) mithilfe einer Thermokamera dokumentiert werden, deren Position in Abbildung 5.3 dargestellt ist.

Eine weitere unbekannte Prozessgröße ist der Unterdruck in der Formkavität $w_{p,Formkavität}$. Wie in Kapitel 4.2.2 dargestellt, wird die Formkavität über eine erodierte

Bohrung (Bohrungsdurchmesser 0,5 mm) über den Formenhalter (Bohrungsdurchmesser 4 mm) an die Ventilplatte angeschlossen. Aufgrund der Änderung des Öffnungsgrades des Proportionalventils und des Volumens der Leitungen kann sich der Unterdruck in der Formkavität beim Schalten der Ventile mit einer zeitlichen Verzögerung aufbauen.

5.7 Hauptversuchsdurchführung

Main experiment procedure

Für die Parametrierung des empirischen Modells (vgl. Abbildung 5.13) werden im weiteren Verlauf dieser Arbeit Versuchsstudien durchgeführt, wodurch signifikante Stellgrößen ermittelt und Regressionsgleichungen gebildet werden. Dabei werden in diesem Kapitel durch die Versuche Aussagen über die Korrelationen zwischen den Prozessstellgrößen x_k und den Prozesszielgrößen y_n getroffen. Der Ablauf der Versuche orientiert sich an der in Kapitel 5.1 vorgestellten Abstraktion der Prozesskette.

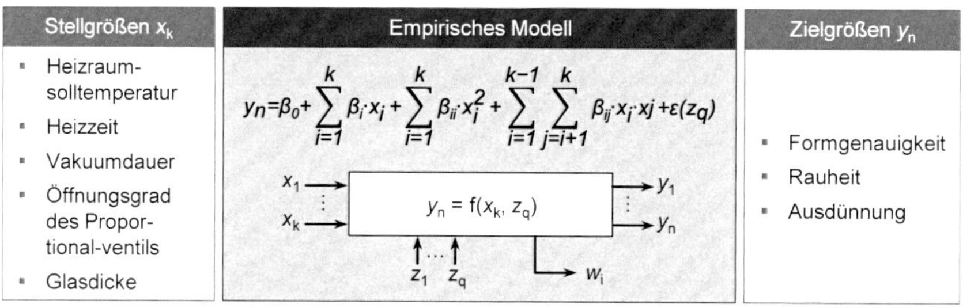

Abbildung 5.13: Ableitung des empirischen Ansatzes in Anlehnung an [MYER16, S. 6]

Development of the empirical approach based on [MYER16, S. 6]

Die Faktoren in dieser Arbeit sind die Prozessstellgrößen, die in Kapitel 5.3 vorgestellt und deren Stellbereiche (die Extrempunkte werden im Wirkungsflächenversuchsplan auch Sternpunkte genannt) für die Versuche in Tabelle 5.3 definiert werden. Die Auswahl der Stellbereiche der zu variierenden Prozessstellgrößen wird wie folgt begründet: Nach SIEBERTZ müssen die Faktoren (bzw. Prozessstellgrößen) gezielt und reproduzierbar eingestellt werden können. Des Weiteren dürfen sich gewählte Kombinationen nicht gegenseitig ausschließen [SIEB10, S. 5-9].

Tabelle 5.3: Festlegung des Bereichs der Prozessstellgrößen für die Hauptversuche

Definition of the range of process variables for the main experiments

Prozessstellgröße	Zentralpunkt	Stellbereich
Heizraumsolltemperatur $T_{Heizraum,Soll}$	900 °C	+/- 50 °C
Heizzeit t_{Heizen}	130 s	+/- 20 s
Vakuumdauer t_{Vakuum}	7,5 s	+/- 2,5 s
Öffnungsgrad des Proportionalventils $V_{\%}$	10 %	+/- 10 %
Glasdicke d_G	0,7 mm / 2,0 mm (kategorialer Faktor)	

Durch die Variation der Prozessstellgrößen Heizraumsolltemperatur und Heizzeit können indirekt nicht-isotherme Temperaturfelder in Glas und Formwerkzeug eingestellt werden. Für die Heizraumsolltemperatur wird ein Bereich gewählt, der Einflüsse der Schwankungen der Ist-Temperatur des Heizraums (vgl. Kapitel 4.2.3) reduziert. Durch den vergleichsweise großen Stellbereich der Heizraumsolltemperatur führen absolute Temperaturschwankungen nur zu einem vergleichsweise geringen relativen Fehler (vgl. Abbildung 4.7). Der Bereich der Heizzeit wird anhand von Vorversuchen festgelegt.

Durch den Öffnungsgrad des Proportionalventils wird für die Vakuumdauer indirekt ein Unterdruck über eine Ventilplatte mit Vakuumejektor in der Formkavität erzeugt (vgl. Abbildung 4.5). Über die Fläche des Glases bildet sich somit zusammen mit der Gewichtskraft des Glases eine Umformkraft. Auf Grundlage von früheren Versuchsreihen ist bekannt, dass die Umformung innerhalb weniger Sekunden stattfinden kann. Die obere Grenze der Vakuumdauer wird daher auf 10 s begrenzt. Der Öffnungsgrad des Proportionalventils soll im Bereich von 0 – 20 % variiert werden. Die obere Grenze wurde in früheren Vorversuchen festgelegt – bei einer weiteren Erhöhung kann das Glas trotz erwarteter, vergleichsweise niedriger Viskosität während der Exposition im Heizraum durch zu hohe Spannungen brechen. Die untere Grenze von 0 % wird gewählt, um das Umformen allein durch Schwerkraft betrachten zu können. Problematisch kann in diesem Zusammenhang sein, dass die Vakuumdauer vom Öffnungsgrad des Proportionalventils abhängig ist. Für den Öffnungsgrad 0 % (der einem geschlossenem Ventil entspricht) wird die Vakuumdauer indifferent bzw. kann nicht auf das Vakuumsystem wirken. In diesem Fall wirkt die Vakuumdauer nur über die längere Expositionszeit von Glas und Formwerkzeug in der Ofenkammer auf die Thermik des Prozesses. Aus diesem Grund werden zusätzlich zum eigentlichen Versuchsplan Ersatzpunkte mit dem Öffnungsgrad 1 % definiert, die im Anschluss an die Versuche des Hauptversuchsplans durchgeführt werden. Nach SIEBERTZ ist bei Verwendung von Ersatzpunkten nahe am geplanten Punkt der Versuchsplan zwar nicht mehr orthogonal, liefert aber praktisch valide Ergebnisse [SIEB10, S. 58].

Weiterhin wird die Glasdicke d_G als kategoriale Prozessstellgröße variiert, da hierdurch die Gewichtskraft der Rohlinge beeinflusst werden kann. Als Dicken werden 0,7 mm und 2,0 mm gewählt (siehe Kapitel 4.2.6). Durch die Wahl von vier stetigen und einem kategorialen Faktor als Stellgrößen ergibt sich somit folgender Aufwand:

- Eckpunkte: 32 Versuche
- Zentralpunkte im Würfel: 14 Versuche
- Sternpunkte: 16 Versuche

Die Versuche sollen einfach wiederholt werden. Dadurch entsteht ein Gesamtaufwand von 124 Versuchen. Der detaillierte Versuchsplan ist im Anhang dargestellt.

Vorversuche

Ziel der Vorversuche ist die Ermittlung und Begründung von Versuchskonstanten. Die Durchführung von Homogenisierungsversuchen des Heizraums (vgl. Kapitel 4.2.3) ergibt, dass der Ofen acht Stunden benötigt, um von 20 °C Raumtemperatur auf 950 °C erwärmt zu werden. Dabei wird die Zeit gemessen, bei der alle im und außerhalb des Heizraums montierten Temperatursensoren eine absolute Differenz von weniger als 2 K von der Solltemperatur aufweisen. Diese vergleichsweise lange Homogenisierungszeit wird durch die Wärmeabfuhr über die Öffnung des Heizraums erklärt. Zusätzlich ist die hohe Masse des Heizraums ein weiterer Grund für die langen Homogenisierungszeiten. Des Weiteren wird die Zeit gemessen, die die Formenheizung bei der Erwärmung von 20 °C auf eine Solltemperatur von 450 °C benötigt. Diese Zeit beträgt vier Stunden und muss bei Werkzeugwechseln berücksichtigt werden. Mit diesen Erkenntnissen kann bei der Durchführung der Versuche gewährleistet werden, dass der Erwärmungszustand der Maschine quasi-stationär ist.

Um weitere Daten während der Versuche zu generieren, werden ein Pyrometer und eine Thermokamera installiert, die ebenfalls in Vorversuchen getestet werden. Da diese von Störstrahlung beeinflusst werden können, werden beide Komponenten regelmäßig kalibriert. Störstrahlung kann dabei nur schwierig ermittelt werden und setzt sich aus diversen Teilen der direkten oder indirekten Umgebung zusammen. Hallenbeleuchtung, die Wärmestrahlung des Heizofens und diverse andere Parameter können die Messungen dabei beeinflussen. Für die Kalibrierung des Pyrometers und der Thermokamera wird der Formenhalter unter die Komponenten gefahren und die Messtemperatur mit der Ist-Temperatur des Thermoelementes verglichen, welches sich an der Oberfläche des Formwerkzeuges befindet (TE 9 siehe Anhang).

Zur Homogenisierung der Temperatur des Formwerkzeuges werden nach Unterbrechungen zwischen den Vorversuchen drei Leerfahrten durchgeführt, bevor die Versuche mit Glas weitergeführt werden. Bereits nach zwei Leerfahrten ändert sich die Temperatur nur noch geringfügig (vgl. Abbildung 5.14).

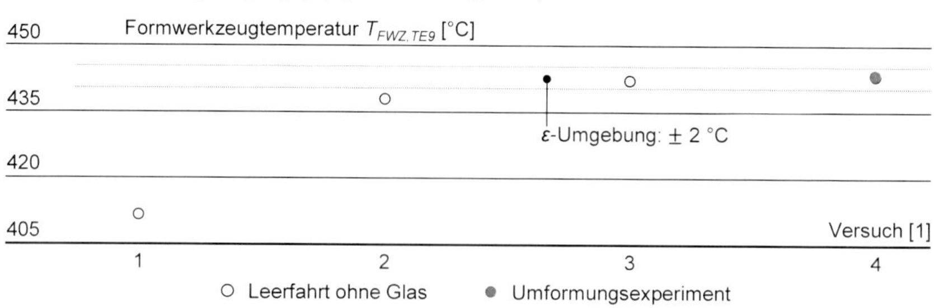

Abbildung 5.14: Homogenisierung der Formwerkzeugtemperatur $T_{FWZ,TE9}$ durch Leerfahrten
Homogenization of the mold temperature $T_{FWZ,TE9}$ due to empty runs

In Tabelle 5.4 wird die Festlegung der Konstanten des Prozesses dargestellt, die sich aus den Vorversuchen ergeben. Die Vorheizsolltemperatur wird dabei so gewählt, dass das Formwerkzeug nach Ende des Umformprozesses diese Temperatur wieder erreicht hat und der Prozess ohne Verzögerung erneut gestartet werden kann, wodurch der Zyklus geschlossen wird.

Eine Erhöhung dieser beiden Temperaturen führt zu einer hohen Kontakttemperatur zwischen Glas und Formwerkzeug, wodurch Kleben nicht ausgeschlossen werden kann. Kleben ist ein etablierter Fachbegriff in der Glasindustrie und bezeichnet eine permanente Verbindung von Glas und Formwerkzeugmaterial [RIES04, S. 35]. Die Konsequenz von Kleben ist die Notwendigkeit der Aufbereitung des Formwerkzeugs.

Die Wahl einer niedrigeren Temperatur bewirkt lange Verweilzeiten nach dem Entformen, da die Temperatur des Formwerkzeugs vor Beginn des folgenden Vorheizschrittes die Vorheizsolltemperatur zunächst unterschreiten muss. Die Beladungszeit ist so gewählt, dass ein manuelles Beladen für den Bediener gefahrlos möglich ist.

Über einen Ausstoß kann im Zuge des Prozessschritts „Entnahme" ein Überdruck auf die Vakuumleitung (vgl. Kapitel 4.2.2) gegeben werden, um die Entformung zu erleichtern. Da ein Ausstoß während der Vorversuche zu Glasbruch führt, wird die Ausstoßzeit von 0,5 s auf 0 s gesetzt.

Tabelle 5.4: Festlegung der Versuchskonstanten für die Hauptversuche
Definition of the constants for the main experiments

Konstante	Wert
Vorheizsolltemperatur $T_{Vorheizen,Soll}$	450 °C
Solltemperatur Begleitheizung $T_{Begleit,Soll}$	440 °C
Beladungszeit $t_{Beladen}$	15 s
Ausstoßzeit $t_{Ausstoß}$	0 s

Das notwendige Schaltspiel der Magnetventile wird in Tabelle 11.2 im Anhang erläutert. Eine Darstellung der Verfahrbewegungen ist in Abbildung 11.2 im Anhang dargestellt. Der Hitzeschild wird durch einen pneumatischen Schieber angetrieben. Die Verfahrpositionen und -geschwindigkeiten werden nicht variiert.

Hauptversuche

Für die Hauptversuche in dieser Arbeit wird ein Teil, der durch MINITAB erstellten Randomisierung des Versuchsplans, nach folgender Bedingung modifiziert: Da die Versuche aufgrund der langen Aufheiz- und Abkühlzeiten des Heizraumes mehrere Wochen dauern würden, werden die Hauptversuche in Temperaturblöcke nach folgender Reihenfolge unterteilt, um so eine bessere Vergleichbarkeit zu gewährleisten:

- 1. Versuchsperiode: 950 °C und 850 °C
- 2. Versuchsperiode: 925 °C
- 3. und 4. Versuchsperiode: 900 °C
- 5. Versuchsperiode: 875 °C

Dadurch können während der Versuchsdurchführung Alterungseffekte nahezu ausgeschlossen und Fehler aufgrund des Austauschs von Verschleißkomponenten vermieden werden.

In Abbildung 5.15 ist der Zustand des Formwerkzeuges nach den Hauptversuchen dokumentiert. Die Bilder II, IV und VI stellen Vergrößerungen der jeweiligen Aufnahmen I, III und V dar. In einem Radius von drei Millimetern um die Vakuumbohrung ist Hochtemperatur-Korrosion zu erkennen (Bilder I und II) [BOBZ13, S. 65-130]. Im Bereich der Glasauflage, an dem die Spielpassung zwischen Glas und Formwerkzeug vorliegt, kann ebenfalls auf Hochtemperatur-Korrosion geschlossen werden (Bilder V und VI). Auf der Fläche zwischen der Vakuumbohrung und dem Rand, dem Auflagebereich des Glases, sind ebenfalls oxidierte Stellen, die aus Kratzern oder eingebrannten Partikeln resultieren (Bilder III und IV) sichtbar. Ein nicht unerheblicher Teil der Defekte ist dabei möglicherweise auf eine Kontamination durch die Versuchsumgebung zurückzuführen. Bis auf kleine Farbveränderungen der Oberfläche erscheint die sonstige Fläche zwischen Vakuumbohrung und Randbereich unverändert.

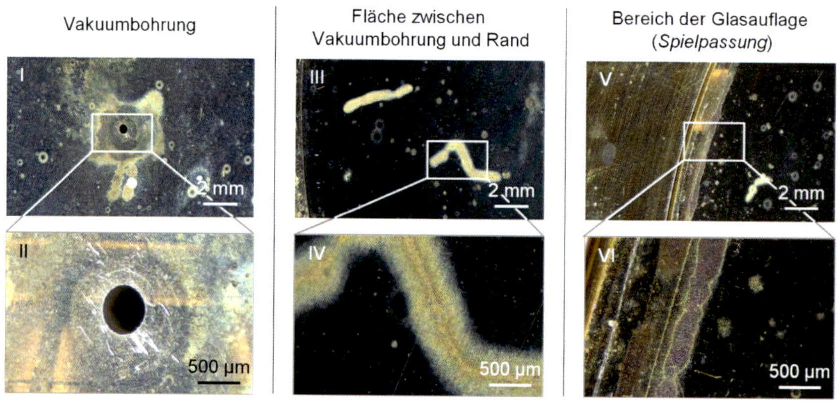

Abbildung 5.15: Lichtmikroskopaufnahmen der Formwerkzeugoberfläche nach den Versuchen an drei Positionen

Light microscope images of the forming tool surface after the experiments on three positions

5.8 Hauptversuchsauswertung

Main experiment analysis

Folgend werden die in den Hauptversuchen aufgezeichneten Daten ausgewertet. Dafür wird die Strategie der Auswertung in Kapitel 5.8.1 vorgestellt, die aus der Aufnahme der Daten, der Weiterverarbeitung und der Datenanalyse besteht.

In Kapitel 5.8.2 werden anschließend Varianzanalysen durchgeführt und die Datenauswertung vorgestellt. Dabei werden sensitive Parameter ermittelt und Regressionen durchgeführt. Weiterhin wird in Kapitel 5.8.3 die Wahl der Faktorstufen aus Tabelle 5.3 diskutiert. In Kapitel 5.8.4 werden abschließend Messunsicherheiten erwähnt, die bei der Verarbeitung der Daten auftreten können.

5.8.1 Strategie der Datengenerierung

Data generation strategy

In diesem Kapitel wird die Strategie der Datenauswertung vorgestellt. Der Hauptdemonstrator ist, wie in Kapitel 4.2.2 und 4.3 erläutert, ein Ausschnitt einer Sphäre und wird in systematischen Versuchsreihen untersucht. Für die gewählte Geometrie ist die Auswertbarkeit durch ein breites Spektrum an Messmitteln gewährleistet.

Durch eine unvollständige Abformung und Schrumpfungseffekte kommt es zu einer Abweichung von der idealen sphärischen Geometrie. Die Formmessung bildet den Hauptteil der Auswertung. Daneben werden die Rauheit und die Dickenmessung im Zenit (bzw. Zentrumspunkt) der umgeformten Gläser ausgewertet (vgl. Abbildung 5.16). Der Zenit ist das Rotationszentrum. Bei nicht-rotationssymmetrischen Fehlerbildern müssen Zenit und Zentrum nicht übereinstimmen. Aufgrund der gewählten Demonstratorgeometrie und der engen Spielpassung des Rohlings in der Formkavität (vgl. Kapitel 4.2.2), kann diese Fehlerart weitestgehend ausgeschlossen werden.

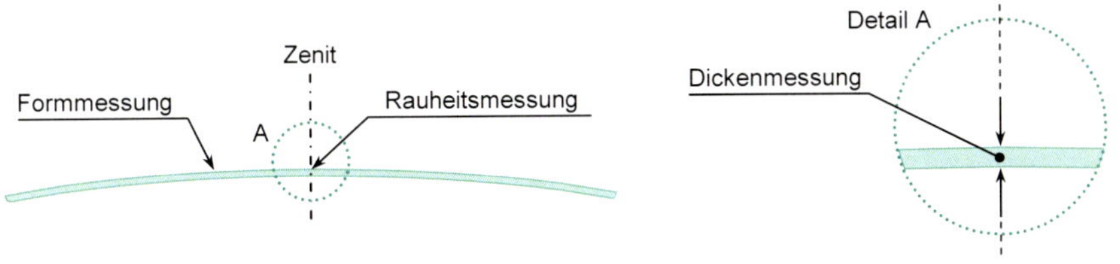

Abbildung 5.16: Messungen der Zielgröße
Measurements of the target variables

Abbildung 5.17 (links) stellt die Formabweichung eines umgeformen Glasbauteils dar. Die Formabweichung kann hierbei phänomenologisch mit einer Glockenkurve verglichen werden. Dieses Fehlerprofil ist in unterschiedlicher Intensität bei allen umgeformten Erzeugnissen zu erkennen.

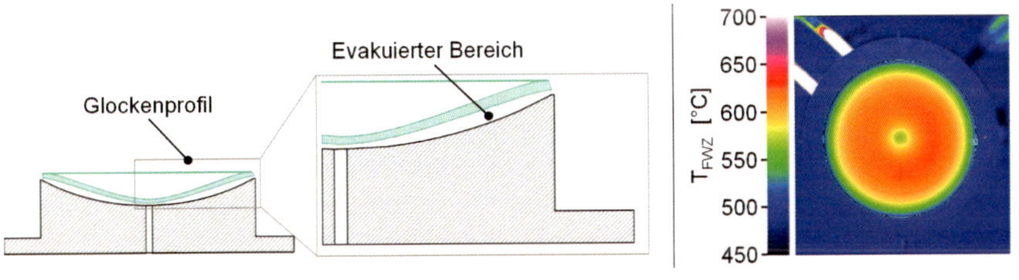

Abbildung 5.17: Darstellung der Formabweichung eines umgeformten Bauteils (links); Thermografieaufnahme des Formwerkzeugs nach der Umformung (rechts)
Illustration of the shape deviation of a hot formed sample (left); Thermographic image of the forming tool after forming (right)

Während der Umformung (und bevor das Glas möglicherweise die Vakuumbohrung blockiert) ist zunächst die gesamte Formwerkzeugkavität mit einem einheitlichen Unterdruck beaufschlagt.

Mit der steigenden Umformung kommt das Glas zunächst im Zentrum mit dem Formwerkzeug in Kontakt und blockiert die Vakuumbohrung. Ein höherer Vakuumaufbau könnte somit verhindert werden. Der sich bildende ringförmige evakuierte Raum zwischen Vakuumbohrung und Formwerkzeugrandbereich weist somit ebenfalls einen Unterdruck auf, der sukzessiv über Leckage abgebaut wird. In weiteren Tests wurde nach der eigentlichen Umformung die Vakuumleitung gezielt belüftet. Auch nach der Belüftung können die Glasbauteile erst nach wenigen Sekunden entnommen werden. Somit wird klar, dass auch der eingeschlossene Bereich (außerhalb des direkten Umfelds der Vakuumbohrung) einen Unterdruck aufweisen muss und unabängig von der Formebelüftung ist.

Abbildung 5.17 (rechts) zeigt die Temperaturverteilung eines umgeformten Glasbauteils vor der Entnahme. Deutlich erkennbar ist ein radialer Temperaturgradient. Thermische Effekte können somit als Ursache ebenfalls nicht ausgeschlossen werden. Im weiteren Verlauf der Arbeit soll untersucht werden ob thermische oder mechanische Effekte für dieses Fehlerprofil vorrangig verantwortlich sind.

Die Aufnahme und Verarbeitung der Daten bestehen in diesem Zusammenhang aus zwei Strategien, die durch Abbildung 5.18 veranschaulicht werden.

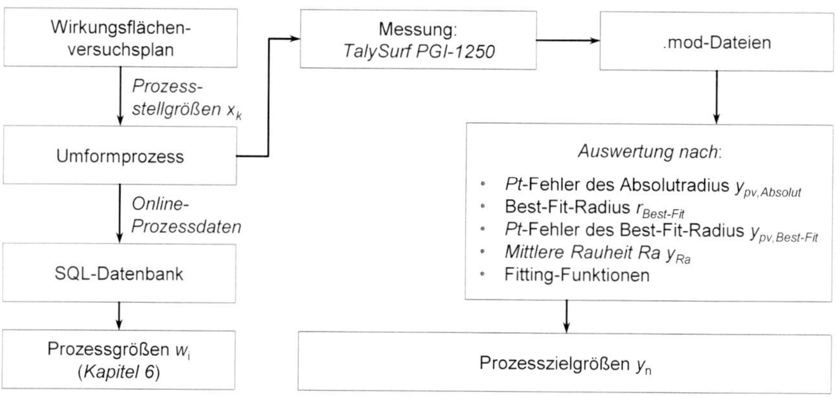

Abbildung 5.18: Strategie der Bestimmung der Prozess- und der Prozesszielgrößen

Strategy for determining the process and process target variables

Während der Versuche werden Temperatur- und Drucksensoren im Prozess eingesetzt, die Online-Prozessdaten generieren, die in einer Datenbank abgespeichert werden. Diese Sensoren dienen der Aufnahme der in Kapitel 5.6 vorgestellten Prozessgrößen w_i.

Weiterhin werden die umgeformten Gläser mit den in Kapitel 4.3 vorgestellten Messinstrumenten gemessen. Dabei werden vorrangig die in Kapitel 5.4 eingeführten Prozesszielgrößen $y_{pv,Absolut}$ und y_{Ra} bestimmt. Die aus der Messung extrahierten .mod-Dateien (Rohdaten) werden außerdem nach dem Best-Fit-Radius (Ausgleichsradius mit dem geringsten Formfehler - $y_{pv,Best\text{-}Fit}$) ausgewertet. Weiterhin werden Fitting-Funktionen mit räumlich parametrierbaren Prozesszielgrößen definiert und analysiert.

Die Messung der umgeformten Teile wird mit einem TAYLOR HOBSON TALYSURF Tastschnittgerät durchgeführt. Zur Kontrolle und späteren Vergleichbarkeit wird jedes Glas nach der ersten Messung bei 0° weiterhin um 90° gedreht und ein zweites Mal gemessen. Der Aufbau in dem Messinstrument kann Abbildung 5.19 entnommen werden. Der Nachweis, dass Rotationssymmetrie vorliegt, erfolgt in Kapitel 5.8.4.

Die aufgenommenen Daten werden anschließend nach dem Absolutradius $r = 150$ mm nach dem *Pt*-Wert (Messung bei 0°) ausgewertet.

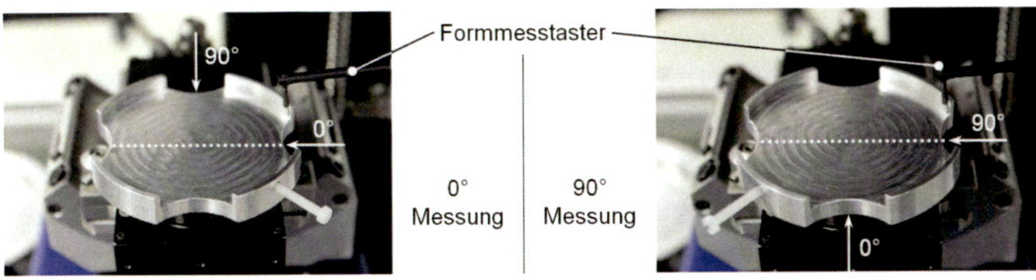

Abbildung 5.19: Messwinkel 0° und 90° der Glasprobe in der *X*-*Y*-Ebene
Measurement angle 0° and 90° of the glass sample in the X-Y plane

Weiterhin werden für die Rauheitsauswertung die Ra-Werte in der Mitte der umgeformten Gläser mit dem in Kapitel 4.3 vorgestellten Weißlichtinterferometer aufgenommen.

5.8.2 Daten- und Sensitivitätsanalyse

Data and sensitivity analysis

Für die Auswertung der Daten werden vorrangig die Haupt-RSM mit den Versuchen mit dem Öffnungsgrad $V_{\%} = 0$ % verwendet. Bei 0 % hat die RSM ein größeres statistisches Feld, da auch Aussagen über das reine Schwerkraftsenken getätigt werden können. Ergänzende Auswertungen werden zu den Versuchen mit dem Öffnungsgrad 1 % durchgeführt.

Um beurteilen zu können, ob die später ermittelten Sensitivitätsfaktoren aussagefähige Größen sind und um Modelle vergleichen zu können, wird das Bestimmtheitsmaß R^2 eingeführt [CAPU09, S. 265], welches wie folgt definiert ist [FAHR04, S. 160]:

$$\begin{aligned} R^2 &= \frac{SQE}{SQT} = \frac{\sum_{i=1}^{n}(\hat{y}_i - \bar{y})^2}{\sum_{i=1}^{n}(y_i - \bar{y})^2} \\ &= \frac{\sum_{i=1}^{n}(y_i - \bar{y})^2 - \sum_{i=1}^{n}(y_i - \hat{y})^2}{\sum_{i=1}^{n}(y_i - \bar{y})^2} = 1 - \frac{\sum_{i=1}^{n}(y_i - \hat{y})^2}{\sum_{i=1}^{n}(y_i - \bar{y})^2} \end{aligned} \tag{22}$$

Es ist definiert als der Anteil der empirischen Varianz der Zielgröße y_n (z.B. der Formabweichung), der durch die Regression erklärt wird [GROß10, S. 196] und ist somit der Quotient aus erklärter Streuung (SQE – Sum of Squares Explained) und Gesamtstreuung (SQT – Sum of Squares Total). Ferner kann es Werte zwischen null und eins annehmen [FAHR04, S. 160]. Der Wert eins wird erreicht, wenn sich die gesamte Streuung in den Daten durch das Regressionsmodell erklären lässt. Werte nahe eins deuten auf eine gute Anpassung an die Daten. Der Wert null wird erreicht, wenn sich die Prozesszielgrößen y_n vollständig nicht durch die mit den Prozessstellgrößen x_k beschriebene Regressionsgleichung erklären lässt. Für Werte nahe null wird davon ausgegangen, dass die Regressionsfunktion keinen Zusammenhang zwischen beiden Merkmalen beschreibt [CRAM08, S. 132].

Bei der Ermittlung des Bestimmtheitsmaßes werden die Daten aller Versuchsproben auf die Faktoren des Wirkungsflächenversuchsplans bezogen (Prozessstellgrößen: siehe Abbildung 5.13).

Weiterhin wird der PEARSON-Korrelationskoeffizient eingeführt, der als Grad des linearen Zusammenhanges zweier Variablen gesehen werden kann und Werte zwischen eins und minus eins annehmen kann. Der Koeffizient ist, in Abhängigkeit von den Stellgrößen x_k und den Zielgrößen y_n, wie folgt definiert [GROß10, S. 128]:

$$r_{Pearson} = \frac{\sum_{i=1}^{n}(x_i - \bar{x})(y_i - \bar{y})}{\sqrt{\sum_{i=1}^{n}(x_i - \bar{x})^2 \sum_{i=1}^{n}(y_i - \bar{y})^2}} \tag{23}$$

Dabei wird der Wert eins erreicht, wenn zwei Variablen einen exakt positiven linearen Zusammenhang haben und minus eins, wenn ein exakt negativer linearer Zusammenhang vorliegt [CRAM08, S. 111].

Testprobleme in der Statistik beinhalten eine Nullhypothese H_0 und eine korrespondierende Alternative H_1, welche sich gegenseitig ausschließen.

Bei Hypothesentests umfasst der Ablehnungsbereich der Nullhypothese H_0 „jene Werte der Prüfgröße, die für die Alternative H_1 sprechen und mit einer Wahrscheinlichkeit kleiner oder gleich α_{sign} auftreten. Dieses α_{sign} steht für das Signifikanzniveau des Tests. Typische Werte für α_{sign} sind 0,10 oder 0,05 oder 0,01" [TESC07, S. 350].

In dieser Arbeit wird das Signifikanzniveau auf 0,05 (5 %) gesetzt. Ferner gilt: H_0 wird verworfen, falls der p-Wert kleiner als das Signifikanzniveau [TESC07, S. 354] ist. Für die Varianzanalysen in diesem Kapitel bedeutet das, dass Faktoren (Prozessstellgrößen) mit einem p-Wert unter 0,05 signifikanten Einfluss auf die Prozesszielgrößen haben.

Formmessung

Mit den .mod-Dateien der gemessenen Glasproben werden, wie im vorherigen Kapitel beschrieben, zunächst die Pt-Werte des Absolutradius $r_{Absolut}$ = 150 mm ($y_{pv,Absolut}$) ermittelt. In Tabelle 5.5 sind die Faktoren eingetragen, die signifikant auf diese Prozesszielgröße wirken (siehe Gl. (28)). Dabei können der Öffnungsgrad $V_{\%}$ und die Glasdicke d_G als signifikant eingestuft werden. Für die Auswertung wurde eine Varianzanalyse mithilfe der Funktion Wirkungsfläche (hierarchisches Modell, schrittweise Auswertung mit Signifikanzniveau für Aufnahme 0,05 und Ausschluss 0,15) gewählt. Diese Methode wurde für alle Auswertungen in Kapitel 5 angewendet.

Tabelle 5.5: Varianzanalyse der Auswertung gegen den Formfehler des Absolutradius $y_{pv,Absolut}$
Variance analysis of the evaluation against the form deviation of the absolute radius $y_{pv,Absolut}$

Faktor	Art	Signifikante *p*-Werte
Öffnungsgrad $V_{\%}$	Linear	0,000
Glasdicke d_G	Linear	0,035
(Öffnungsgrad)² $(V_{\%})^2$	Quadratisch	0,000
Öffnungsgrad · Glasdicke $V_{\%} \cdot d_G$	2-Faktor-Wechselwirkung	0,018

Weiterhin ergibt eine Auswertung mit MINITAB ein Bestimmtheitsmaß R^2 von 48,1 %. Da die Differenz zu 100 % und somit die nicht erklärbare Streuung 51,9 % beträgt, wird zur weiteren Analyse der Best-Fit-Radius bestimmt. Der Mittelwert der Proben (wobei vier Ausreißer aufgrund von Glasbruch ausgeschlossen werden) liegt mit einer Differenz von 11,97 mm zu dem gewünschten Radius von $r_{Absolut}$ = 150 mm bei $r_{Best\text{-}Fit}$ = 138,03 mm. Diese Tatsache deutet darauf hin, dass die Gläser nicht vollständig umgeformt sind. Die Sichtprüfung der umgeformten Gläser legt weiterhin nahe, dass die Geometrien teilweise stark von dem eines idealen Sphärenausschnitts abweichen.

In Abbildung 5.20 wird die die Profilhöhe *Y* (Ausprägung des Werts der Z-Koordinate) der Glasgeometrie und des absoluten Formfehlers (links) bzw. des Best-Fit Formfehlers (rechts) über den Radius *r* aufgetragen. Die Geometrie der umgeformten Gläser ähnelt einer Glockenkurve. Daraus folgen zwei Konsequenzen. Zum einen muss die Wirkung der Prozessstellgrößen weiter untersucht werden. Zum anderen sind klassische Auswertemethoden (über Absolut- oder Best-Fit-Radius) nur bedingt aussagekräftig.

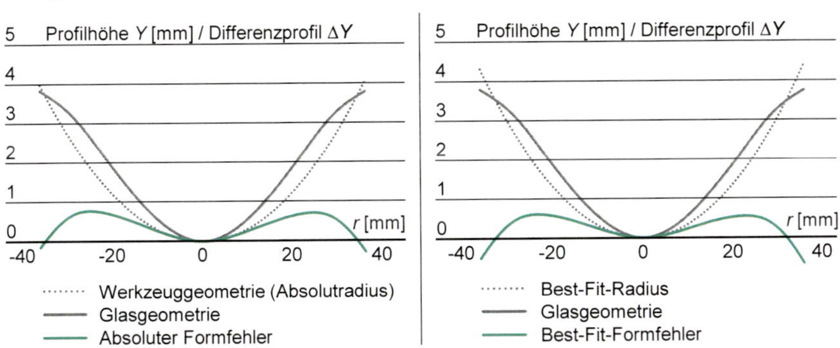

Abbildung 5.20: Darstellung Absolutfehler (links) und Best-Fit-Fehler (rechts)
Illustration of absolute error (left) and best-fit error (right)

Zur besseren Charakterisierung und Analysierung der Ausformung werden parametrierbare, mathematische Funktionen zur Beschreibung der 3D-Glasgeometrie definiert, die aufgrund der Rotationssymmetrie auf eine zweidimensionale (2D) Geometrie überführt werden können. Dabei wird die Ist-Geometrie des Glases mit den Kurvenverläufen der definierten Funktionen verglichen. Im Anhang (vgl. Tabelle 11.3) sind der gewünschten Glasgeometrie ähnelnde Funktionen mit ihren Bestimmtheitsmaßen dargestellt. Eine grafische Darstellung erfolgt in Abbildung 5.21. Über die Anzahl der Parameter der Funktionen können dabei deutlich mehr Informationen gegenüber einer eindimensionalen Fehlerkenngröße (wie z.B. dem absoluten Formfehler) übertragen werden. Die parametierbaren, mathematischen Funktionen sind somit Grundlage für eine Steigerung des Prozessverständnisses und der wissensbasierten Optimierung des betrachteten Umformprozesses. Dabei werden Funktionen gesucht, deren Verläufe hohe Ähnlichkeiten mit den gemessenen Daten aufweisen.

Die Suche ergibt neben der *Bump*-Funktion [TU08], der *Witch of Agnesi*-Funktion [YATE74, S. 237], *Sekans-hyperbolicus*-Funktion *Sech(x)* [OLVE10, S. 123-130] und Kosinus-Funktion cos(x) eine gute Vergleichbarkeit zur Gaußverteilung (deren Funktion auch Dichtekurve der Normalverteilung genannt wird) [FAHR04, S. 294]

$$f(x, \mu, \sigma) = \frac{1}{\sigma \cdot \sqrt{2\pi}} \cdot e^{\left(-\frac{1}{2} \cdot \left(\frac{x-\mu}{\sigma}\right)^2\right)} \tag{24}$$

Dabei werden Variablen eingeführt, die die Funktionen parametrisieren. σ beschreibt die senkrechte und horizontale Ausformung der Kurve (bei der Normalverteilung die Standardabweichung) und μ die Zentrierung (bei der Normalverteilung der Mittelwert). Die vertikale und horizontale Ausformung der Kurve sind somit linear voneinander abhängig. Ein höherer σ-Wert bedeutet eine höhere und breitere Ausformung. Bei anderen Funktionen ist σ in a und c aufgeteilt. Variable a ist ein Maß für die vertikale Ausformung und Variable c für die horizontale Ausformung. Ferner wird Variable b eingeführt, die ein Maß für die Zentrierung der Kurve ist. Durch die Verwendung des parametrierbaren Ansatzes kann die Diskussion des Umformergebnisses differenzierter erfolgen.

Aufgrund der Kombination aus einem vergleichbar hohen Bestimmtheitsmaß (vgl. Anhang Tabelle 11.3) für die vertikale und die horizontale Ausformung wird für die weiteren Auswertungen der Ansatz $\textit{Gauß}_2$ zur Beschreibung der Profilhöhe Y mit folgender Gleichung über den Radius r verwendet:

$$Y = a \cdot e^{-\left(\frac{r-b}{\sqrt{2} \cdot c}\right)^2} \tag{25}$$

Da die Versuche in einem rotationssymmetrischen Formwerkzeug durchgeführt wurden, ist davon auszugehen, dass durch das Zuschneiden der Daten die Rohdatensätze zentriert werden – daher werden die Variablen b bzw. μ (vgl. Gleichung (24)) zu 0 gesetzt und nicht weiter betrachtet. Die Werte der Variablen a und c des $\textit{Gauß}_2$-Ansatzes werden im Folgenden den Prozesszielgrößen y_a und y_c zugewiesen:

- y_a ist die dimensionslose Zielgröße zur Beschreibung der vertikalen Ausformung bzw. Ist-Geometrie (assoziiert mit Variable a)
- y_c ist die dimensionslose Zielgröße zur Beschreibung der horizontalen Ausformung bzw. Ist-Geometrie (assoziiert mit Variable c)

Die dimensionslose Notation der Zielgrößen in Gleichung (25) wird bewusst angewandt, um hervorzuheben, dass mit den einzelnen Zielgrößen nicht auf die Profilhöhe Y geschlossen werden kann.

Eine beispielhafte Auswertung und ein Vergleich zu den anderen Fitting-Funktionen sind in Abbildung 5.21 dargestellt. Über die Summe aller Experimente hat der *GAUß₂*-Ansatz dabei die beste Übereinstimmung.

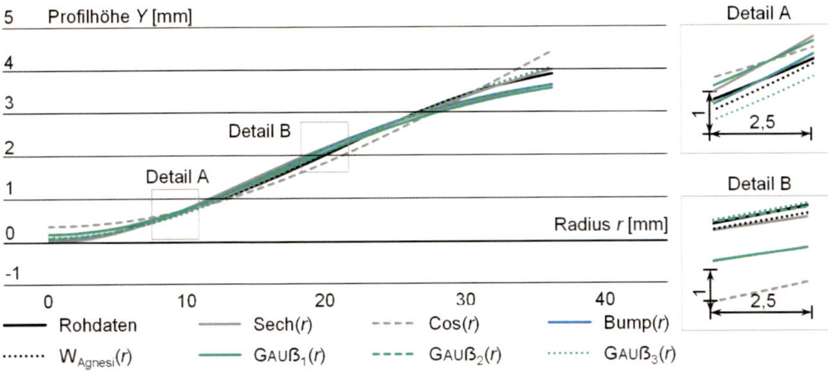

Abbildung 5.21: Vergleich ausgewählter parametrierbarer, mathematischer Funktionen

Comparison of selected multidimensional, mathematical functions

Abbildung 5.22 dient der Erklärung hoher und niedriger y_a- und y_c -Werte bzw. hoher und niedriger vertikaler und horizontaler Ausformung.

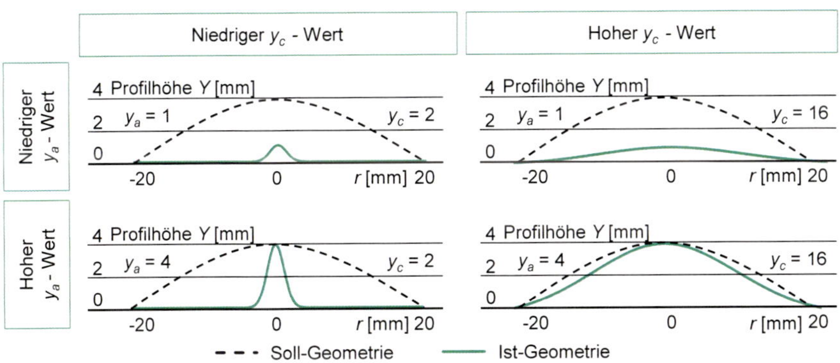

Abbildung 5.22: Übersicht der Formausprägung hoher und niedriger *a* und *c* Werte der Funktion *GAUß₂*

Overview of the graphs of high and low a and c values of the function GAUß₂

Um Aussagen über die Übertragbarkeit der Auswertungen des Fitting-Ansatzes *GAUß₂* auf die Geometrie des Sphärenausschnitts treffen zu können, werden die *PV*-Werte verglichen. Dabei werden Durchschnittswerte aller in den Versuchen gemessenen Proben gebildet. Die *PV*-Werte des Absolutradius ($y_{pv,Absolut}$) beziehen die gemessenen Daten der umgeformten Gläser auf einen Kugelausschnitt mit dem Radius r = 150 mm.

Die *PV*-Werte des Fitting Ansatzes *GAUß2* ($y_{pv,Gauss2}$) beziehen die gefitteten Daten experimentspezifisch auf die gemessenen Daten der umgeformten Gläser und sollten idealerweise null sein. Wie in Tabelle 5.6 dargestellt, ist der Formfehler der Funktion *GAUß2* im Durchschnitt über 0,8 mm geringer (und somit um mehr als 60 % reduziert) als der des Absolutradius, womit die Rechtfertigung für die Nutzung des Fitting-Ansatzes gegeben ist.

Tabelle 5.6: Vergleich der *PV*-Werte der Fitting Funktion *GAUß2* mit den experimentell gemessenen Daten sowie dem Absolutradius
Comparison of the PV-values of the fitting function Gauß2 with the experimentally measured data and the absolute radius

	***Gauß2* zu den experimentell gemessenen Daten ($y_{pv,Gauss2}$)**	**Experimentelle Daten zu dem Absolutradius ($y_{pv,Absolut}$)**
Durchschnittlicher *PV*-Wert	0,459 mm	1,268 mm

Tabelle 5.7 zeigt, dass der *a*- und *c*-Wert der Fitting-Funktion *GAUß2* mit dem Formfehler des Absolutradius y_{pv} stark linear korreliert. Die Konseqzenz ist somit, dass mit den Werten der Variablen von *GAUß2* auf den Formfehler des Absolutradius geschlossen werden kann.

Tabelle 5.7: PEARSON-Korrelation zwischen dem Fitting Ansatz *GAUß2* und dem (absoluten) PV-Formfehler $y_{pv,Absolut}$
PEARSON- Correlation between the fitting GAUß2 and the absolute PV-form deviation $y_{pv,Absolut}$

	y_a	y_c
$y_{pv,Absolut}$	*p*-Wert = 0,000	*p*-Wert = 0,000

Die Grundlage der folgenden Varianzanalysen ist die Gleichung des Wirkungsflächenversuchsplans, die in Abbildung 5.13 dargestellt ist. Das Ermitteln der signifikanten Faktoren bzw. Prozessstellgrößen x_k dieses Versuchsplans ist Ziel dieses Kapitels. Die Regression für die Wirkungsfläche zwischen der Prozesszielgröße y_a und den Faktoren ergibt eine lineare und quadratische Signifikanz der Prozessstellgröße Öffnungsgrad mit *p*-Werten von jeweils 0,000. Dies beweist, dass die vertikale Ausformung der Glasbauteile stark mit der Einstellung des Öffnungsgrades des Proportionalventils zusammenhängt. Da das Bestimmtheitsmaß, wie in Tabelle 11.3 dargestellt, bei 53,8 % liegt, können über 40 % der Streuung von y_a nicht durch den Öffnungsgrad erklärt werden. Im Vergleich dazu sind in Tabelle 5.8 die Ergebnisse der Regression für die Wirkungsfläche zwischen y_c und den Faktoren dargestellt, deren Bestimmtheitsmaß bei 76,2 % liegt.

Tabelle 5.8: Varianzanalyse der Faktoren auf die Prozesszielgröße y_c
Variance analysis of the factors on the process target variable yc

Faktor	Art	Signifikante *p*-Werte
Heizraumsolltemperatur $T_{Heizraum,Soll}$	Linear	0,000
Öffnungsgrad $V_\%$	Linear	0,000
Glasdicke d_G	Linear	0,000
(Öffnungsgrad)² $(V_\%)^2$	Quadratisch	0,000
Heizraumsolltemperatur · Öffnungsgrad $T_{Heizraum,Soll} \cdot V_\%$	2-Faktor-Wechselwirkung	0,000
Öffnungsgrad · Glasdicke $V_\% \cdot d_G$	2-Faktor-Wechselwirkung	0,004

Aus der Tabelle gehen mehrere signifikante Faktoren hervor. So sind die Heizraumsolltemperatur, der Öffnungsgrad und die Glasdicke linear und teils quadratisch oder als 2-Faktor-Wechselwirkung signifikant für die horizontale Ausformung des Glases. Somit sind diese Stellgrößen hauptverantwortlich für das Umformergebnis.

Rauheitsmessung

Anschließend werden die signifikanten Faktoren der *Ra*-Werte ermittelt. Die *Ra*-Werte werden mit dem Weißlichtinterferometer im Zenit der Gläser bestimmt. Tabelle 5.9 zeigt, dass der Öffnungsgrad, die Glasdicke und die Heizzeit signifikante Faktoren für die Prozesszielgröße y_{Ra} sind.

Tabelle 5.9: Signifikante Faktoren mit Wirkung auf die Rauheit
Significant factors affecting roughness

Faktor	Art	Signifikante *p*-Werte
Heizzeit t_{Heizen}	Linear	0,010
Öffnungsgrad $V_\%$	Linear	0,016
Glasdicke d_G	Linear	0,000

Anders als bei den Prozesszielgrößen, die die Form betreffen, hängt die Rauheit der Gläser auch von der Heizzeit ab. Des Weiteren weist das lineare Modell ein Bestimmtheitsmaß R^2 von 27,4 % auf, wodurch Rauheit mithilfe des Modells nur ungenügend erklärt werden kann. Der Vergleich der Rauheit des Formwerkzeuges nach den Hauptversuchen ergibt, dass sich die *Ra*-Werte nicht bemerkenswert verschlechtert haben. Der *Ra*-Wert der ultrapräzisions-bearbeiteten (UP) Formen liegt erfahrungsgemäß unter 10 nm. Messungen nach den Versuchen ergeben einen durchschnittlichen *Ra*-Wert von 30 nm. Nach über 130 Versuchen ist dieser Unterschied erwartbar und hat einen vernachlässigbaren Einfluss auf die Modellbildung (vgl. [KREI18]).

Dickenmessung

Die Ausdünnung $y_{\Delta d}$ ist eine weitere dimensionslose Prozesszielgröße und ist definiert als:

$$y_{\Delta d} = \frac{\text{Dicke Rohglas} - \text{Dicke umgeformtes Glas}}{\text{Dicke Rohglas}} \quad (24)$$

Dabei wird die Dicke des umgeformten Glases im Zenit (aufgrund der sehr guten Wiederholbarkeit der Messung in diesem Punkt) mithilfe eines Höhentasters gemessen. Eine Varianzanalyse ergibt keine signifikanten Prozessstellgrößen für die Ausdünnung. Da die Ausdünnung jedoch wichtige Rückschlüsse auf das Umformergebnis geben kann, soll die Ausdünnung mithilfe von FEM-Simulation in Kapitel 7.4 analysiert werden.

5.8.3 Überprüfung der gewählten Parameterstufen

Checking the selected parameter levels

Folgend wird die Wahl der Stufen für die Faktoren anhand der Ergebnisse der Auswertung in Kapitel 5.8.2 diskutiert.

Zusammenfassend lässt sich sagen, dass die Faktoren Heizraumsolltemperatur, Öffnungsgrad und Glasdicke bei nahezu allen Prozesszielgrößen signifikant sind. Die Annahme ist, dass die Stufen des Wirkungsflächenversuchsplans zu groß gewählt sind. Da anhand der Auswertung der umgeformten Gläser deutlich wird, dass nahezu alle Gläser in Z-Richtung vollständig umgeformt sind, sollte die obere Stufe des Öffnungsgrades, des für die Zielgröße y_a einzig signifikanten Faktors, verringert werden.

Die weiten Stellbereiche der Heizraumsolltemperaturstufen sind ebenfalls zu hinterfragen, da hierdurch andere Prozessstellgrößen als weniger wirksam erscheinen. Zusätzlich ist eine anfängliche Umformung unter Eigengewicht vor dem Prozessschritt „Umformen“ anzunehmen, weil die Heizraumtemperatur deutlich über T_g des Glases liegt.

Die Prozessstellgröße Heizzeit hat keine nachweisbare Wirkung auf das Umformergebnis. Dies kann durch einen zu hoch gewählten Stellgrößenbereich erklärt werden. Diese Vermutung kann durch simulative Untersuchungen in Kapitel 7 bestätigt werden.

Außerdem sollte die Differenz der Glasdicke gesenkt werden, da die Glasdicke bei allen Prozesszielgrößen signifikant ist. Der Einfluss der Glasdicke in Bezug auf den Erwärmungszustand des Glasrohlings wird in Kapitel 7.2 untersucht. Eine Diskussion der Gewichtskraft der Glasdicke erfolgt in Kapitel 7.4.

Die Vakuumdauer ist die einzige Prozessstellgröße der Versuche, die zu keiner Prozesszielgröße Signifikanzen aufweist. Im Vergleich, zu dem bei fast allen Varianzanalysen des vorherigen Kapitels signifikanten Öffnungsgrads des Proportionalventils, ist anzunehmen, dass das Glas durch die Wahl eines zu großen Öffnungsgrades zu schnell umgeformt wird, als dass die Vakuumdauer einen Einfluss auf den Prozess der Umformung nehmen könnte (siehe Kapitel 6.3.2 und 7.4). Daher sollte in Folgeversuchen der Öffnungsgrad kleiner gewählt werden, damit die Stellgröße der Vakuumdauer erneut auf Signifikanz untersucht werden kann.

Die hier aufgeführten Erkenntnisse werden für die Auslegung des Versuchsplans für den Validierungsdemonstrator (vgl. Kapitel 8) genutzt.

5.8.4 Betrachtung der Messunsicherheiten

Consideration of measurement uncertainties

In diesem Kapitel werden Unsicherheiten und deren mögliche Auswirkungen diskutiert.

Rotationssymmetrie

Bisher wurde in Kapitel 5 für die Auswertung Rotationssymmetrie angenommen. Der Nachweis, dass diese Annahme korrekt ist, wird im Folgenden durchgeführt.

Tabelle 5.10: PEARSON-Korrelation zwischen 0° und 90° Auswertung
PEARSON-correlation between 0° and 90° Evaluation

Zielgröße	0,7 mm Pearson 0° zu 90°	2,0 mm Pearson 0° zu 90°
Vertikale Ausformung y_a	1,00	0,99
Horizontale Ausformung y_c	0,87	0,87
(absolute) PV-Formfehler $y_{pv,Absolut}$	0,86	0,92

Tabelle 5.10 zeigt die PEARSON-Korrelation zwischen ausgewählten Zielgrößen in 0° und 90° Auswerterichtung für beide Glasdicken aller durchgeführten Versuche. Das Signifikanzniveau von 0,05 wurde nicht überschritten. Die insgesamt hohen Werte der PEARSON-Korrelation zeigen, dass die Annahme gerechtfertigt ist.

Vorhersagetreue des empirischen Ansatzes:

Ergänzend zu Tabelle 5.7 soll nachgewiesen werden, dass die Zielgrößen y_a und y_c gute Schätzwerte für die Formabweichung y_{pv} sind. Hierbei ist Gleichung (25) die lineare Schätzfunktion für die Zielgröße y_{pv} für die Glasdicke 0,7 mm. Der zugehörige Regressionskoeffizient ist 95 %.

$$y_{pv,\ 0,7\,mm} = -\,1003 \cdot y_a - 326 \cdot y_c + 10230 \tag{25}$$

Gleichung (26) zeigt des Weiteren die lineare Schätzfunktion für die Zielgröße y_{pv} für die Glasdicke 2,0 mm. Der zugehörige Regressionskoeffizient ist 89,5 %.

$$y_{pv,\ 2,0\,mm} = -\,377{,}2 \cdot y_a - 200{,}5 \cdot y_c + 5680 \tag{26}$$

Auf Grundlage dieser beiden Regressionskoeffizienten ist ersichtlich, dass die Zielgrößen y_a und y_c gute Schätzwerte für die Zielgröße $y_{pv,Absolut}$ darstellen.

5.9 Diskussion des empirischen Modells

Empirical modelling

In diesem Kapitel wird das empirische Modell anhand von Regressionsgleichungen vorgestellt und diskutiert. Ziel ist die Erfassung des quantitativen Zusammenhangs zwischen den Stellgrößen x_k und den Zielgrößen y_n des empirischen Modells. Die Gleichungen werden mit der Funktion „Wirkungsflächenversuchsplan" (Response Surface Methodology) in MINITAB gebildet und basieren auf der Gleichung aus Abbildung 5.13. Abbildung 5.23 zeigt eine Übersicht über die Fähigkeit des Modells (vgl. Kapitel 5.8).

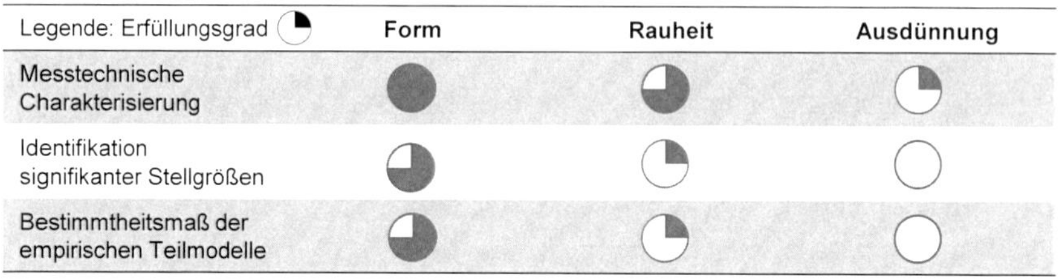

Abbildung 5.23: Übersicht über die Fähigkeit des Modells
Overview of the model's capability

Die messtechnische Charakterisierung der Form erfolgte mittels etablierter Messverfahren im Tastschnittverfahren. Die Rotationssymmetrie wurde anhand Tabelle 5.10 nachgewiesen. Mithilfe der gewonnenen Daten konnten signifikante Stellgrößen zur Beschreibung der Formabweichung ermittelt werden. Das Bestimmtheitsmaß R^2 beträgt 53,8 % für die Zielgröße y_a und 76,2 % für die Zielgröße y_c (vgl. Tabelle 11.3), wodurch ein Großteil der Streuung im Modell nachweislich (Signifikanzniveau 0,05) durch die gezielte Variation der Stellgrößen erklärt werden kann. Die Diskussion des empirischen Modells der Formabweichung erfolgt über die folgenden Schritte:

- Priorisierung der Modellgrößen über PARETO-Diagramme
- Quantifizierung der Modelle anhand von Regressionsgleichungen. Dabei orientieren sich die Einheiten der Regressionspolynome an Tabelle 5.3.
- Visualisierung der Effekte über Haupteffekt- und Wechselwirkungsdiagramme

Die messtechnische Charakterisierung der Rauheit wurde mittels Weißlichtinterferometrie durchgeführt. Das Bestimmtheitsmaß R^2 des ermittelten Modells beträgt nur 27,4 %, wodurch die Variation nur begrenzt erklärt werden kann.

Die über einen Höhentaster gemessene Ausdünnung kann aufgrund fehlender Signifikanz nicht über die Stellgrößen erklärt werden. Allein ein Erklärungsansatz über die Zielgrößen untereinander hat ein hohes Bestimmtheitsmaß.

5.9.1 Betrachtung der Formabweichung
Examination of form deviation

Mithilfe eines Paretodiagramms (vgl. Abbildung 5.24) wird die Priorisierung der signifikanten Stellgrößen vorgenommen. Zunächst werden die Zielgröße vertikale Ausformung y_a und der Öffnungsgrad $V_\%$ betrachtet. Der hohe Wert des standardisierten Effekts für den quadratischen Anteil ist ein Indikator für nichtlineare Zusammenhänge.

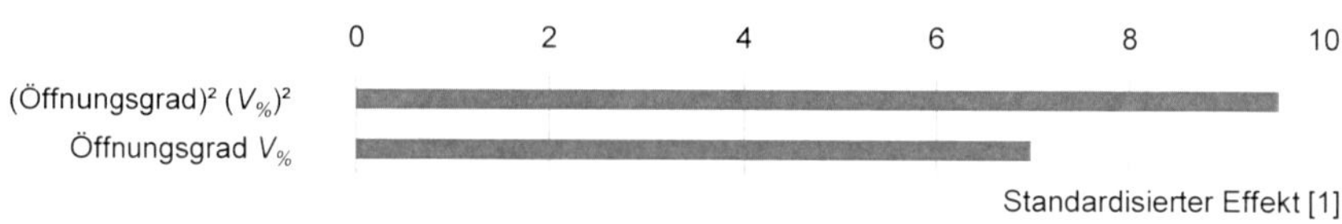

Abbildung 5.24: PARETO-Diagramm zur Zielgröße y_a
PARETO-chart of target variable y_a

Die Quantifizierung erfolgt über die folgende Regressionsgleichung:

$$y_a = 2{,}600 + 0{,}2569 \cdot V_{\%} - 0{,}01069 \cdot V_{\%}^2 \tag{27}$$

Abbildung 5.25 (links) veranschaulicht den Zusammenhang zwischen dem Öffnungsgrad und der Zielgröße. Dabei wird mithilfe der Software MINITAB der Verlauf des Werts für y_a bezüglich der Werte des Öffnungsgrades prognostiziert. Der Abbildung kann weiterhin entnommen werden, dass die nahezu vollständige Umformung bereits ab einem Öffnungsgrad von über 10 % vorliegt (erreichen des Grenzwerts von y_a von 4 – vgl. Abbildung 5.22). Die Erkenntnis ist, dass bei niedrigen Öffnungsgraden der lineare Effekt dominiert. Mit Erhöhung des Öffungsgrads steigt jedoch die Wirkung des quadratischen Anteils, der mit einem negativen Vorzeichen in die Gleichung eingeht. Der Effekt steigt mit der Erhöhung des Öffnungsgrades nur degressiv. Insbesondere der fallende Kurvenverlauf kann mit physikalischen Effekten nicht in Einklang gebracht werden und soll in Kapitel 6 detaillierter untersucht werden.

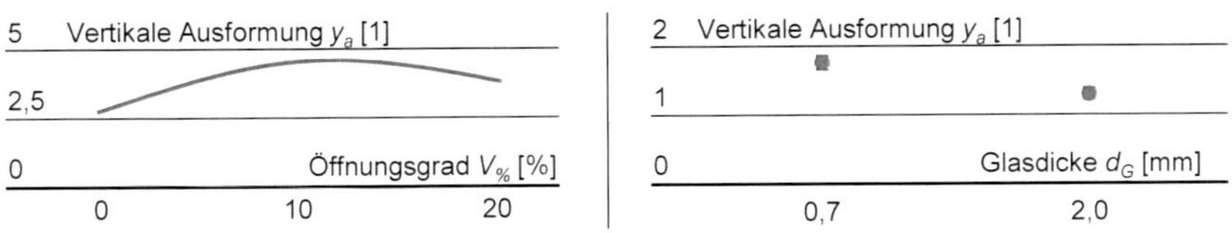

Abbildung 5.25: Haupteffektdiagramm der *Zielgröße* y_a für den Öffnungsgrad[1] (links); Varianz der Zielgröße y_a beim Schwerkraftsenken (rechts)
Main effect diagram of the target variable y_a for the opening degree (left); Variance of target variable y_a during gravity slumping (right)

Basierend auf den vorliegenden Erkenntnissen soll der Stellbereich des Öffnungsgrades in zukünftigen Untersuchungen (vgl. Kapitel 8) reduziert werden.

Mit dem bestehenden Modell können fast 50 % der Streuung für die Zielgröße y_a nicht erklärt werden. Im Folgenden werden Gründe für die fehlende Signifikanz der anderen Stellgrößen diskutiert.

Die Glasdicke ist keine signifikante Stellgröße, dennoch ist erkennbar, dass sie auf den Prozess einwirkt. Aus Gleichung (27) wird ersichtlich, dass bei einem Öffnungsgrad $V_{\%}$ von 0 % die Zielgröße y_a einen Betrag von 2,6 (also ungleich Null) aufweist. Die Erkenntnis ist, dass das Glas bereits unter der Einwirkung von Schwerkraft eine zumindest unvollständige Umformung erfährt.

Abbildung 5.25 (rechts) zeigt die unterschiedliche Varianz der Zielgröße vertikale Ausformung y_a bei Versuchen unter ausschließlicher Einwirkung von Schwerkraft (entspricht dem Sternpunkt des Wirkungsflächenversuchsplans mit Öffnungsgrad $V_{\%}$ 0 %). Die Schlussfolgerung ist somit, dass die Glasdicke durchaus einen messbaren Einfluss

[1] Für die Bildung dieses Diagramms wurden die Versuche mit 1 % Öffnungsgrad berücksichtigt, um das statistische Feld, d.h. die Datengrundlage, zu erhöhen.

auf die Zielgröße y_a hat. Dieser Einfluss ist aber gegenüber den anderen gewählten Stellgrößen (in diesem Fall der Öffnungsgrad) nicht signifikant ausgeprägt. Insbesondere durch Erhöhung des Öffnungsgrades können große Kräfte auf den Glasrohling wirken, die die Schwerkraft des Rohlings um ein Vielfaches überschreiten können.[2]

Die Vakuumdauer zeigte keine signifikante Wirkung auf die Zielgröße y_a. Die Umformung und dadurch die Vakuumdauer innerhalb des Heizraums lassen sich visuell nicht beobachten. Die Annahme ist daher, dass das Glas sich schneller umformt als im gewählten Stellgrößenbereich der Vakuumdauer (5 bis 10 s).

Weder Heizraumsolltemperatur noch Heizzeit haben eine signifikante Auswirkung auf die Zielgröße y_a. Abbildung 5.22 zeigt, dass verschieden ausgeprägte Geometrien (in Abhängigkeit von der weiteren Zielgröße y_c) den gleichen Wert für y_a aufweisen können. Die Erkenntnis ist somit, dass die Zielgrößen gemeinsam betrachtet werden müssen.

Es folgt die Diskussion der Zielgröße horizontale Ausformung y_c. Abbildung 5.26 zeigt, dass die Zielgröße y_c eine Reihe signifikanter Modellterme aufweist.

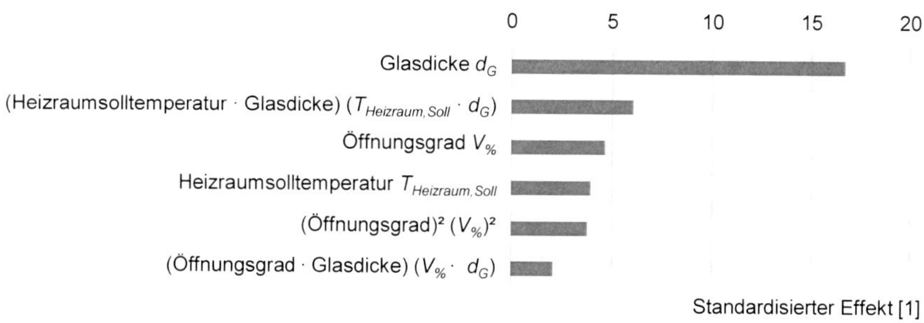

Abbildung 5.26: PARETO-Diagramm zur Zielgröße y_c
PARETO-chart of target variable y_c

Die Streuung der Prozesszielgröße y_c, die ein Maß für die horizontale Ausformung des Glases ist, kann in dem Modell mit einem Bestimmtheitsmaß von fast 80 % durch die Prozessstellgrößen erklärt werden (vgl. Kapitel 5.8.2). Als sensitive Faktoren werden die Heizraumsolltemperatur, der Öffnungsgrad und die Glasdicke durch eine Varianzanalyse bestimmt.

[2] Der Glasrohling (Stärke 0,7 mm) wiegt 6,9 Gramm. Die korrespondierende Gewichtskraft beträgt somit 0,07 N. Bereits ab 1 mbar Relativdruck wirkt jedoch eine Flächenkraft 0,4 N auf den Glasrohling.

Dadurch können folgende Regressionsgleichungen gebildet werden:

0,7 mm Glasdicke: $$y_c = 18{,}68 - 0{,}00408 \cdot T_{Heizraum,Soll} + 0{,}1578 \cdot V_{\%} - 0{,}00665 \cdot V_{\%}^2 \quad (28)$$

2,0 mm Glasdicke: $$y_c = -4{,}30 + 0{,}01940 \cdot T_{Heizraum,Soll} + 0{,}1986 \cdot V_{\%} - 0{,}00665 \cdot V_{\%}^2 \quad (29)$$

Abbildung 5.27 veranschaulicht das Haupteffektdiagramm für y_c.

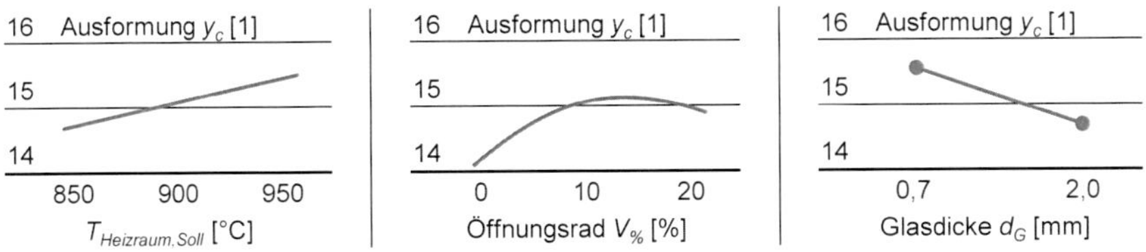

Abbildung 5.27: Haupteffektdiagramme für die Zielgröße y_c
Main effect graphs for the target variable y_c

Die Heizraumsolltemperatur wirkt linear auf y_c. In diesem Zusammenhang sind die unterschiedlichen Vorzeichen der Modellterme der Heizraumsolltemperatur von Gleichung (28) und (29) von Bedeutung. Für Gläser mit der Dicke 2 mm ist eine Steigerung der Heizraumtemperatur vorteilhaft – für Gläser der Dicke 0,7 mm hingegen ist der Effekt kontraproduktiv. Die Schlussfolgerung ist, dass Gläser unterschiedlicher Stärke unterschiedliche Anforderung an die Heiz- und Temperaturbedingungen haben. Ab Unterschreiten einer Grenzviskosität verschlechtert sich das Umformgebnis. Diese Wechselwirkung zwischen Glasdicke und Heizraumsolltemperatur ist in Abbildung 5.28 dargestellt. Die Wirkung des Öffnungsgrad auf y_c ist vergleichbar zu der auf y_a. Der Öffnungsgrad bildet mit der Glasdicke eine Wechselwirkung. Dünnere Gläser lassen sich bei gleichem Öffnungsgrad besser in die Zielgeometrie verformen.

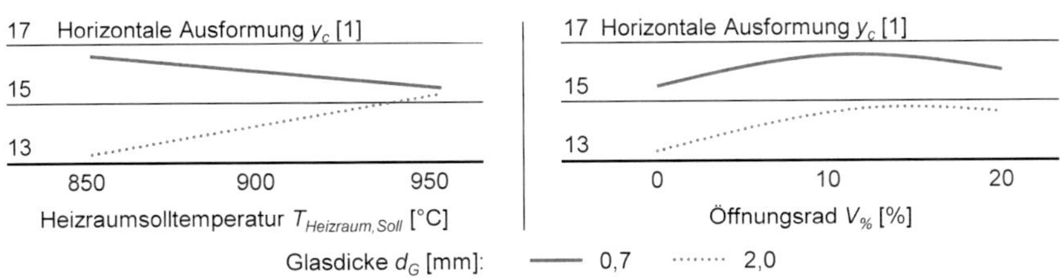

Abbildung 5.28: Wechselwirkungsdiagramme der Zielgröße y_c
Interaction diagrams of the target variables yc

Vergleichbar zu der Zielgröße y_a, ist die Vakuumdauer auf die Zielgröße y_c nicht signifikant. Obwohl thermische Effekte eine bedeutende Rolle spielen (Heizraumsolltemperatur und Glasdicke) ist die Heizzeit ebenfalls nicht signifikant. Die Annahme ist daher, dass nach hinreichend langer Heizzeit die Erwärmung in einen quasistatischen Zustand übergeht. Dieser Aspekt wird in Kapitel 7 eingehend untersucht. Abbildung 5.29 zeigt die Varianz der Versuchswiederholungen des Zentralpunkts des Wirkungsflächenversuchsplans.

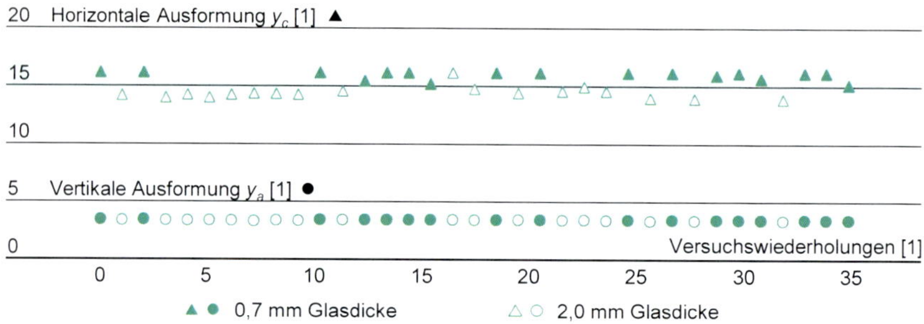

Abbildung 5.29: Versuchswiederholungen des Zentralspunkts

Test repetitions of the central point

Der Zentralpunkt wurde je Glasdicke jeweils 18-mal wiederholt. Ein Versuch mit der Glasdicke 0,7 mm konnte aufgrund von Glasbruch nicht ausgewertet werden. Die Beobachtung ist, dass die Varianz für y_a sehr gering und unabhängig von der Glasdicke ist. Dies ist im Einklang mit der fehlenden Signifikanz der Glasdicke für die Zielgröße y_a. Für die Zielgröße y_c ist die Abhängigkeit von der Glasdicke ersichtlich und wurde zuvor als signifikant nachgewiesen. Auffällig ist zusätzlich die höhere Varianz der Zielgröße y_c im Vergleich zur Zielgröße y_a. Hierfür werden thermische Effekte verantwortlich gemacht.

Zur qualitativen Visualisierung der Temperaturverteilung werden die Thermografieaufnahmen von sechs Proben unterschiedlicher Ausformung und Glasdicke zu einem Zeitpunkt nach dem Prozessschritt „Schnelles Kühlen“ gezeigt (vgl. Abbildung 5.30).

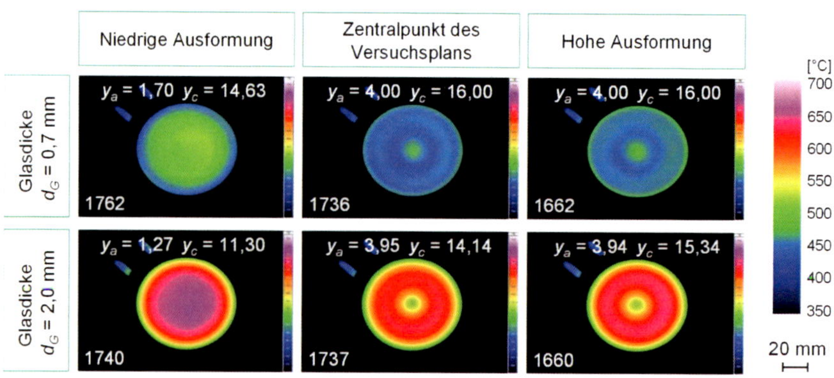

Abbildung 5.30: Thermografieaufnahmen nach dem Prozessschritt Schnelles Kühlen (Skala zwischen 400 und 650 °C)

Thermographic images after the process step fast cooling (scale between 400 and 650 °C)

Die obere Grenze der Aufnahmen liegt bei 700 °C und die untere bei 350 °C. Die hier gewählte Emissivität liegt bei 0,85. Die Proben-IDs sind in der unteren linken Ecke der jeweiligen Bilder dargestellt. Um die Kontraste der Glastemperaturen besser erkennbar zu gestalten, wurden alle Temperaturen unterhalb von 350 °C schwarz dargestellt. Bei Betrachtung der Gläser lässt sich eine hohe Ausformung an einem höheren y_a und y_c Wert der Proben bezüglich der Funktion GAUß2 quantifizieren (vgl. Abbildung 5.22). Die Erkenntnis ist somit, dass mithilfe der Termografieaufnahmen auf die Ausformung geschlossen werden kann. Prozessbedingt können keine Thermografieaufnahmen während der eigentlichen Umformung (*in-situ*) aufgenommen werden. In Kapitel 6 sollen daher Prozessgrößen w_i (z.B. Thermosensoren) während aller Prozessschritte betrachtet werden.

5.9.2 Betrachtung der Rauheit

Examination of Surface Roughness

Die Analyse mit MINITAB ergibt für die Prozesszielgröße y_{Ra} ein Bestimmtheitsmaß von R^2 = 27,39 %. Dieses Ergebnis zeigt, dass die Varianzen der Faktoren in Tabelle 5.9 nur weniger als ein Drittel der Streuung von y_{Ra} erklären – der Rest hängt von Störgrößen ab. Eine Erweiterung des Modells um einen zeitabhängigen Term (zur Berücksichtigung des Formwerkzeugsverschleißes) verbessert das Modell nur marginal. Der Anstieg der Rauheit des Formwerkzeugs hat somit eine vernachlässigbare Auswirkung auf die Rauheit der umgeformten Bauteile. Das empirische Modell ist somit nicht in der Lage Rauheit vorherzusagen. Die Varianz der Rauheit kann somit möglicherweise durch schwer messbare Umgebungseinflüsse (z.B. Kontamination, Partikelbelastung, etc.) erklärt werden.

5.9.3 Betrachtung der Ausdünnung

Examination of Thinning

Keine der gewählten Stellgrößen wirkt in den gewählten Bereichen signifikant auf die Ausdünnung $y_{\Delta d}$ in linearer oder qudratischer Form. Um Messfehler auszuschließen, werden die Zielgrößen untereinander untersucht. Eine Varianzanalyse (lineare und quadratische Effekte und Wechselwirkungen) der Zielgrößen y_a und y_c (Eingang) auf die Zielgröße $y_{\Delta d}$ ergibt ein Bestimmtheitsmaß von R^2 = 98,6 %. Ein Messfehler kann somit ausgeschlossen werden. Die Ausdünnung hängt somit im starken Maße von der Umformung ab. Dieser Aspekt soll in Kapitel 7 untersucht werden.

5.10 Zwischenfazit der empirischen Modellbildung

Interim conclusion of development of empirical process model

Mithilfe des empirischen Prozessmodells wurde ein grundlegendes Verständnis der Umformung aufgebaut. Die Prädiktion der Formabweichung anhand von Stellgrößen wurde nachgewiesen. Die Prädiktion der Rauheit und Ausdünnung entziehen sich größtenteils der Leistungsfähigkeit der Modellierung.

Die bisherigen Erkenntnisse legen nahe, dass alleinige Schwerkraft nicht ausreicht, um die Gläser vollständig zu verformen. Weiterhin wird vermutet, dass der Stellgrößenbereich des Proportionalventils während der Versuche zu weit gewählt worden ist. In zukünftigen Arbeiten muss daher mit einem kleineren Unterdruck gearbeitet werden.

Auswertungen haben weiterhin ergeben, dass die Erwärmungsbedingungen auf die Glasdicke abgestimmt sein müssen. Insbesondere die Glasdicke und Heizraumsolltemperatur stehen in einem Wechselwirkungszusammenhang bezüglich des Umformergebnisses.

Auf eine Konvergenz des Modells kann nicht geschlossen werden, da es nur auf den Stellgrößenbereich des Wirkungsflächenversuchsplans beschränkt ist. Außerhalb dieser Bereiche sind die Vorhersagen von Ausformungen der umgeformten Gläser nur begrenzt möglich. Weitere Untersuchungen, in denen die Stellgrößenbereiche angepasst werden, können das Modell erweitern. Die analytische Erweiterung des Modells ist somit notwendig.

Die konzeptionelle Vorgehensweise des in dieser Arbeit entwickelten Modells ist gut übertragbar auf andere Geometrien (vgl. Kapitel 8). Sind diese ähnlich zu der in dieser Arbeit untersuchten Geometrie, werden auch die Fitting-Kurven und signifikanten Faktoren (z.B. Heizraumsolltemperatur, Glasdicke und Öffnungsgrad des Proportionalventils) vergleichbar sein. Mit der Diskussion der Prozessstellgrößen, die einen signifikanten Einfluss auf die Formgenauigkeit haben, kann somit in Kapitel 5 die erste Forschungsfrage, welche Prozessstellgrößen signifikanten Einfluss auf die Gestaltabweichung haben, als beantwortet betrachtet werden. Insbesondere die Heizraumsolltemperatur, der Öffnungsgrad des Proportionalventils und die Glasdicke zeigen einen signifikanten Einfluss auf die Prozesszielgrößen vertikale Ausformung y_a und horizontale Ausformung y_c.

6 Analytische Erweiterung des empirischen Modells

Analytical extension of the empirical model

Die Beobachtung des vorherigen Kapitels 5 besteht darin, dass die Prozesszielgrößen y_n des empirischen Modells mit den Stellgrößen x_k in einen quantitativen Zusammenhang gebracht werden können (vgl. Gleichungen (27), (28) und (29)). Varianzen können in den Hauptfaktor- und Wechselwirkungsdiagrammen nur begrenzt erklärt werden. Dieses Kapitel widmet sich der Erweiterung des empirischen Modells durch Prozessgrößen w_i (z.B. der Formwerkzeugtemperatur), mit deren Hilfe Ursache- und Wirkungszusammenhänge erklärt werden können. Das Verständnis dieser Zusammenhänge erleichtert zukünftige Maschinen- und Prozessentwicklungen und schafft die Grundlage für Untersuchungen mittels FEM-Simulation.

6.1 Modellerweiterung

Model Extension

Abbildung 6.1 stellt die Erweiterung des empirischen Modells dar.

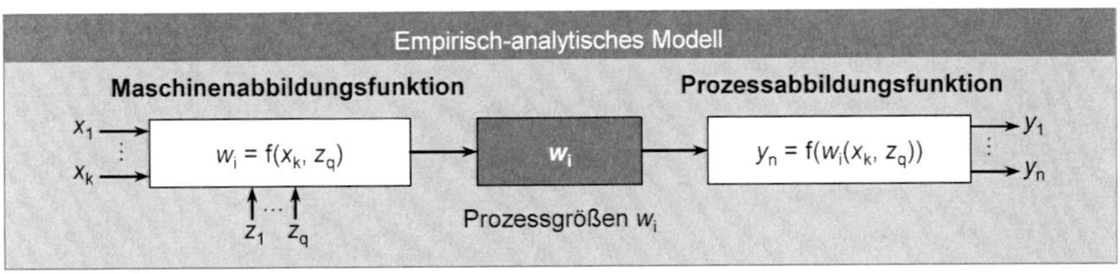

Abbildung 6.1: Analytisch erweitertes empirisches Modell
Analytically extended empirical model

Die Maschinenabbildungsfunktionen beschreiben die quantitative Wirkung der Prozessstellgrößen x_k auf die Prozessgrößen w_i. Folgender Ansatz wird gewählt:

$$w_i = f\left(x_k, z_q\right) \tag{30}$$

Die Prozessgrößen w_i sind Funktionen der Prozessstellgrößen x_k und der Störgrößen z_q. Für die Versuche werden Prozessstellgrößen systematisch in einem Wirkungsflächenversuchsplan variiert. Daher werden die Maschinenabbildungsfunktionen in folgender Näherung formuliert:

$$w_i \approx \beta_0 + \sum_{i=1}^{k} \beta_i \cdot x_i + \sum_{i=1}^{k} \beta_{ii} \cdot x_i^2 + \sum_{i=1}^{k-1} \sum_{j=i+1}^{k} \beta_{ij} \cdot x_i \cdot x_j + \varepsilon(z_q) \tag{31}$$

Die β-Koeffizienten in der Gleichung sind die empirischen Parameter, die durch die Datenaufnahme der Versuche durch Ausgleichsrechungen (vgl. Kapitel 6.2 und 6.3) ermittelt werden müssen. Mit den parametrierten Maschinenabbildungsfunktionen kann das Prozessverhalten (z.B. in Bezug auf Bereitstellung von Prozesswärme und Prozesskräften) einer Produktionsmaschine auch für andere Demonstratoren (vgl. Kapitel 8) beschrieben werden.

Für die Bildung der Maschinenabbildungsfunktion werden insbesondere folgende Prozessgrößen w_i betrachtet:

- Glastemperatur $T_{Glas,TE4}$ als Referenzwert für die Temperatur des Glaskörpers
- Formwerkzeugtemperatur $T_{FWZ,TE11}$ als Referenzwert für die Temperatur des Formwerkzeugs
- Minimalwert des Drucksensors $p_{Sensor,min}$

Diese Prozessgrößen stellen die wichtigsten Elemente des Temperatur- und Kraftbelastungskollektivs (vgl. Kapitel 2.3.2) dar und stellen potenziell geeignete Eingangsgrößen für die Prozessabbildungsfunktionen dar. Die Prozessabbildungsfunktionen beschreiben Wirkungen der Prozessgrößen w_i auf die Prozesszielgrößen y_n. Folgender Ansatz wird gewählt:

$$y_n = f\left(w_i(x_k, z_q)\right) \tag{32}$$

Folgend wird untersucht, welche quantitativen und analytischen Zusammenhänge zwischen den Prozessgrößen w_i und den Prozesszielgrößen y_n existieren. Die Prozessabbildungsfunktionen sind nur mittelbar abhängig von der gewählten Maschinentechnik. Dadurch ist eine gute Übertragbarkeit für zukünftige Maschinenentwicklungen gegeben. In der vorliegenden Arbeit werden die Prozessabbildungsfunktionen insbesondere für folgende Prozessgrößen w_i betrachtet:

- Formwerkzeugtemperatur $T_{FWZ,TE11}$
- Minimalwert des Drucksensors $p_{Sensor,min}$

Mit diesen Prozessprozessgrößen w_i können die Prozesszielgrößen y_a (vertikale Ausformung) und y_c (horizontale Ausformung) effizient analysiert werden.

6.2 Durchführung der Ergänzungsversuche

Complementary experiment procedure

Neben den Vor- und Hauptversuchen kann das Prozessverständnis durch Ergänzungsversuche mit anschließender Auswertung der Maschinen- und Prozessdaten erweitert werden. Hauptziel dieser Versuche ist die messtechnische Erfassung der Prozessgrößen w_i (siehe Abbildung 6.1).

6.2.1 Durchführung der Temperaturergänzungsversuche

Temperature supplement experiment procedure

Die Versuchsdurchführungen dienen der Ermittlung der Glastemperatur, deren Messung im Zuge der Umformung, wie in Kapitel 5.6 beschrieben, problematisch ist. Mithilfe eines modifizierten Referenzformwerkzeugs können Temperaturwerte auf dem Glasrohling approximiert werden. Auf Grundlage der in Kapitel 5.7 durchgeführten und in Kapitel 5.8 ausgewerteten Versuche der empirischen Modellbildung kann festgehalten werden, dass insbesondere folgende Prozessstellgrößen während des Prozessschritts „Heizen“ und zu Beginn des Prozessschritts „Umformen“ einen Einfluss auf die Glastemperatur haben:

- Heizraumsolltemperatur $T_{Heizraum,Soll}$
- Heizzeit t_{Heizen}
- Glasdicke d_G

Dieser Einfluss ist anhand der Hauptfaktor- und Wechselwirkungsdiagramme in Kapitel 5.9 quantifizierbar. Die gewählten Prozessstellgrößen bilden die Faktoren für einen Wirkungsflächenversuchsplan, der mit MINITAB erstellt wird. Der vollständige Plan ist im Anhang dargestellt. Dabei muss angemerkt werden, dass der Versuchsplan bewusst modifiziert wird. Wie in Abbildung 5.10 dargestellt, beträgt der Abstand der Sternpunkte des Versuchsplans vom Zentralpunkt den Wert des Parameters $h = \sqrt{k}$, wobei k die Anzahl der Faktoren des Versuchsplans ist. Da in den Hauptversuchen vier Faktoren variiert werden, ist $h = 2$. Mit den zwei variierten Faktoren der Temperaturergänzungsversuche würde der Abstand $\sqrt{2}$ betragen. Um die Vergleichbarkeit zum Haupt-Wirkungsflächenversuchsplan zu gewährleisten, wird in diesen Versuchen und in den in Kapitel 6.2.2 vorgestellten Druckergänzungsversuchen $h = 2$ gesetzt. Durch die Wahl von zwei stetigen und einem kategorialen Faktor als Stellgrößen ergibt sich somit folgender Aufwand:

- Eckpunkte: 8 Versuche
- Zentralpunkte im Würfel: 10 Versuche
- Sternpunkte: 8 Versuche

Der detaillierte Versuchsplan ist im Anhang dargestellt. Der Stellgrößenbereich orientiert sich an Tabelle 5.3. Durchgeführt werden die Versuche mithilfe eines Temperaturreferenzformwerkzeuges (TRW). Das TRW ist ein modifiziertes Formwerkzeug und basiert auf jenem aus Kapitel 4.2.2. Dabei wird die zentrische, ursprüngliche Vakuumbohrung größer gewählt und zusätzliche Bohrungen für weitere Thermoelemente eingebracht, die die Temperatur des Glasrohlings (bzw. die Glastemperatur) auf der Unterseite messen können (vgl. Abbildung 6.2). Die Masse des TRWs ist nur geringfügig geringer als die des eigentlichen Formwerkzeugs. Daher wird eine sehr gute Vergleichbarkeit der thermischen Effekte erwartet. Die Anordnung der Messstellen ermöglicht dabei eine zentrische Messung (Position I), eine Messung der Planfläche (Position III) sowie eine Messung zwischen den vorherigen Messpunkten (Position II).

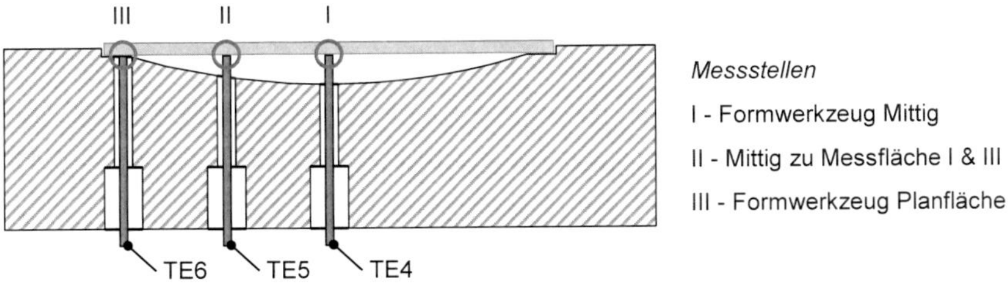

Abbildung 6.2: Messstellen und Thermoelementpositionen bei dem Temperaturreferenzformwerkzeug

Measuring points and thermocouple positions on the temperature reference forming tool

Der in Kapitel 5.1 vorgestellte Prozessablauf der Hauptversuche wird insbesondere bis zum Prozessschritt „Heizen" bei den Temperaturergänzungsversuchen beibehalten. Der Unterschied der Versuchsdurchführung liegt in dem fehlenden Vakuum. Die Versuche werden auf den Prozess des Schwerkraftsenkens reduziert, da durch die Thermoelementbohrungen ein Vakuumaufbau nicht mehr möglich ist und die Thermoelemente die Verformung mechanisch beeinflussen. Mit den Beobachtungen aus Kapitel 6.2.1 kann der Temperaturverlauf des Glases abgeschätzt werden.

6.2.2 Durchführung der Druckergänzungsversuche

Pressure supplement experiment procedure

Der Unterdruck ist neben der Gravitation die treibende Kraft der Umformung. Durch die in diesem Kapitel vorgestellten Druckergänzungsversuche soll die Wirkung der Stellgrößen x_k auf den Unterdruck in der Formkavität $w_{p,Formkavität}$ charakterisiert werden. Problematisch ist, dass der Unterdruck $w_{p,Formkavität}$ zum Zeitpunkt der Umformung aufgrund der begrenzten Einsatztemperaturen der meisten Drucksensoren nicht direkt charakterisiert werden kann. Gleichzeitig kann vom Drucksensor der Ventilplatte über den Messdruck p_{Mess} nur unsicherheitsbehaftet auf den Unterdruck $w_{p,Formkavität}$ geschlossen werden. Grund hierfür sind die unterschiedlichen Leitungsquerschnitte, die in der Phase des instationären Druckaufbaus (inbesondere bei verschiedenen Öffnungsgraden des Proportionalventils) zu unterschiedlichen zeitlichen Druckniveaus an der Messstelle p_{Mess} und in der Formkavität $w_{p,Formkavität}$ führen. Nachdem der Druck aufgebaut wurde und ein quasi-stationärer Zustand erreicht wurde, kann dieser Gleichgewichtszustand durch Leckage an den Schnittstellen, insbesondere an der Kontaktzone zwischen Formwerkzeug und Glasrohling, gestört werden. Aus diesem Grund werden die Druckniveaus bei Raumtemperatur über eine Messblende (Drucksensor) mit dem Referenzdruck $p_{Referenz}$ (vgl. Abbildung 6.3) charakterisiert.

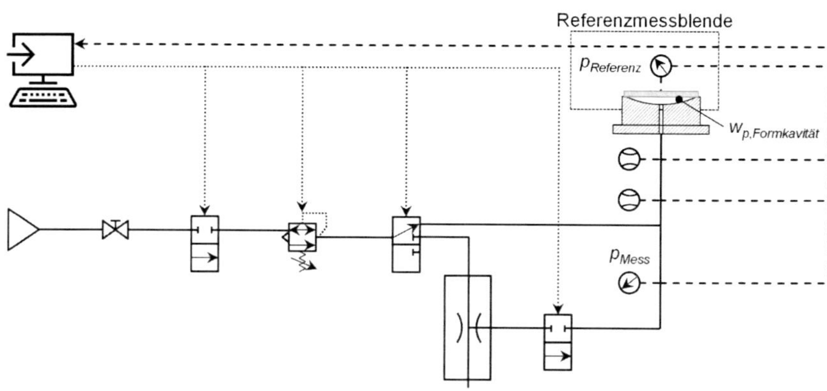

Abbildung 6.3: Versuchsaufbau - Ventiltechnik und Sensorik der Druckergänzungsversuche (Legende siehe Abbildung 4.5)

Test setup - Valve and sensor technology of the pressure supplement experiments (cf. Abbildung 4.5)

Der Referenzdruck $p_{Referenz}$ soll als Schätzwert für das Druckniveau in der Formkavität $w_{p,Formkavität}$ dienen. Die Legende von Abbildung 6.3 kann ebenfalls in Abbildung 4.5 eingesehen werden. Im Vergleich zu Abbildung 4.5 wird das System um den zweiten Drucksensor an der Referenzmessblende, die denselben Durchmesser wie die Glasrohlinge besitzt, erweitert.

Wie für die Temperaturergänzungsversuche wird für die Druckergänzungsversuche ein separater Wirkungsflächenversuchsplan erstellt. Konsequenzen aus der Wahl der konstanten Versuchstemperatur sind ein vereinfachter Versuchsaufbau und reduzierte Prozessstellgrößen, die sich auf die Faktoren Öffnungsgrad und Vakuumdauer beschränken.

Um Leckage-Effekte bewerten zu können, werden die Versuche zunächst mit einer lose aufgelegten Messblende durchgeführt und anschließend mit einer eingeklebten Messblende. Dies stellt einen kategorialen Faktor dar. Durch die Wahl von zwei stetigen und einem kategorialen Faktor als Stellgrößen ergibt sich somit folgender Aufwand:

- Eckpunkte: 8 Versuche
- Zentralpunkte im Würfel: 10 Versuche
- Sternpunkte: 8 Versuche

Die Versuche sollen einfach wiederholt werden. Dadurch entsteht ein Gesamtaufwand von 52 Versuchen. Der detaillierte Versuchsplan ist im Anhang dargestellt. Der Stellgrößenbereich orientiert sich an Tabelle 5.3.

Im ersten Aufbau wurde die Messblende aufgelegt. Im zweiten Aufbau wird die Messblende eingeklebt. Für beide Aufbauten wird die Druckdifferenz Δp zwischen Referenzdruck der Messblende $p_{Referenz}$ und Messstelle p_{Mess} für verschiedene Betriebszustände (Öffnungsgrade des Proportionalventils) ermittelt (vgl. Abbildung 6.4).

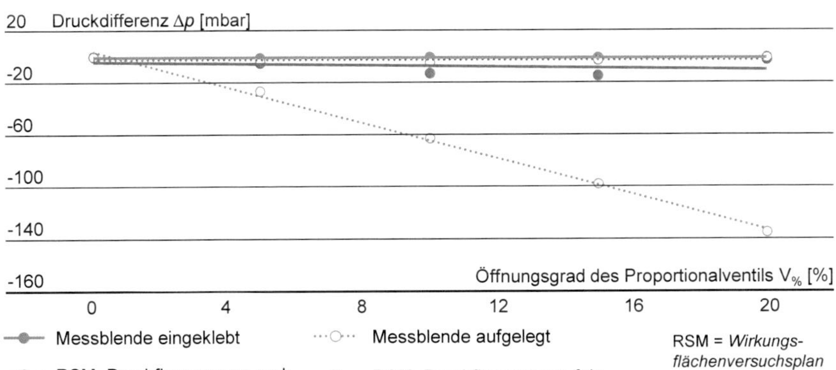

Abbildung 6.4: Druck-Leckage-Kalibrierung
Pressure leakage calibration

Für jeden Betriebspunkt wird für den quasi-stationären Zustand nach dem Aufbau des Vakuums vor dem Schließen der Ventiltechnik zum Ende der Vakuumdauer der Ist-Wert der beiden Durchflusssensoren ermittelt. Über die Werte der Durchflusssensoren wird zu diesem Zeitpunkt auf mögliche Leckage geschlossen. Die Leckagebedingungen (Druckverlust) der Hauptversuche entsprechen dem Versuchsaufbau mit der eingeklebten Messblende.

Aus diesem Grund kann mithilfe von Abbildung 6.4 nachgewiesen werden, dass das Druckniveau während der Hauptversuche $w_{p,Formkavität}$ und p_{Mess} im quasi-stationären Zustand ähnlich ist. In guter Näherung kann daher $w_{p,Formkavität}$ und p_{Mess} zum Zeitpunkt des aufgebauten Unterdrucks als gleich angenommen werden. Mit dem nun bekannten Enddruck in der Formkavität muss der Verlauf des Drucks während des instationären Druckaufbaus ermittelt werden. Basierend auf einem analytischen Ansatz für die Berechnung der Evakuierungsdauer [JOUS04, S. 674-680] im Grobvakuum wird folgende Gleichung gewählt:

$$p = p_0 \cdot e^{\left(-\frac{S_{eff,max}}{V} \cdot t\right)} + \left(\frac{q_{pV,ein}}{S_{eff,max}} + p_{end,p}\right) \cdot \left(1 - e^{\left(-\frac{S_{eff,max}}{V} \cdot t\right)}\right) \quad (33)$$

Dabei bezeichnet p_0 den Initialdruck des Systems, $S_{eff,max}$ das effektive maximale Saugvermögen (betriebspunktabhängige Kenngröße des Vakuumejektors), V das zu evakuierende Volumen, $q_{pV,ein}$ die Leckage und $p_{end,p}$ den Enddruck des Vakuumejektors. Die Annahme ist, dass $S_{eff,max}$ linear innerhalb der ersten zwei Sekunden auf einen konstanten Endwert ansteigt. Die Leckage $q_{pV,ein}$ wurde über den Druckabfall nach dem Ende der Vakuumdauer innerhalb der Versuche mit der aufgelegten Messblende ermittelt. Der analytische hergeleitete Verlauf des Unterdrucks ist in Abbildung 6.5 dargestellt. Dabei entsprechen die experimentell ermittelten Kurvenverläufe aus den Hauptversuchen den Kurvenverläufen der Versuche mit aufgeklebter Messblende.

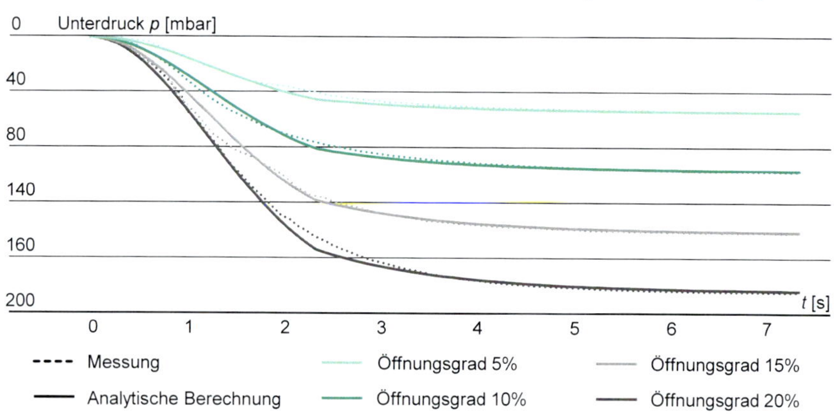

Abbildung 6.5: Analytische Betrachtung des Unterdruckaufbaus
Analytical examination of the negative pressure increase

Mit den Erkenntnissen aus Kapitel 6.2.2 kann der zeitliche Druckverlauf in der Formwerkzeugkavität ermittelt werden.

6.3 Auswertung der Ergänzungsversuche

Supplementary experiment analysis

Das vorliegende Kapitel stellt die Auswertung der temperatur- und druckbezogenen Prozessgrößen der Ergänzungsversuche vor. In Kapitel 6.3.1 werden zunächst Strategien der Datengenerierung und des -umgangs erläutert. Anschließend wird in Kapitel 6.3.2 die Auswertung der Daten vorgestellt, die die Korrelationen der Prozessstellgrößen auf die Prozessgrößen und die Korrelation der Prozessgrößen mit auf die Prozesszielgrößen hervorhebt. Ferner werden in Kapitel 6.3.3 mögliche Messunsicherheiten diskutiert, die sich aus der Versuchsdurchführung und den Ergebnissen ableiten lassen.

6.3.1 Strategie der Datengenerierung

Data generation strategy

Wie in Kapitel 5.8.1 beschrieben, besteht die Aufnahme und Verarbeitung der Daten aus zwei Strategien, die durch Abbildung 5.18 veranschaulicht werden. Während aller Versuche dieser Arbeit werden Temperatur- und Drucksensoren (Prozessgrößen w_i) im Prozess eingesetzt, die Online-Prozessdaten generieren, um sie in einer SQL-Datenbank abzuspeichern. Neben den Prozessgrößen werden weitere Daten aufgezeichnet:

- Soll- und Ist-Werte der Achsen
- Soll-Werte der Heizeinrichtungen
- Ventilstellungen
- Marker-Signale

Umfangreiche Zeitreihen stehen somit zur Verfügung. Die Auswertemethoden der statistischen Versuchsplanung erfordern die Extraktion skalarer Größen. Marker-Signale übermitteln und dokumentieren relevante Zustände der Maschine (vgl. Abbildung 6.6).

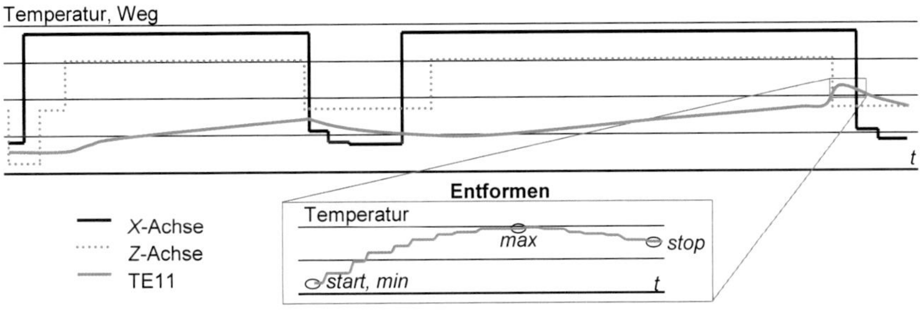

Abbildung 6.6: Datenzuordnung und -extraktion in und aus der Datenbank

Data mapping and extraction to and from the database

Mithilfe der Marker-Signale können relevante Prozessschritte gefiltert werden. In Abbildung 6.6 wird beispielsweise der Prozessschritt Entformen aus einer Zeitreihe gefiltert. Aus den so reduzierten Zeitreihen müssen die Merkmale extrahiert werden.

Hierbei können folgende Merkmalsarten definiert werden:

- Minimal- bzw. Max-Werte
- Start- und Stop-Werte
- Integrale
- Gradienten

Insbesondere die Minimal-, Max-, Start- und Stop-Werte erlauben eine zuverlässige und robuste Merkmalsextraktion mit einfachen Filteralgorithmen. Gleichzeitig weisen diese Merkmale (vgl. Tabelle 6.1 bis Tabelle 6.4) signifikante Faktoren und hohe Bestimmtheitsmaße auf, wodurch die Vorgehensweise gerechtfertigt wird.

Für die Auswertung werden die Daten der Thermoelemente aus den Temperaturergänzungsversuchen extrahiert, die die Referenz-Glastemperaturen an verschiedenen Stellen des Glasradius darstellen. Ferner werden weitere Temperatursensoren und der Drucksensor der Ventilplatte aus den Hauptversuchen extrahiert. Die Prozessgrößen stammen also aus zwei verschiedenen Versuchsreihen. Eine Vergleichbarkeit ist jedoch aufgrund der identischen Heizbedingungen gegeben.

Bezüglich der Temperaturergänzungsversuche (TEV) mit dem spezifischen TEV-Wirkungsflächenversuchsplan wird entschieden, dass die Daten aus diesem in den Wirkungsflächenversuchsplan der Hauptversuche überführt werden.

Das Vorhaben kann wie folgt begründet werden. Ein entscheidender Vorteil der Einbettung in den Wirkungsflächenversuchsplan der Hauptversuche ist die dadurch gegebene Auswertbarkeit mit anderen Prozessgrößen. Weiterhin zeigt ein Vergleich identischer Auswertungen wenig abweichende Bestimmtheitsmaße beider Versuchspläne. Demgegenüber steht der Nachteil, dass die Daten durch die Bildung der Mittelwerte und der Extrapolation modifiziert werden. Aufgrund der besseren Auswertbarkeit überwiegt jedoch der positive Effekt dieses Vorgehens.

6.3.2 Daten- und Sensitivitätsanalyse

Data and sensitivity analysis

Zunächst werden die Korrelationen zwischen Prozessstellgrößen x_k und Prozessgrößen w_i betrachtet. Für die Auswertung wurde eine Varianzanalyse mithilfe der Funktion Wirkungsfläche gewählt (hierarchisches Modell, schrittweise Auswertung mit Signifikanzniveau für Aufnahme 0,05 und Ausschluss 0,15).

Für die Glastemperatur wird eine hohe Signifikanz der Prozessstellgrößen Heizraumsolltemperatur $T_{Heizraum,Soll}$ und der Heizzeit t_{Heizen} aufgrund der Exposition des Glases im Heizraum erwartet. Bei der Auswertung der Glastemperatur werden die Maximalwerte der Thermoelemente zum Prozessschritt „Heizen" der Temperaturergänzungsversuche verwendet. Tabelle 6.1 stellt die Bestimmtheitsmaße der die Glastemperatur messenden Thermoelemente TE4, TE5 und TE6 vor, deren Lage im Formwerkzeug Abbildung 6.2 entnommen werden kann. Eine sehr hohe Korrelation ist erkennbar (vgl. Bestimmtheitsmaße Tabelle 6.1).

Eine Aussage über den Einfluss der thermischen Störgrößen z_q kann zu diesem Zeitpunkt nicht abschließend durchgeführt werden und erfolgt an späterer Stelle (vgl. Kapitel 7).

Bei der Betrachtung der Tabelle 6.1 fallen die erwarteten, hohen Signifikanzen der Heizraumsolltemperatur und der Heizzeit auf, die sowohl linear, quadratisch, als auch als 2-Faktor-Wechselwirkungen in die Regression mit einfließen.

Tabelle 6.1: *p-Werte* und Bestimmtheitsmaße der über Thermoelemente gemessenen Glastemperatur
p-values and coefficients of determination of the glass temperature measured via thermocouples

Faktor	Signifikante *p*-Werte		
	TE4	TE5	TE6
Heizraumsolltemperatur $T_{Heizraum,Soll}$	0,000	0,000	0,000
Heizzeit t_{Heizen}	0,000	0,000	0,000
Glasdicke d_G	0,000	0,000	0,000
(Heizraumsolltemperatur)² $(T_{Heizraum,Soll})^2$	0,000	0,000	0,000
(Heizzeit)² $(t_{Heizen})^2$	-	0,001	0,000
Heizraumsolltemperatur · Heizzeit $T_{Heizraum,Soll} \cdot t_{Heizen}$	0,000	-	0,000
Heizraumsolltemperatur · Glasdicke $T_{Heizraum,Soll} \cdot d_G$	0,000	0,000	0,014
Heizzeit · Glasdicke $t_{Heizen} \cdot d_G$	0,000	0,000	0,000
Bestimmtheitsmaß R^2	**98,4 %**	**96,8 %**	**99,8 %**

Geringe Unterschiede zwischen den Korrelationen lassen sich in der Betrachtung der quadratischen Signifikanzen erkennen. So hat die quadratische Heizraumsolltemperatur eine höhere Signifikanz als die quadratische Heizzeit. Neben sehr hohen Signifikanzen wird auf die quadratische Heizzeit hingewiesen, deren Signifikanzniveaus mit der Position der Thermoelemente von der Mitte des Glases in den Randbereich zunehmen.

Folgend werden die Temperatursensoren in dem Formwerkzeug TE9 - TE12 (Position siehe Anhang) ausgewertet. Die Daten dieser Sensoren werden aus den Hauptversuchen aus dem Prozessschritt „Heizen“ extrahiert. Auch hier werden die Maximalwerte betrachtet. Tabelle 6.2 können die hohen Bestimmtheitsmaße entnommen werden. Dabei ist auffällig, dass die gemessenen Daten von TE9 beinahe ausschließlich (Bestimmtheitsmaß R^2 von fast 100 %) durch die Variation der Stellgrößen zu erklären und somit frei von Störgrößen sind. Die weiteren Ergebnisse der Varianzanalyse sind ebenfalls in Tabelle 6.2 dargestellt. Bis auf die 2-Faktor-Wechselwirkungen Heizraumsolltemperatur · Glasdicke bei TE12 sind die signifikanten Faktoren bei allen Thermoelementen dieselben. Ebenfalls sind die mit steigender Nummer der Thermoelemente abnehmenden *p*-Werte der 2-Faktor-Wechselwirkung Heizzeit · Glasdicke $t_{Heizen} \cdot d_G$ auffällig, was jedoch nicht auf die Lage der Thermoelemente zurückzuführen ist.

Tabelle 6.2: *p-Werte* und Bestimmtheitsmaße der über Thermoelemente gemessenen Formwerkzeugtemperatur

p-values and coefficients of determination of the mold temperature measured via thermocouples

Faktor	Signifikante *p*-Werte			
	TE9	TE10	TE11	TE12
Heizraumsolltemperatur $T_{Heizraum,Soll}$	0,000	0,000	0,000	0,000
Heizzeit t_{Heizen}	0,000	0,000	0,000	0,000
Glasdicke d_G	0,000	0,000	0,000	0,000
(Heizraumsolltemperatur)^2 $(T_{Heizraum,Soll})^2$	0,000	0,000	0,000	0,000
Heizraumsolltemperatur · Heizzeit $T_{Heizraum,Soll} \cdot t_{Heizen}$	0,000	0,000	0,000	0,000
Heizraumsolltemperatur · Glasdicke $T_{Heizraum,Soll} \cdot d_G$	-	-	-	0,006
Heizzeit · Glasdicke $t_{Heizen} \cdot d_G$	0,045	0,021	0,018	0,016
Bestimmtheitsmaß R^2	**99,3 %**	**97,7 %**	**96,9 %**	**98,6 %**

Anschließend wird das Thermoelement im Formenhalter ausgewertet (vgl. Anhang). Das Bestimmtheitsmaß liegt bei 25,54 %, wodurch ein Großteil der Streuung der Prozessgröße nicht erklärt werden kann. Das Thermoelement im Formenhalter ist gegenüber anderen Temperatursensoren deutlich weiter von der Heizraumstrahlung entfernt. Weiterhin ist das Thermoelement im Formenhalter in direkter Nähe zur Begleitheizung, welche konstant über einen Regelkreis auf der Formwerkzeugsolltemperatur gehalten wird. Durch diese Besonderheit ist das Thermoelement im Formenhalter stärker entkoppelt von den verschiedenen Prozessstellgrößen. Auf eine detailliertere Auswertung dieses Thermoelements wird daher verzichtet.

Tabelle 6.3: Signifikante Faktoren mit Wirkung auf die über das Pyrometer gemessene Temperatur nach dem schnellen Kühlen

Significant factors with effect on the temperature measured via the pyrometer after fast cooling

Faktor	Signifikante *p*-Werte
Heizraumsolltemperatur $T_{Heizraum,Soll}$	0,000
Heizzeit t_{Heizen}	0,000
Vakuumdauer t_{Vakuum}	0,016
Glasdicke d_G	0,000
(Heizraumsolltemperatur)^2 $(T_{Heizraum,Soll})^2$	0,000
(Vakuumdauer)^2 $(t_{Vakuum})^2$	0,019
Heizraumsolltemperatur · Heizzeit $T_{Heizraum,Soll} \cdot t_{Heizen}$	0,000
Heizraumsolltemperatur · Glasdicke $T_{Heizraum,Soll} \cdot d_G$	0,000
Heizzeit · Vakuumdauer $t_{Heizen} \cdot t_{Vakuum}$	0,044
Heizzeit · Glasdicke $t_{Heizen} \cdot d_G$	0,000

Wie in Kapitel 5.7 erläutert, wurde neben der Thermokamera ein Pyrometer installiert, welches die Temperatur der Form nach den Prozessschritten „Vorheizen" und „Schnelles Kühlen" erfasst. Mit dem Bestimmtheitsmaß von 99,7 % ist eine sehr hohe Korrelation der Stellgrößen zu der maximal gemessenen Pyrometertemperatur nach dem „schnellen Kühlen" bzw. vor der „Entnahme" festzustellen (vgl. Abbildung 5.7). Entgegen der Annahme aus Kapitel 5.6, konnte nur ein geringer Einfluss von nicht-systematischer Störstrahlung auf das Pyrometer nachgewiesen werden (siehe Tabelle 6.3). Hervorgehoben werden sollten die hohen linearen, quadratischen und Wechselwirkungs-Einflüsse der Heizraumsolltemperatur $T_{Heizraum,Soll}$ und der Heizzeit t_{Heizen}. Der Einfluss der Vakuumdauer t_{Vakuum} sollte ebenfalls erwähnt werden. Dies hängt mit der längeren Verweilzeit des Formwerkzeuges im Heizraum durch eine längere Vakuumdauer zusammen. Obwohl das Pyrometer die eigentliche Umformung aufgrund mangelnder Zugänglichkeit nicht messtechnisch erfassen kann, ist das Pyrometer ein sehr leistungsfähiges Mittel für die Bewertung der thermischen Effekte nach der eigentlichen Umformung.

Weiterhin werden die Minimal- und Endwerte des Drucksensors ausgewertet. In Tabelle 6.4 sind die signifikanten Faktoren aufgelistet.

Tabelle 6.4: Signifikante Faktoren mit Wirkung auf $p_{Sensor,min}$ und $p_{Sensor,stop}$

Significant factors with an effect on the pressuresensor$_{min}$ and pressuresensor$_{min}$

Faktor	Signifikante *p*-Werte $p_{Sensor,min}$	Signifikante *p*-Werte $p_{Sensor,stop}$
Öffnungsgrad $V_{\%}$	0,000	0,000
Vakuumdauer t_{Vakuum}	0,000	0,000
Öffnungsgrad² $(V_{\%})^2$	0,000	0,000
Öffnungsgrad · Vakuumdauer $V_{\%} \cdot t_{Vakuum}$	0,019	0,021
Bestimmtheitsmaß R^2	**99,8 %**	**99,8 %**

Da die minimalen Druckwerte am Ende des Prozessschritts auftreten, sind die Modellansätze beinahe identisch. Das Bestimmtheitsmaß beträgt jeweils 99,8 %, wodurch diese Effekte sehr gut durch das Modell beschrieben werden können. Im Folgenden werden die Korrelationen zwischen Prozessgrößen w_i und Prozesszielgrößen y_n betrachtet.

Da die Prozessgrößen w_i Funktionen der Prozessstellgrößen x_k sind, kann der Wirkungsflächenversuchsplan der Hauptversuche nicht als Grundlage für Varianzanalysen in MINITAB zwischen Prozessgrößen w_i und Zielgrößen y_n dienen. Die Auswertung der Korrelation der Prozessgrößen auf die Zielgrößen muss daher auf der Datengrundlage mit MATLAB durchgeführt werden.

Tabelle 6.5: Signifikante Faktoren mit Wirkung auf die Zielgröße y_a
Significant factors with an effect on the target variable y_a

Faktor	Art	Signifikante *p*-Werte
Minimaldruck des Drucksensors $p_{Sensor,min}$	Exponentialfunktion	0,020
Glasdicke d_G	Kategorial	0,017

Für die Zielgröße y_a kann ein Modellansatz unter Verwendung einer Exponentialfunktion in Abhängigkeit von der Glasdicke ein Bestimmtheitsmaß R^2 von über 96 % schaffen.

Tabelle 6.6: Signifikante Faktoren mit Wirkung auf die Zielgröße y_c
Significant factors with an effect on the target variable y_c

Faktor	Art	Signifikante *p*-Werte
Minimaldruck des Drucksensors $p_{Sensor,min}$	Exponentialfunktion	0,020
Glasdicke d_G	Kategorial	0,017
Formwerkzeugtemperatur $T_{FWZ,TE11}$	Linear	0,003

Der Modellierungsansatz für die Zielgröße y_c ist vergleichbar aufgebaut und wird lediglich um einen linearen Anteil (Formwerkzeugtemperatur) ergänzt. In Abhängigkeit von der Glasdicke ergeben sich Bestimmtheitsmaße R^2 von fast 70 %. Die detaillierten Auswertungen sind in Kapitel 6.5 dargestellt.

6.3.3 Diskussion der Messunsicherheiten
Discussion of the measurement uncertainties

In diesem Kapitel werden mögliche Messunsicherheiten diskutiert. Die Messung der Temperatur ist zeitkritisch, sodass das Ansprechverhalten in Anlehnung an VDI 3522 charakterisiert wird [VDI14]. Insbesondere wird die Verzögerung der Thermoelemente bei der Temperaturmessung ermittelt, bei der die Abweichung δ weniger als 1 % beträgt. In den Versuchen wurden Heizraten von über 3,15 K/s ermittelt. Die angegebene Messverzögerung des Sensors beträgt 0,15 s bis zum Erreichen von 62,3 % des Sollwertes. Somit kann die Verzögerung gegenüber den vergleichsweise langen Heizzeiten vernachlässigt werden. [TC M20, S. 3]

Zum Überprüfen der Messfehler bei der Messung der Glastemperatur durch die Thermoelemente TE4, TE5 und TE6 werden Thermografieaufnahmen verwendet (Lage der Thermoelemente: siehe Anhang). Als Vergleich ist in Abbildung 6.7 links in Bild I ein Glas der Hauptversuche ohne Thermoelement zu sehen. In den beiden rechten Bildern II und III ist ein erwärmtes Glas der Temperaturergänzungsversuche gegeben. Im Vergleich soll die Glasumgebung in diesem Beispiel nicht betrachtet werden. Bei Bild I sind radiale Isothermen ersichtlich. Durch die Platzierung der Thermoelemente TE4, TE5 und TE6 in Bild II und III sind diese Isothermen nicht mehr vorhanden, weil das Glas in seiner rotationssymmetrischen Erwärmung (siehe rot markierter Bereich) gestört wird.

Bei der Messung der Referenz-Glastemperatur kann eine Beeinflussung der Messergebnisse nicht ausgeschlossen werden. Bild II und III stützten diese Vermutung. Auffällig ist, dass die Farben an den Messstellen der Thermoelemente unterschiedlich ausfallen, was auf unterschiedliche Temperaturen in den Messpunkten hindeutet. Des Weiteren kann angemerkt werden, dass diese Art der Messung stark vom Betriebspunkt abhängt.

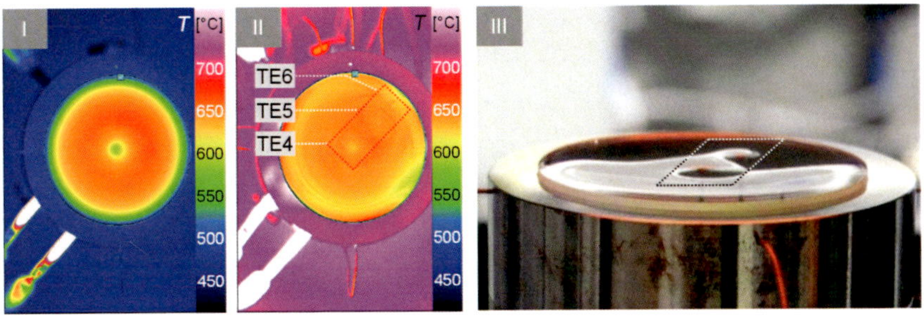

Abbildung 6.7: Thermografieaufnahmen zur Beurteilung der Einflüsse durch die Thermoelemente (I: Referenzaufnahme; II und III Messungen mit Thermoelementen)
Thermographic images to evaluate the influences of the thermocouples (I: reference image; II and III measurements with thermocouples)

Weiterhin kann angenommen werden, dass die Thermoelemente weniger Strahlung absorbieren und dem Glas durch Wärmeleitung Energie entziehen. Zusätzlich kann den Thermoelementen durch Wärmeleitung in das Formwerkzeug Energie entzogen werden. Eine weitergehende Untersuchung dieses Sachverhalts erfolgt in Kapitel 7.2.

6.4 Diskussion der Maschinenabbildungsfunktionen

Determining the machine mapping functions

Ziel dieses Kapitels ist die Bestimmung und Diskussion der Maschinenabbildungsfunktionen. Grundlage hierfür sind die in Kapitel 5.7 und 6.2 ermittelten empirischen Versuchsdaten. Mit der Kenntnis der Maschinenabbildungsfunktionen können zukünftige Maschinen besser ausgelegt werden.

Die Diskussion der Maschinenabbildungsfunktionen erfolgt über die folgenden Schritte:

- Priorisierung der Modellgrößen über PARETO-Diagramme
- Quantifizierung der Modelle anhand von Regressionsgleichungen. Dabei orientieren sich die Einheiten der Regressionspolynome an Tabelle 5.3.
- Visualisierung der Effekte über Haupteffekt- und Wechselwirkungsdiagramme

Die Maschinenabbildungsfunktionen sind stark abhängig von der verwendeten Maschine und ihren Komponenten. So kann bereits der Umbau oder Wechsel von Heizelementen oder Thermoelementen einen signifikanten Einfluss auf das Erwärmungsverhalten haben. Sollen entwickelte Prozesse auf anderen Maschinen angewendet werden, müssen die Maschinenabbildungsfunktionen erneut bestimmt werden. Die ausführliche Diskussion der Konvergenz ist in Kapitel 5.10 zu finden. Die Methodik ist jedoch übertragbar, wie in Kapitel 8 dargestellt.

Die messunsicherheitsbehaftete Glastemperatur wird in den Temperaturergänzungsversuchen mit den Thermoelementen TE4, TE5 und TE6 gemessen. Tabelle 6.1 zeigt, dass die Menge der signifikanten Stellgrößen der drei Thermoelemente nahezu identisch ist. Im Folgenden wird exemplarisch das Thermoelement TE4 betrachtet, da es sich im Zentrum des Glasrohlings befindet.

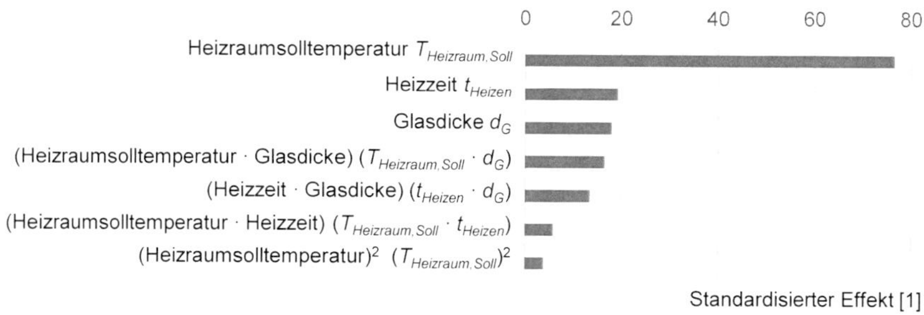

Abbildung 6.8: PARETO-Diagramm zu TE4
PARETO-chart of TE4

Das PARETO-Diagramm (vgl. Abbildung 6.8) zeigt insbesondere einen starken Effekt der Heizraumsolltemperatur auf die Glastemperatur. Die Wirkungen der Glasdicke und Heizzeit sind nachgelagert.

Die Regressionsgleichungen für die messunsicherheitsbehaftete Glastemperatur (an der Stelle des Thermoelementes TE4) können für beide Glasdicken wie folgt gebildet werden:

0,7 mm Glasdicke:
$$T_{Glas,TE4} = -2154 + 4{,}391 \cdot T_{Heizraum,Soll} + 7{,}2 \cdot t_{Heizen} - 0{,}001512 \cdot T^2_{Heizraum,Soll} - 0{,}00782 \cdot T_{Heizraum,Soll} \cdot t_{Heizen} \quad (34)$$

2,0 mm Glasdicke:
$$T_{Glas,TE4} = -2583 + 4{,}751 \cdot T_{Heizraum,Soll} + 7{,}93 \cdot t_{Heizen} - 0{,}001512 \cdot T^2_{Heizraum,Soll} - 0{,}00782 \cdot T_{Heizraum,Soll} \cdot t_{Heizen} \quad (35)$$

In Abbildung 6.9 sind die Haupteffektdiagramme für TE4 dargestellt. Die Temperatur von TE4 steigt mit erhöhter Heizraumsolltemperatur stark linear an – ein quadratischer Effekt (vgl. Abbildung 6.8) ist kaum ersichtlich.

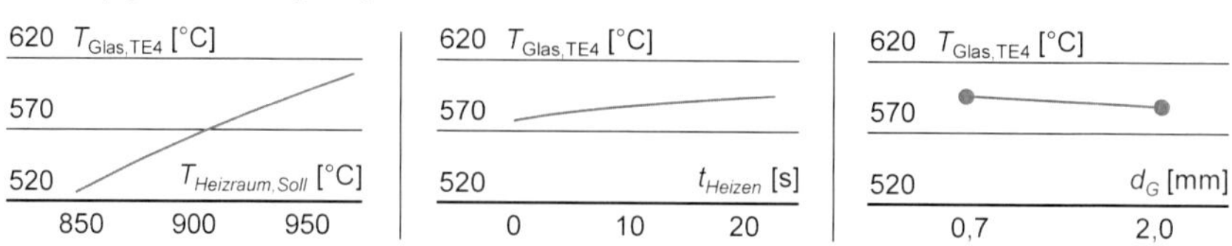

Abbildung 6.9: Haupteffektdiagramme der Glastemperatur $T_{Glas,TE4}$
Main effect diagrams of glass temperature $T_{Glas,TE4}$

Die Vermutung ist somit, dass sich dieser Trend auch oberhalb von 950 °C fortsetzt. Der Effekt der Heizzeit wirkt schwächer auf die Glastemperatur. Das 0,7 mm dünne Glas weist höhere Temperaturwerte für TE4 auf.

Dies kann dadurch begründet werden, dass das 0,7 mm dünne Glas aufgrund der geringeren Masse schneller aufheizt als das 2,0 mm dicke Glas. In Abbildung 6.10 sind die Wechselwirkungsdiagramme dargestellt.

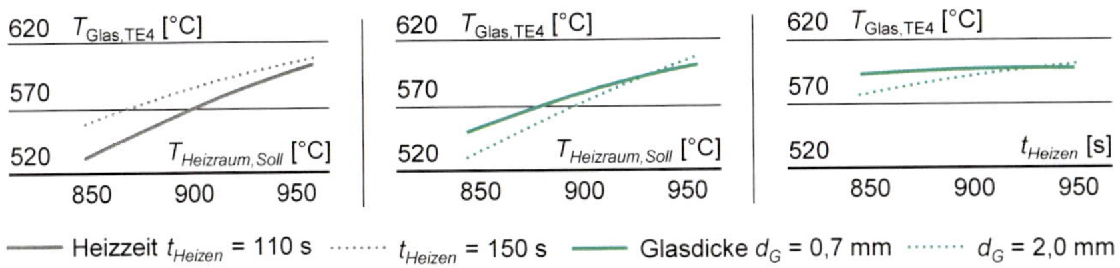

Abbildung 6.10: Wechselwirkungsdiagramme der Glastemperatur $T_{Glas,TE4}$

Interaction diagrams of the glass temperature $T_{Glas,TE4}$

2 mm dicke Gläser erwärmen sich langsamer, können aber höhere Endtemperaturwerte als die 0,7 mm dünnen Gläser erreichen. Veränderungen der Heizraumsolltemperatur und der Heizzeit beeinflussen die Glastemperatur somit stärker. Dies kann auf die größere thermische Trägheit, bedingt durch die größere Masse (bzw. das Verhältnis von Volumen zu Oberfläche) des 2 mm dicken Glases, zurückgeführt werden. Im Falle des 0,7 mm dünnen Glases tritt durch die geringere Masse ein Sättigungsverhalten der Glastemperatur früher ein. Der Einfluss der beiden Stellgrößen fällt somit geringer aus. Die Untersuchung der Unterschiede im Erwärmungsverhalten von Gläsern unterschiedlicher Dicke erfolgt in Kapitel 7.

Des Weiteren soll beispielhaft eine der Formwerkzeugtemperaturen betrachtet werden. Abbildung 6.11 zeigt das PARETO-Diagramm der Formwerkzeugtemperatur $T_{FWZ,TW11}$. Auffällig ist die hohe Ähnlichkeit zum PARETO-Diagramm der Glastemperatur $T_{Glas,TE4}$. Insbesondere ist für den Erwärmungszustand der Formwerkzeugtemperatur die Glasdicke nicht nur signifikant, sondern auch der zweitstärkste Faktor.

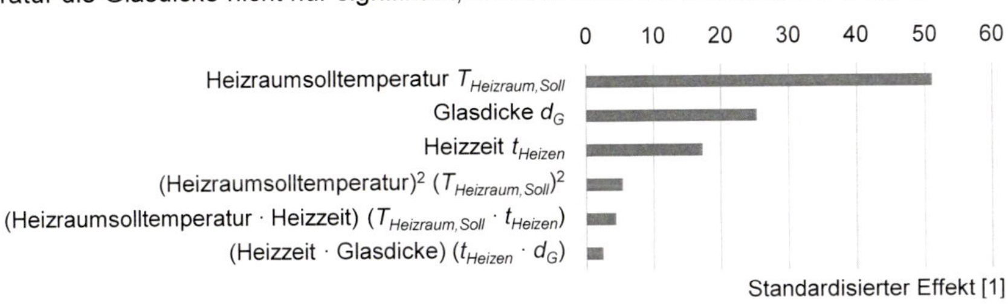

Abbildung 6.11: PARETO-Diagramm zur Formwerkzeugtemperatur $T_{FWZ,TE11}$

PARETO-chart of forming tool temperature $T_{FWZ,TE11}$

Die Regressionsgleichungen für die Formwerkzeugtemperatur an der Stelle des Thermoelementes TE11 für beide Glasdicken können wie folgt gebildet werden:

0,7 mm Glasdicke:

$$T_{FWZ,TE11} = 1019 - 1{,}203 \cdot T_{Heizraum,Soll} - 1{,}448 \cdot t_{Heizen} + 0{,}000635 \cdot T^2_{Heizraum,Soll} + 0{,}001744 \cdot T_{Heizraum,Soll} \cdot t_{Heizen} \quad (36)$$

2,0 mm Glasdicke:

$$T_{FWZ,TE11} = 1011 - 1{,}203 \cdot T_{Heizraum,Soll} + 1{,}409 \cdot t_{Heizen} + 0{,}000635 \cdot T^2_{Heizraum,Soll} + 0{,}001744 \cdot T_{Heizraum,Soll} \cdot t_{Heizen} \quad (37)$$

In Abbildung 6.12 ist das Haupteffektdiagramm der Formwerkzeugtemperatur dargestellt.

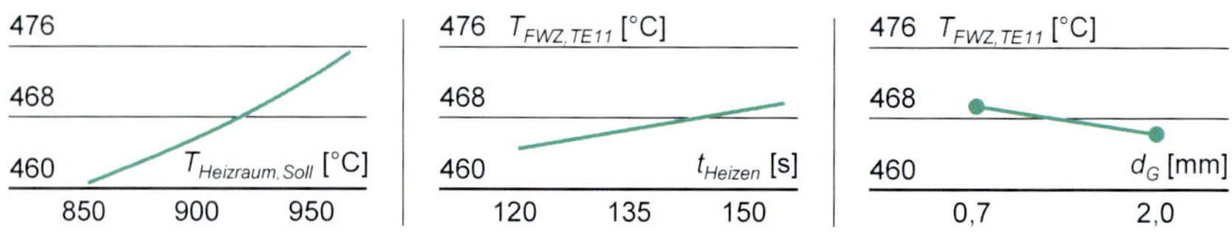

Abbildung 6.12: Haupteffektdiagramme der Formwerkzeugtemperatur $T_{FWZ,TE11}$
Main effect diagrams of forming tool temperature $T_{FWZ,TE11}$

Auffallend ist der progressive Anstieg der Formwerkzeugtemperatur mit Erhöhung der Heizraumsolltemperatur. Die Beobachtung ist, dass sich das Erwärmungsverhalten somit von der Glastemperatur (vgl. Abbildung 6.9 – degressiver Anstieg) unterscheidet. Die Heizzeit hat eine vergleichbare Wirkung. Abbildung 6.13 zeigt in diesem Zusammenhang die Wechselwirkungsdiagramme der Formwerkzeugtemperatur $T_{FWZ,TE11}$.

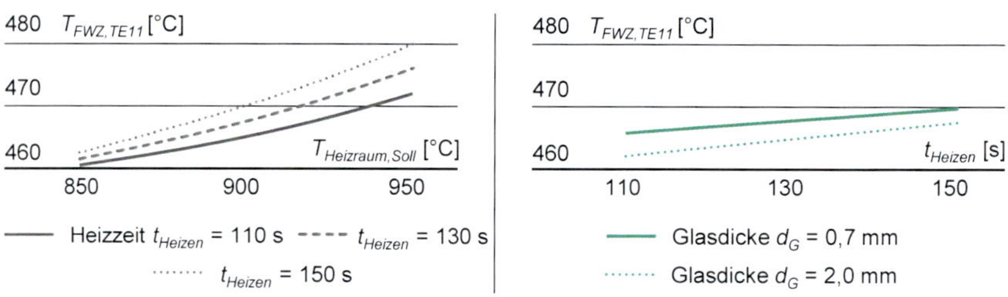

Abbildung 6.13: Wechselwirkungsdiagramme der Formwerkzeugtemperatur $T_{FWZ,TE11}$
Interaction diagrams of the forming tool temperature $T_{FWZ,TE11}$

Deutlich erkennbar ist der Einfluss der Glasdicke auf den Erwärmungszustand des Formwerkzeugs. Da die Formwerkzeugtemperatur sich messtechnisch deutlich leichter erfassen lässt als die Glastemperatur, soll bewertet werden, inwiefern die Formwerkzeugtemperatur ein geeigneter Schätzer für die Glastemperatur ist. Folgender linearer Ansatz wird über eine Ausgleichsrechnung ermittelt:

0,7 mm Glasdicke:

$$T_{Glas,TE4} = 4{,}551 \cdot T_{FWZ,TE11} - 1533{,}5 \quad (38)$$

2,0 mm Glasdicke:

$$T_{Glas,TE4} = 4{,}551 \cdot T_{FWZ,TE11} - 1525{,}6 \quad (39)$$

Dieser Ansatz liefert ein Bestimmtheitsmaß von 84,6 %. Allerdings ist dieser Wert niedriger als die direkte Modellierung der Glastemperatur über die Stellgrößen (vgl. Tabelle 6.1 mit min 96,8 %). Die Formwerkzeugtemperatur ist somit nur ein bedingt geeigneter Schätzer für die Glastemperatur.

Im Folgenden wird der Minimalwert des Drucksensors ($p_{Sensor,min}$) betrachtet. In Abbildung 6.14 ist das zugehörige PARETO-Diagramm dargestellt.

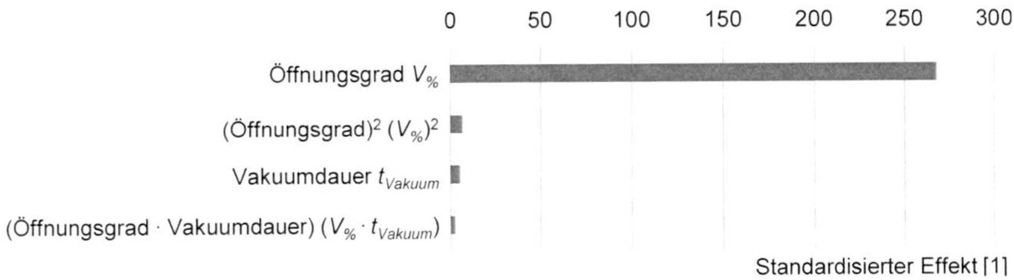

Abbildung 6.14: PARETO-Diagramm zum Drucksensor
PARETO-chart of pressure sensor

Der Öffnungsgrad des Proportionalventils hat die stärkste Auswirkung auf den Drucksensor und ist somit hauptverantwortlich für die Bildung der Umformkraft. Die anderen Effekte haben einen beinahe vernachlässigbaren Einfluss. Diese Effekte werden in folgender Regressionsgleichung dargestellt:

$$p_{Sensor,min} = 7{,}88 - 10{,}527 \cdot V_{\%} - 1{,}490 \cdot t_{Vakuum} + 0{,}04139 \cdot V_{\%}^2 + 0{,}0789 \cdot V_{\%} \cdot t_{Vakuum} \quad (40)$$

Wie in Kapitel 6.3.2 beschrieben, korrelieren besonders der Öffnungsgrad und die Vakuumdauer mit dem Unterdruck. In Abbildung 6.15 sind die Haupteffektdiagramme gegeben. Hervorzuheben ist die Tatsache, dass der Öffnungsgrad die deutlichsten Auswirkungen auf den Wert des Drucksensors zeigt. Zusätzlich bewirkt jedoch eine Erhöhung der Vakuumdauer eine geringfügige Reduzierung des minimalen Drucks.

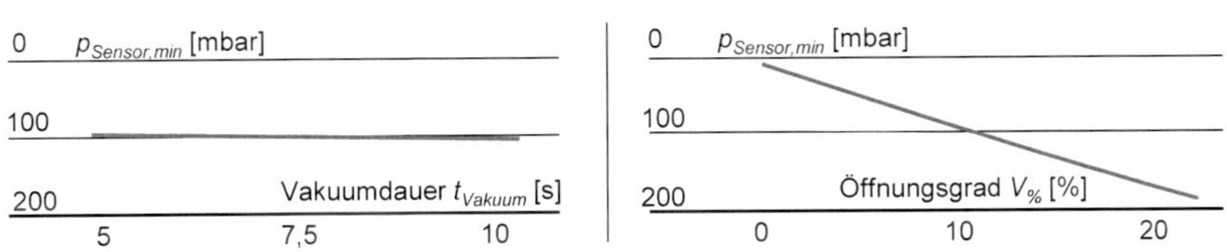

Abbildung 6.15: Haupteffektdiagramme für $p_{Sensor,min}$ zur Beschreibung des Unterdrucks
Main effect diagrams of pressure sensor $p_{Sensor,min}$ for the description of the negative pressure

Mithilfe von Kapitel 6.4 kann das empirische Modell durch die Maschinenabbildungsfunktionen ergänzt werden. Folgende Erkenntnisse können zusammengefasst werden:

- Die Prozessgrößen Glastemperatur und Formwerkzeugtemperatur werden beide durch die Stellgrößen Heizraumsolltemperatur, Heizzeit und Glasdicke beeinflusst.
- Das Erwärmungsverhalten der Glastemperatur unterscheidet sich von dem der Formwerkzeugtemperatur. Insbesondere haben die signifikanten Modellfaktoren teils unterschiedliche Vorzeichen. Die Formwerkzeugtemperatur ist somit nur bedingt ein geeigneter Schätzer für die Glastemperatur.
- Der Unterdruck in der Formwerkzeugkavität hängt fast ausschließlich vom Öffnungsgrad ab.
- Die Maschinenabbildungsfunktionen können bei zukünftigen Maschinenauslegungen eine Hilfestellung sein, um beispielsweise notwendige Heizraumtemperaturen zu ermitteln.

6.5 Diskussion der Prozessabbildungsfunktionen

Determination of the process mapping functions

Für die Analyse der Korrelationen zwischen den Prozessgrößen w_i und den Prozesszielgrößen y_n werden (wie in Kapitel 6.3.2 erwähnt) Ausgleichsrechnungen duchgeführt. Für die Bildung der Prozessabbildungsfunktionen werden insbesondere der minimale Wert des Drucksensors $p_{Sensor,min}$ und die Formwerkzeugtemperatur $T_{FWZ,TE11}$ verwendet. Die Formwerkzeugtemperatur wird hierbei aufgrund der Messunsicherheit der Glastemperatur (vgl. Abbildung 6.7) priorisiert.

Im Folgenden werden Prozessabbildungsfunktionen zu den Prozesszielgrößen y_a (vertikale Ausformung) und y_c (horizontale Ausformung) vorgestellt. Zunächst wird der Zusammenhang zwischen den Minimalwerten des Drucksensors und der vertikalen Ausformung y_a der Gläser betrachtet. Folgende Regression kann für die Glasdicke 0,7 mm aufgrund des asymptotischen Verhaltens (vgl. Abbildung 6.16) gebildet werden:

0,7 mm Glasdicke: $$y_a = -6{,}731 \cdot e^{p_{Sensor,min}} + 4 \qquad (41)$$

Ohne das Löschen von Ausreißern ergibt dieser Zusammenhang ein Bestimmtheitsmaß von 99,2 %. Die Funktion ist in Abbildung 6.16 dargestellt. Eine Auswertung der Funktion ergibt, dass sich die Zielgröße y_a ab oberhalb von 24 mbar nahezu konstant verhält. Die Erkenntnis ist somit, dass bereits vergleichsweise niedrige Unterdrücke eine akzeptable Ausformung bewirken. Eine Verfeinerung der Datenmenge zwischen 0 und 24 mbar ist daher erstrebenswert. Für den Validierungsdemonstrator wird dieser Aspekt detaillierter in Kapitel 8 untersucht. In Abbildung 6.16 ist zudem das korrespondierende Modell für die Glasdicke 2,0 mm mit dem Bestimmtheitsmaß von 96,7 % dargestellt.

2 mm Glasdicke: $$y_a = -3{,}897 \cdot e^{p_{Sensor,min}} + 3{,}958 \qquad (42)$$

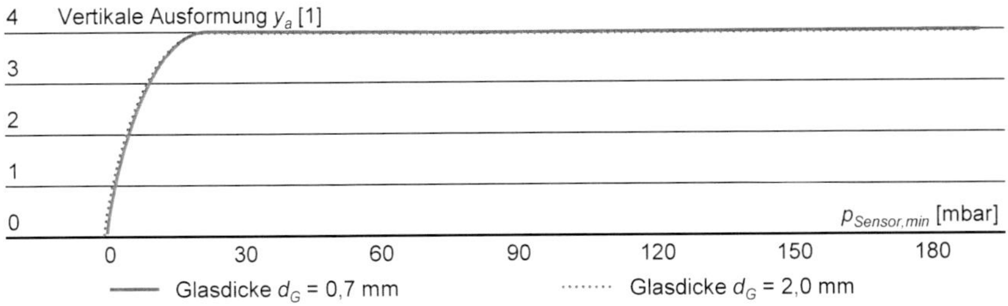

Abbildung 6.16: Regressionsfunktion y_a zu der Prozessgröße $p_{Sensor,min}$ zur Beschreibung des Unterdrucks

Regression function y_a for the process variable pressure sensor $p_{Sensor,min}$ for the description of the negative pressure

Die zweite Regression wird für die horizontale Ausformung y_c der Gläser gebildet. Anders als bei der vertikalen Ausformung wird hier keine Funktion gefunden, die allein von einer Prozessgröße abhängt. Daher wird ein Ansatz mit zwei Prozessgrößen, der Formwerkzeugtemperatur $T_{FWZ,TE11}$ (vgl. Abbildung 4.4 – Position des Thermoelements direkt unterhalb der Vakuumbohrung) und dem Minimalwert des Drucksensors, verwendet, um sowohl mechanische als auch thermische Aspekte abzudecken. Die anderen Formwerkzeugthermoelemente (TE9, TE10 und TE12) führen zu vergleichbaren Ergebnissen. Beispielhaft wird folgende Gleichung dargestellt, die ein Bestimmtheitsmaß von 69,7 % für die Glasdicke 2,0 mm besitzt:

$$y_c = -4{,}443 \cdot e^{p_{Sensor,min}} + 0{,}09473 \cdot T_{FWZ,TE11} - 30{,}72 \quad (43)$$

Für die Glasdicke 0,7 mm kann ein vergleichbares Bestimmtheitsmaß nur erreicht werden, indem die fünf Ausreißer mit der größten Abweichung eliminiert werden.

Die Modellierung der Prozessabbildungsfunktionen schafft folgende Erkenntnisse:

- Die Zielgröße y_a kann ausschließlich über den Drucksensor beschrieben werden.
- Die Zielgröße y_c kann über den Drucksensor und eine der Formwerkzeugtemperaturen beschrieben werden.
- Beide Prozessabbildungsfunktionen kommen mit einer sehr geringen Anzahl an Modelltermen aus. In Zukunft ist für neuartige Erzeugnisse und Geometrien nur eine geringe Anzahl an Versuchen für die Parametrierung notwendig.

6.6 Analytischer Ansatz – Temperaturmodell

Analytical approach - temperature model

In diesem Unterkapitel wird ein analytischer Ansatz vorgestellt, mit dem das aus empirischen Untersuchungen entwickelte Verständnis der Erwärmung des Glases mathematisch beschrieben wird. Dabei werden verschiedene Annahmen und Vereinfachungen getroffen, die im Folgenden erklärt werden. Das analytische Modell wird auf Basis der Wärmetransportgleichungen entwickelt und soll einen zeitlich abhängigen Temperaturverlauf im Glas erklären. Die Kenntnis der Glastemperatur ermöglicht direkte Rückschlüsse auf die Viskosität und somit das Umformvermögen des Glasrohlings. Die Ermittlung der Glastemperatur ist für die wissensbasierte Prozessauslegung unabdingbar. Eine analytische Lösung hat in diesem Zusammenhang den essenziellen Vorteil, dass sie auch außerhalb der Prozessgrenzen empirischer Versuche eine Gültigkeit besitzt. Dadurch ist eine bessere Übertragbarkeit der Erkenntnisse gegeben.

Dabei wird der Zustand im Prozessschritt „Heizen“ ausgewählt und angenommen, dass sich das Glas noch nicht verformt hat. In dem zu errechnenden Modell liegt das Glas auf dem Formwerkzeug, welches mit dem Formenhalter verschraubt ist. Ein Heizleiter befindet sich in der Formenheizung und eine Vakuumleitung am Formenhalter kann als Rippe angenommen werden, die Wärme abführt. Der Heizraum umgibt die beschriebenen Komponenten. Im gesamten System gelten verschiedene Randbedingungen. Wärmestrahlung und -leitung sowie Konvektion von fast allen Komponenten zu den jeweils anderen und teilweise zu sich selbst liegen vor. Diverse Wechselwirkungen beeinflussen diese Randbedingungen und sorgen für ein komplexes System. Einstrahlzahlen und Wärmeübergangskoeffizienten können nicht eindeutig definiert werden. Das System muss dementsprechend vereinfacht werden.

Ziel dieses Kapitels ist, dass mit dem im Folgenden vorgestellten vereinfachten System eine Gleichung gebildet werden kann, mit der die in den empirischen Versuchen gemessenen Werte der Glastemperatur annähernd errechnet werden können (vgl. Kapitel 6.2.1). Um den Temperaturverlauf über den Radius der Glasscheibe zu untersuchen, wird zur Bildung einer Differentialgleichung (DGL) ein Volumenelement betrachtet. Um die DGL unabhängig von einem Winkel aufzustellen, wird das Volumenelement als Kreisring bei dem Radius r angenommen. Da in Abbildung 6.7 ersichtlich ist, dass das Glas während des Erwärmens rotationssymmetrische Isothermen besitzt, ist diese Annahme valide. Der beschriebene Zustand des Glases und das kreisringförmige Volumenelement sind in Abbildung 6.17 dargestellt.

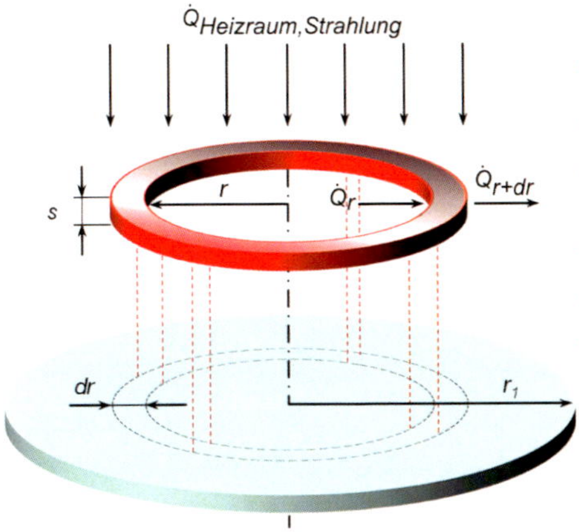

- $\dot{Q}_{Heizraum,Strahlung}$ = Heizraumstrahlung
- $\dot{Q}_r$ = Wärmeleitung in das Volumenelement
- $\dot{Q}_{r+dr}$ = Wärmeleitung aus dem Volumenelement
- r = Laufvariable Radius
- r_1 = Radius Glasrohling
- dr = Breite des Volumenelementes über den Radius
- s = Dicke des Volumenelementes (Dicke des Rohglases)

Abbildung 6.17: Volumenelement der Differentialgleichung
Volume element of the differential equation

Dabei sind alle in die DGL eingehenden Größen eingezeichnet. Die Laufvariable ist der Radius r. Da der Temperaturverlauf über die Zeit dargestellt werden soll, wird als weitere Variable der DGL die Zeit t gewählt. Dadurch wird die gewöhnliche DGL zu einer partiellen DGL (PDGL). Die Dicke des Glases wird als s definiert. Die inkrementelle radiale Breite des Volumenelementes beträgt dr. Die Wärmestrahlung des Ofens $\dot{Q}_{Heizraum,Strahlung}$ ist unter realen Bedingungen diffus. Zur Vereinfachung wird angenommen, dass die Wärmestrahlung nur die Oberseite des Glases bzw. die Oberseite des Volumenelementes senkrecht bestrahlt. Grundlegend werden Reflexionen, Transmissionen und Emissivitäten nicht betrachtet. Vereinfacht wird angenommen, dass der Heizraum das Glas mit der Heizraumstrahlung aufheizt. Weiterhin wird aufgrund der Symmetrie angenommen, dass der Temperaturgradient in der Mitte des Glases gegen Null geht (Temperaturmaximum) und innerhalb des Glases Wärmeleitung von der Mitte nach außen vorliegt. Daher kann die Wärmeleitung $\dot{Q}_r$ in das Volumenelement und die Wärmeleitung $\dot{Q}_{r+dr}$ aus diesem angenommen werden. Aufgrund der Heizraumtemperatur (vgl. 4.2.3) und der in [SCHO19b] dokumentierten Wärmeleitfähigkeit des Glases kann mit gewählten Daten mithilfe der Biot-Zahl Bi_s gezeigt werden, dass das Glas in guter Näherung als thermisch dünn ($Bi_s << 1$) zu betrachten ist. [KNEE16, S. 95]

$$Bi_s = \frac{\alpha_{eff} \cdot s}{\lambda} \tag{44}$$

Eine Temperaturdifferenz über die Dicke s des Glases kann daher vernachlässigt werden. Der Kontakt des Glases zum Formwerkzeug im Randbereich wird bei der Bildung der DGL vernachlässigt und kann als Randbedingung zur Lösung dieser beitragen, was im weiteren Verlauf dieses Kapitels untersucht wird. Ferner liegt keine homogene DGL vor, weil sich das Glas während des Prozesses durch eine Änderung der inneren Energie U aufheizt.

Die resultierende Wärmestrombilanz um das kreisförmige Volumenelement ergibt sich zu:

$$\frac{\partial U}{\partial t} = \dot{Q}_r - \dot{Q}_{r+dr} + \dot{Q}_{Heizraum,Strahlung} \tag{45}$$

Für weitere Berechnungen werden im Folgenden zunächst die einzelnen Summanden der rechten Seite und die linke Seite der Gleichung definiert.

Die in Gl. (11) eingeführte Wärmeleitung ist mit Bezug auf das gebildete Volumenelement als

$$\dot{Q}_r = -\lambda_{Glas} \cdot A(r) \cdot \frac{\partial T}{\partial r} \tag{46}$$

definiert. $A(r) = 2\pi \cdot r \cdot s$ beschreibt die Fläche, durch die Wärme geleitet wird.

Die Wärmeleitung aus dem Volumenelement kann als

$$\dot{Q}_{r+dr} = \dot{Q}_r + \frac{d\dot{Q}_r}{dr} \cdot dr = \dot{Q}_r - 2\pi \cdot s \cdot \lambda_{Glas} \cdot r \cdot \left[\frac{1}{r} \cdot \frac{\partial T}{\partial r} + \frac{\partial^2 T}{\partial r^2}\right] \cdot dr \tag{47}$$

beschrieben werden. Weiterhin wird die in Gl. (13) vorgestellte Wärmestrahlung des Heizraums $\dot{Q}$ diskutiert. Aufgrund der uniformen räumlichen Strahlungsverteilung entfällt die Bestimmung von Einstrahlzahlen. Die Wärmestrahlung wird vereinfacht wie folgt definiert:

$$\dot{Q}_{Heizraum,Strahlung} = \sigma \cdot \varepsilon \cdot A_{Strahlung} \cdot \left(T_{Heizraum}^4 - T^4\right) \tag{48}$$

Um die vierte Potenz der von Zeit und Raum abhängigen Temperatur zu eliminieren und somit die Ordnung der Differentialgleichung zu reduzieren, werden die Strahlungsterme wie folgt linearisiert:

$$T_1^4 - T_2^4 \approx (T_1 - T_2) \cdot 2T_1 \cdot 2T_1^2 \approx 4T_1^3 \cdot (T_1 - T_2) \tag{49}$$

Die Gültigkeit dieser Linearisierung ist vorhanden, wenn $T_{Heizraum} \approx T_{Glas}$ gilt.

Durch Einsetzen von Werten kann gezeigt werden, dass der Fehler der Linearisierung die Größenordnung des nichtlinearisierten Differenzterms nicht überschreitet (vgl. Tabelle 11.4). Obwohl der Heizraum in dieser Arbeit eine höhere Temperatur als das Glas besitzt, wird daher die Linearisierung hier zur Vereinfachung angewandt.

Damit ergibt sich Gl. (48) zu:

$$\dot{Q}_{Heizraum,Strahlung} = 4 \cdot T_{Heizraum}^3 \cdot \sigma \cdot \varepsilon \cdot A_{Strahlung} \cdot (T_{Heizraum} - T) \tag{50}$$

Folgende Werte der Gl. (61) können zu α_{eff} zusammengefasst werden:

$$4 \cdot T_{Heizraum}^3 \cdot \sigma \cdot \varepsilon = \alpha_{eff} \tag{51}$$

Das Einsetzen von a_{eff} in Gl. (61) ergibt:

$$\dot{Q}_{Heizraum,Strahlung} = \alpha_{eff} \cdot A_{Strahlung} \cdot (T_{Heizraum} - T) \tag{52}$$

Für die vom Heizraum angestrahlte Fläche und Oberseite des Volumenelementes gilt:

$$A_{Strahlung} = \pi \cdot \left((r + dr)^2 - r^2\right) = \pi \cdot (2 \cdot r \cdot dr + dr^2) \approx 2\pi \cdot r \cdot dr \tag{53}$$

Wird Gl. (53) in Gl. (52) eingesetzt, ergibt sich der Strahlungsterm der Wärmestrombilanz zu:

$$\dot{Q}_{Heizraum,Strahlung} = \alpha_{eff} \cdot 2\pi \cdot r \cdot dr \cdot (T_{Heizraum} - T) \tag{54}$$

Nachdem alle Summanden der rechten Seite der Wärmestrombilanz Gl. (45) definiert sind, wird die Änderung der inneren Energie betrachtet. Da sich das Volumen des kreisförmigen Volumenelementes über den Radius ändert, kann die Änderung der inneren Energie als

$$\frac{\partial U}{\partial t} = \frac{\partial\left(m(r) \cdot c_p \cdot T\right)}{\partial t} = m(r) \cdot c_p \cdot \frac{\partial T}{\partial t} = \rho \cdot V(r) \cdot c_p \cdot \frac{\partial T}{\partial t} \tag{55}$$

beschrieben werden. Wird das Volumen $V(r) = A(r) \cdot dr = 2\pi \cdot r \cdot s \cdot dr$ eingesetzt, ergibt sich der letzte unbekannte Term der DGL zu:

$$\frac{\partial U}{\partial t} = 2\pi \cdot r \cdot s \cdot \rho \cdot c_p \cdot \frac{\partial T}{\partial t} \cdot dr \tag{56}$$

Werden Gl. (46), Gl. (47), Gl. (54) und Gl. (56) in Gl. (45) eingesetzt, ergibt sich die vollständige PDGL zu:

$$\begin{aligned} 2\pi \cdot r \cdot s \cdot \rho \cdot c_p \cdot \frac{\partial T}{\partial t} \cdot dr &= -\lambda_{Glas} \cdot A(r) \cdot \frac{\partial T}{\partial r} + \lambda_{Glas} \cdot A(r) \cdot \frac{\partial T}{\partial r} \\ &+ 2\pi \cdot s \cdot \lambda_{Glas} \cdot r \cdot \left[\frac{1}{r}\frac{\partial T}{\partial r} + \frac{\partial^2 T}{\partial r^2}\right] \cdot dr + \alpha_{eff} \cdot 2\pi \cdot r \cdot dr \cdot (T_{Heizraum} - T) \end{aligned} \tag{57}$$

Eine Trennung der Variablen und ein Koeffizientenvergleich (detaillierter Rechenweg im Anhang) führt auf die allgemeine Lösung der BOWMAN-BESSEL-Funktion [BOWM12]:

$$R(r) = r^{-B} \cdot \left[c_1 \cdot J_{\frac{q}{f}} \cdot \left(\frac{a}{f} \cdot r^f\right) + c_2 \cdot Y_{\frac{q}{f}} \cdot \left(\frac{a}{f} \cdot r^f\right)\right] \tag{58}$$

Dabei sind J und Y die BESSEL-Funktionen der ersten und zweiten Art. Ferner ist q mit

$$q = \sqrt{B^2 - \beta^2} \tag{59}$$

definiert. In dem hier betrachteten Fall ergibt sich die Lösung der BOWMAN-BESSEL-Funktion zu

$$R(r) = c_1 \cdot J_0 \cdot \left(\sqrt{\psi_6} \cdot r\right) + c_2 \cdot Y_0 \cdot \left(\sqrt{\psi_6} \cdot r\right) \quad (60)$$

Die Lösung der Erwärmungsproblematik bedarf weiterführender Randbedingungen, die gegenwärtig nicht vorliegen, sowie numerischer Lösungsverfahren. Eine rein analytische Lösung ist nicht möglich. Zusätzlich benötigen die numerischen Lösungsverfahren empirische Kalibrierdaten (Datenerhebung Kapitel 5 und 6). In Kapitel 7 werden die in diesem Kapitel erarbeiteten Randbedingungen zur Parametrierung der Erwärmungssimulation zwangsweise benötigt. Die Erwärmungssimulation ist Voraussetzung für die eigentliche Umformsimulation und die weiteren Untersuchungen des Umformverhaltens.

6.7 Zwischenfazit der Modellerweiterung

Interim conclusion of model extention

Mit den Ergänzungsversuchen und deren Auswertung in Kapitel 6.2 und 6.3 konnten in Kapitel 6.4 verschiedene Maschinenabbildungsfunktionen bestimmt werden. Die Erkenntnis ist, dass das Maschinenverhalten für nicht-isotherme vakuumunterstützte Senkprozesse durch eine geringe Anzahl an Stellgrößen beschrieben werden kann. Das Maschinenverhalten wird in diesem Zusammenhang durch die Prozessgrößen w_i charakterisiert. Insbesondere die Formwerkzeugtemperatur und der Drucksensor konnten als relevante Sensoren nachgewiesen werden.

Ein analytischer Ansatz für den zeitlichen Verlauf des Unterdrucks in der Formwerkzeugkavität wurde entwickelt. Dieser Ansatz kann für die folgenden Kapitel genutzt werden. Die Maschinenabbildungsfunktionen ermöglichen ein grundlegendes Verständnis der Wirkung der Prozessstellgrößen auf Prozessgrößen. Die Maschinenabbildungsfunktionen müssen bei der Verwendung anderer Maschinen oder bei Modifizierung von wesentlichen Maschinenelementen (z.B. der Heizraum vgl. Kapitel 4.2.3) erneut bestimmt werden. Die Vorgehensweise der Bestimmung kann jedoch übertragen werden. Weiterhin wurden in Kapitel 6.5 die empirischen Prozessabbildungsfunktionen, die einen Zusammenhang zwischen den Prozessgrößen und den Prozesszielgrößen darstellen, ermittelt. Diese Prozessabbildungsfunktionen können unabhängig von der gewählten Maschinentechnik angewandt werden.

Folgend wurde in Kapitel 6.6 ein analytischer Ansatz der zeitlichen Temperaturverteilung der Glasscheibe im Zuge der Erwärmung entwickelt. Der analytische Ansatz bedarf trotz diverser Vereinfachungen und Annahmen numerischer Werte zur Lösung, wodurch die Notwendigkeit der Simulation zur weiteren Diskussion verdeutlicht wird. Weite Teile des Ansatzes (wie Strahlungs-, Konvektions, Geometrie- und Symmetriebedingungen) können wiederverwendet werden.

7 Entwicklung eines numerischen Modells

Development of a numerical model

In diesem Kapitel wird die Verwendung von FEM-Simulation und Einbindung in das bestehende Modell, wie in Abbildung 7.1 dargestellt, adressiert. Dabei wird das viskoelastische Verhalten auf Grundlage des generalisierten MAXWELL-Modells beschrieben. Ziel sind die qualitative und quantitative Beschreibung und Analyse des Umformverhaltens. Die FEM-Simulation geht somit über die reine Vorhersage der Temperaturbedingungen weit hinaus. Basierend auf dieser Analyse soll das Prozessverständnis erweitert werden und als Grundlage für zukünftige Prozessentwicklungen zur Verfügung stehen.

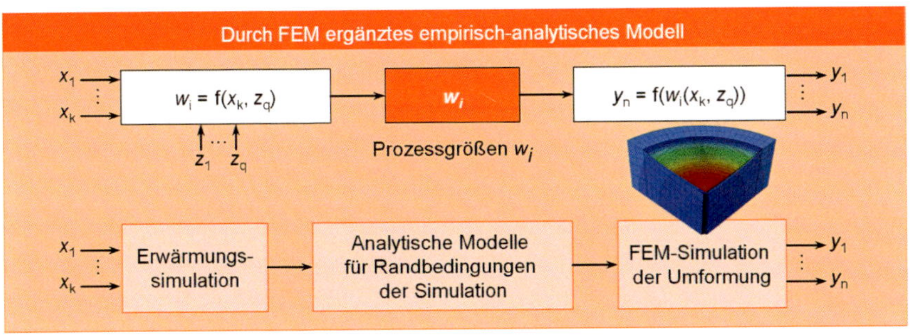

Abbildung 7.1: Einbindung der FEM-Simulation in die vorliegende Arbeit
Integration of the FEM simulation in the present thesis

Das numerische Modell wird in Kapitel 7.1 aufgebaut und in der Simulationsumgebung ABAQUS implementiert. In diesem Zusammenhang werden essenzielle Randbedingungen der Simulation definiert und deren Wahl begründet, wobei analytische Teilmodelle verwendet werden. Insbesondere werden die Randbedingungen des in Kapitel 6.6 entwickelten Modells für die Temperaturverteilung des Glasrohlings für den Aufbau des Simulationsmodells verwendet (vgl. Abbildung 6.17).

In einem folgenden Schritt wird in Kapitel 7.2 innerhalb der Erwärmungssimulation die thermische Validierung des Modells vorgenommen. Hierbei wird insbesondere auf empirisch ermittelte Temperaturwerte von Glas und Formwerkzeug zurückgegriffen (vgl. Datenerhebung Kapitel 5 und 6). Im Gegensatz zu der Auswertestrategie des empirischen Modells aus Kapitel 5, bei der nur diskrete Werte aus den Zeitverläufen extrahiert wurden, werden für Kapitel 7.2 die zeitlichen Verläufe der jeweiligen Sensoren berücksichtigt. Nach der thermischen Validierung des Modells erfolgt in Kapitel 7.3 die thermomechanische Validierung, bei der Simulationsergebnisse wie die Umformung mit empirischen Messdaten der in Experimenten umgeformten Glasbauteile verglichen werden.

Mit dem validierten Modell wird in Kapitel 7.4 eine simulativ unterstützte Ursachenanalyse durchgeführt. Das Hauptziel der Simulation ist die qualitative und quantitativ hinreichend genaue Beschreibung der Umformung.

Folgende Teilziele werden für die Simulation definiert:

- Beschreibung von Effekten, die durch Sensoren (Messdaten) oder die gewählte Auswertestrategie nur ungenügend erklärt werden können
- Analyse von Zeitverläufen ausgewählter Prozessgrößen
- Identifikation und Analyse von systematischen Messfehlern der empirischen Versuche
- Durchführung von Sensitivitätsanalysen

Die durchgeführten Auswertungen und Analysen basieren vorrangig auf den Zentralpunkten des Versuchsplans aus Kapitel 5.

7.1 Aufbau des numerischen Modells

Design of the numerical model

Vorarbeiten konnten nachweisen, dass das visko-elastische Verhalten des Werkstoffs Glas in der Heißformgebungung approximativ durch ein generalisiertes MAXWELL-Modell beschrieben werden kann. [CHEN11; HOLL16; HUG05; HÜNT15; KREI18; LIU18; WANG14]

Unter Anwendnung einer sog. PRONY-Reihe kann das zeitabhängige Relaxationsverhalten des generalisierten MAXWELL-Modells angenähert werden [HUG09]:

$$G(t) = G_0 \cdot \sum_{i=1}^{n} \omega_i \cdot e^{-\frac{t}{\tau_i}} + G_\infty \tag{61}$$

$G(t)$ bezeichnet das zeitabhängige Schubmodul, ω_i die Gewichte der Exponentialfunktion und τ_i die korrespondierenden Relaxationszeiten.

Unter der Voraussetzung, dass das Glas thermo-rheologisch einfache Materialeigenschaften hat, kann die Temperaturabhängigkeit der Spannungsrelaxation mittels der WILLIAMS-LANDEL-FERRY-FUNKTION (WLF) approximiert werden [WILL55]:

$$\log a(T) = \frac{C_1 \cdot (T - T_r)}{C_2 + (T - T_r)} \tag{62}$$

T_r bezeichnet die Referenztemperatur. C_1 und C_2 sind materialspezifische Konstanten. Die Koeffizienten der verwendeten PRONY-Koeffizienten und der WLF-Shift-Funktion sind im Anhang dargestellt.

Der E-Modul, der G-Modul und die Querkontraktionszahl des verwendeten Glaswerkstoffs wurden auf Grundlage von DIN EN 843-2 bestimmt [DIN06]. Die temperaturabhängigen Daten sind dem Anhang beigefügt. Im Rahmen der Arbeit wird von einem rein elastischen Materialverhalten des verwendeten Formwerkzeugmaterials (1.4841) ausgegangen [DEUT16]. Die Materialdaten sind dem Anhang beigefügt.

Das Simulationsmodell und die einzelnen Schritte werden zeitabhängig und auf Grundlage der abstrahierten Prozesskette aus Kapitel 5.1 und den thermischen Randbedingungen aus Kapitel 6.6 aufgebaut. Abbildung 7.2 stellt thermische und mechanische Randbedingungen der einzelnen Schritte dar.

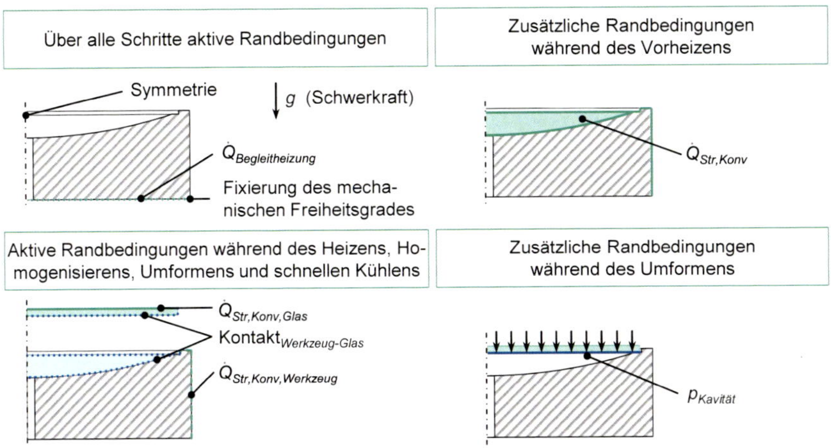

Abbildung 7.2: Mechanischer und thermischer Aufbau der Simulation
Mechanical and thermal structure of the simulation

Über alle Schritte aktive Randbedingungen

Die Symmetriebedingungen zur Reduzierung des Rechenaufwands werden definiert. Zusätzlich werden mechanische Freiheitsgrade fixiert. Um die Schwankung der Temperaturführung besser kontrollieren zu können, ist eine Begleitheizung vorgesehen (vgl. Kapitel 4.2.2). Basierend auf Messdaten der Formwerkzeuge wird eine Kontakttemperatur von 440 °C zwischen Formwerkzeug und Werkzeughalter definiert. Dabei wird der Kontaktwärmeübergangskoeffizient zwischen Formwerkzeug und Werkzeughalter zu $h_{c,\,Werkzeug} = 3700\ W \cdot m^{-2} \cdot K^{-1}$ definiert [VU19]. Basierend auf Erfahrungswerten früherer Versuchsreihen werden konvektive Wärmeübergänge mit $\alpha_{Konvektiv} = 5\ W \cdot m^{-2} \cdot K^{-1}$ definiert [STEP13, Abschnitt Ga1]. Die Emissivität von Glas wird mit $\varepsilon_{s,Glas} = 0{,}85$ und die des Formwerkzeugs mit $\varepsilon_{s,Formwerkzeug} = 0{,}32$ auf Grundlage von Erfahrungswerten früherer Versuchsreihen festgelegt und durch Messungen bestätigt (vgl. Kapitel 5.5). Für die Strahlungsbedingungen und Temperatur am Formwerkzeug wurde basierend auf der Einfahrhöhe im Heizraum (vgl. Abbildung 4.6) die Temperatur der Strahlungsquelle reduziert.

Aktive Randbedingung während des Vorheizens

Die gesamte Oberfläche des Formwerkzeugs steht im Strahlungsaustausch mit dem Heizraum. Auf das Formwerkzeug wirken konvektive Strömungen.

Aktive Randbedingungen während des Heizens, Homogenisierens, Umformens und schnellen Kühlens

Die Erwärmung von Formwerkzeug und Glas in den Prozessschritten „Heizen", „Homogenisieren" und „Umformen" erfolgt maßgeblich durch die Strahlung des Heizraums. Dabei erfahren Glas und Formwerkzeug die höchste Temperatur erst beim Erreichen der Zielposition des Formwerkzeugs im Heizraum – daher wird innerhalb des Einfahrens in den Heizraum die Temperatur des Strahlungsraums von Umgebungstemperatur in Abhängigkeit von der Höhe linear ansteigend modelliert (vgl. Abbildung 7.3). Gleichermaßen wird das Herausfahren aus dem Heizraum in die damit einhergehende Abkühlung mit einer zeitlich variablen Umgebungstemperatur beschrieben. Dies ist zulässig, da die Temperatur im Heizraum über die Höhe linear ansteigt (vgl. Kapitel 4.2.3). Diese Besonderheiten begründen im Wesentlichen die nicht-isothermen Charakteristika des Prozesses. Der Wärmeaustausch zwischen Formwerkzeug und Glasunterseite wird zusätzlich über einen Kontaktwärmeübergangskoeffizienten modelliert.

$$h_{c,\,Glas} = \frac{\dot{q}_V}{\Delta T} \tag{63}$$

Der Kontaktwärmeübergangskoeffizient führt über einen Temperaturgradienten zu einem Verlustwärmestrom $\dot{q}_V$ [ROSO03]. Der Kontaktwärmeübergangskoeffizient zwischen Glas und Formwerkzeug erhöht sich mit der Reduzierung des Abstands zwischen Glas und Formwerkzeug mit steigender Umformung. Der Reibungskoeffizient zwischen Glas und Formwerkzeug wurde mit $\mu = 0{,}1$ definiert [VU20]. Simulative Voruntersuchungen haben gezeigt, dass der Reibkoeffizient keinen signifikanten Einfluss auf das Umformergebnis hat. Dies wird durch die geringen Kontaktkräfte begründet.

Zusätzliche Randbedingungen während des Umformens

Der Druck in der Formkavität, verursacht durch die Öffnung des Proportionalventils, ist abhängig von der Zeit. Diese Besonderheiten wurden bereits ausführlich in Kapitel 6.2.2 über analytische Teilmodelle beschrieben. Der zeitliche Verlauf des Drucks in der Formkavität für die Simulation orientiert sich hierbei an Gleichung (33) und Abbildung 6.5 und wurde direkt in die FEM-Umgebung implementiert.

Für die Bestimmung weiterer temperaturabhängiger Materialkennwerte wird an dieser Stelle auf vorherige Arbeiten verwiesen [CHEN11; HOLL16; HUG05; HÜNT15; KREI18; LIU18; WANG14]. Weitere temperaturabhänigige Materialkennwerte bzgl. Formwerkzeug und Glas (Ausdehnungskoeffizient, Wärmekapazität, Wärmeleitfähigkeit, etc.) sind dem Anhang beigefügt.

7.2 Thermische Validierung des Modells

Thermal validation of the model

Für die thermische Validierung des Modells werden zunächst die Temperaturen des Formwerkzeugs mit empirischen Daten der Versuche verglichen. In einer nicht-isothermen Prozessführung kommt es beim Anfahren der Produktion neben der Schwankung der Temperaturmesswerte im Formwerkzeug auch zu einem Anstieg der Durchschnittstemperatur über die Zeit. Dieser meist schwach lineare Anstieg wird durch die Erwärmung der Maschinenstruktur verursacht. Je nach Konstruktion der Maschine und der Anbindung der Formwerkzeuge an die Maschinenstruktur kann die Homogenisierung oder Stabilisierung der Formwerkzeugtemperatur mehrere Produktionszyklen erfordern. Innerhalb der Versuche von Kapitel 5 wurden nach Unterbrechung von Versuchen daher mindestens drei Leerfahrten, d.h. Versuche ohne Glas durchgeführt. Für die Simulation muss für das Formwerkzeug eine initiale Temperaturverteilung definiert und in der Simulation modelliert werden (vgl. Abbildung 7.3).

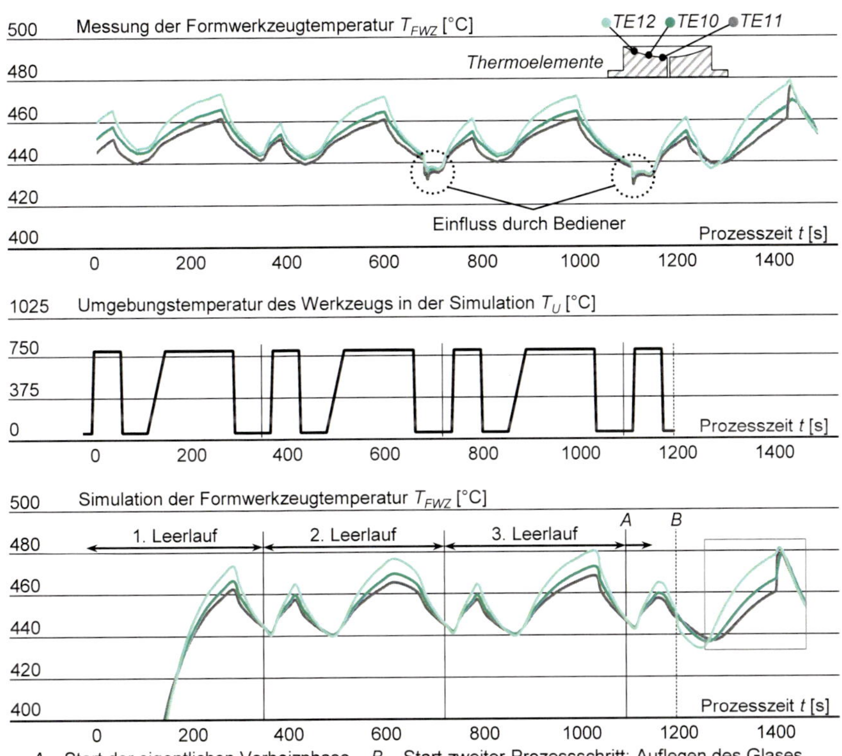

Abbildung 7.3: Zyklisches Erwärmen des Formwerkzeugs

Cyclic heating of the forming tool

Um dieses Problem zu lösen, werden in der Simulation ebenfalls Leerfahrten, ausgehend von einer homogenen Initialtemperatur des Formwerkzeugs, durchgeführt. Abbildung 7.3 zeigt das zyklische Erwärmen des Formwerkzeugs, ausgehend von der initialen Temperatur von 400 °C.

Nach mehreren Zyklen in der FEM-Umgebung zeigen durch die Simulation vorhergesagte Temperaturen des Formwerkzeugs sehr gute Übereinstimmung mit empirischen Messdaten. Unterschiede zwischen empirischen Messdaten und Simulation werden unter anderem durch das manuelle Starten des Prozesses durch den Bediener erklärt. Der grau markierte Bereich zeigt den Prozessschritt „Heizen" erstmals im Kontakt mit Glas.

Abbildung 7.4 zeigt den grau markierten Ausschnitt aus Abbildung 7.3. Da in der Simulation zuvor Leerfahrten durchgeführt worden sind, wird die Zeit-Achse bei 1250 s beschnitten. Die Formwerkzeugtemperatur weist über den Radius einen vom Zentrum her ansteigenden Gradienten auf. Die Begleitheizung kann als Ursache ausgeschlossen werden, da die Thermoelemente TE10, TE11 und TE12 zu Beginn der Heizphase eine vergleichbare Temperatur aufweisen. Die Erkenntnis ist somit, dass der Eintrag von Strahlungswärme über die Mantelfläche des Formwerkzeugs ursächlich für den Gradienten ist.

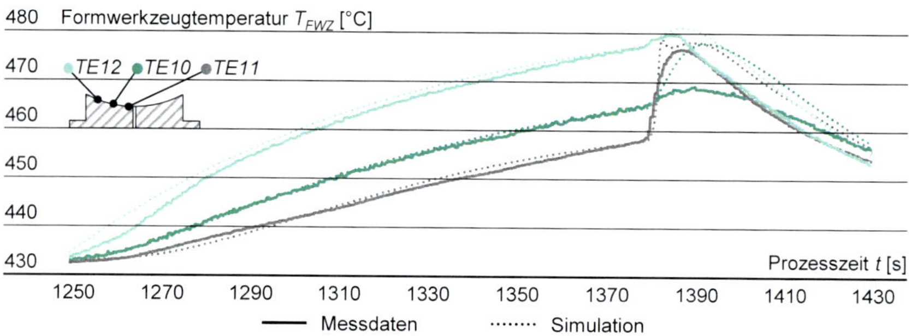

Abbildung 7.4: Erwärmung des Formwerkzeugs durch Glaskontakt mit 2,0 mm dickem Glas
Heating of the forming tool by glass contact with 2,0 mm thick glass

In Abbildung 7.4 ist zusätzlich die eigentliche vakuumunterstützte Umformung ersichtlich. Deutlich zu erkennen ist ein sichtbarer sprunghafter Anstieg der Formwerkzeugtemperatur, der durch den Kontakt des heißeren Glases mit dem kühleren Formwerkzeug erklärt wird. Die Schlussfolgerung ist somit, dass der Wärmeeintrag am Thermoelement TE11 am stärksten ist. Dies wird dadurch erklärt, dass das Glas während der Umformung initial das Zentrum des Formwerkzeugs berührt. Mit den oberflächenah positionierten Thermoelementen kann die Ausformung bewertet und überwacht werden.

In den folgenden Untersuchungen wird die Glastemperatur betrachtet. Im Zuge der Ergänzungsversuche in Kapitel 6.2.1 wurde in einem Versuchsaufbau über Thermoelemente die Temperatur der Glasscheibe während des Heizens gemessen. Abbildung 7.5 zeigt den Verlauf von simulierter und gemessener Glastemperatur. Im Gegensatz zur Formwerkzeugtemperatur gibt es deutliche quantitative und qualitative Unterschiede, die im Folgenden diskutiert werden.

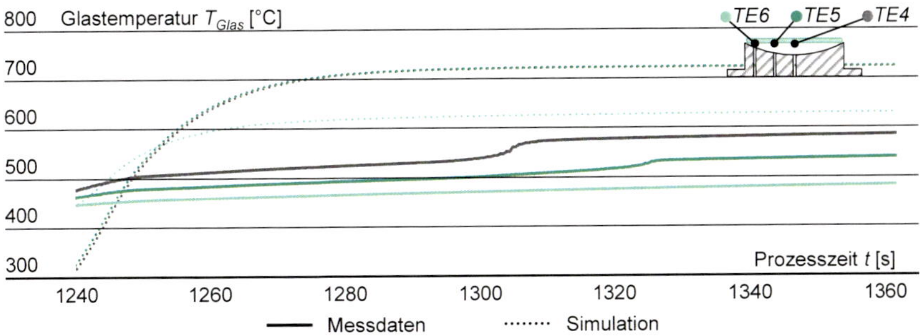

Abbildung 7.5: Vergleich simulierter und gemessener Glastemperatur mit 2,0 mm dickem Glas
Comparison simulated and measured glass temperature with 2,0 mm thick glass

Aufgrund der Abweichungen werden Unsicherheiten in der Messung der Glastemperatur vermutet. In einer Detailsimulation (Abbildung 7.6) werden der Wärmeübergang und die resultierende Temperaturverteilung der Thermoelemente im quasistatischen Zustand gezeigt. Dabei ist die an den Thermoelementen gemessene Temperatur maßgeblich von der Temperatur des Formwerkzeugs beeinflusst worden. An Messstelle III (TE6) ist das Thermoelement fast vollständig vom Formwerkzeug umgeben (h_6 ~ 0) und berührt nur an der Messspitze die Glasscheibe. An Messstelle I (TE4) hingegen liegt das Thermoelement zum Teil frei (h_4 >> 0) und die gemessene Temperatur ist um mehr als 50 K höher als an Messstelle III (TE6).

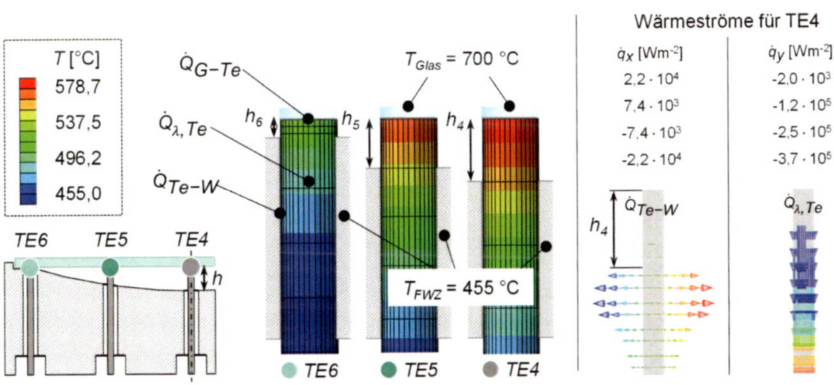

Abbildung 7.6: Simulation des Wärmeübergangs der Thermoelemente im Glaskontakt
Simulation of the heat transfer of the thermocouples in glass contact

Der beobachtete Messfehler kann durch Wärmeabfuhr in der Kontaktzone zwischen Glas und Formwerkzeug erklärt werden. Diese Wärmeabfuhr wird wiederum durch Abfuhr von Wärme aus dem Thermoelement in das Formwerkzeug durch Wärmeleitung begründet (vgl. $\dot{Q}_{Te\text{-}W}$ in Abbildung 7.6). Der Messfehler wird nach VDI 3522 [VDI14] dem ersten thermischen Fehler zugeordnet. Weiterhin wird beobachtet, dass in den simulierten Glastemperaturen (vgl. Abbildung 7.5) an den Messstelle I (TE4) und II (TE5) die Temperatur der Glasscheibe nahezu gleich zu sein scheint.

Für eine analytische Betrachtung der Erwärmungsproblematik des Glasrohlings wird das System auf ein radialsymmetrisches 1D-Problem reduziert. Gegenüber dem Ansatz aus Kapitel 6.6 (vgl. Abbildung 6.17) kann somit auf eine Fomulierung in Polarkoordinaten verzichtet und das Erwärmungsproblem als Rippen-Differentialgleichung vereinfacht gelöst werden.

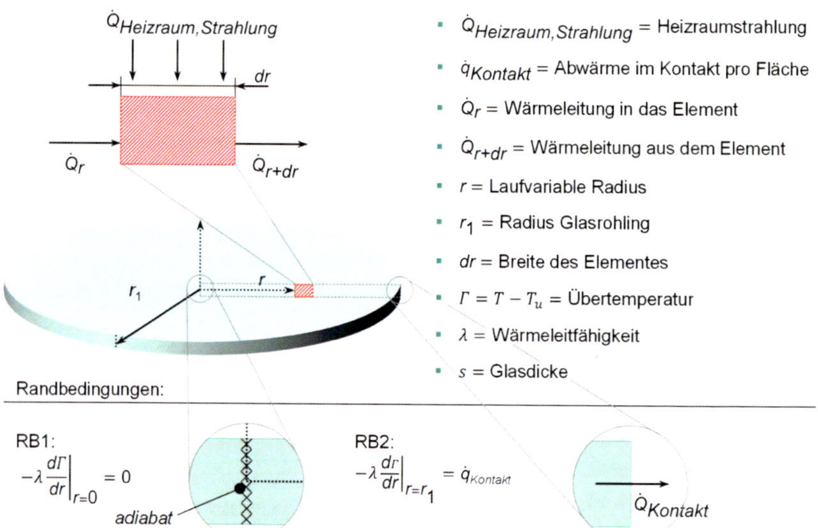

Abbildung 7.7: Randbedingungen des analytischen Ansatzes (Rippen-Differentialgleichung) zur Beschreibung der Glastemperatur

Boundary conditions of the analytical approach (fin differential equation) to the description of the glass temperature

Für den quasi-stationären Zustand wird folgender von der Zeit unabhängiger Ansatz (vgl. Abbildung 7.7) einer Rippen-Differentialgleichung gewählt:

$$\frac{d^2\Gamma}{dx^2} - \frac{\alpha_{eff} \cdot U_{eff}}{\lambda_{Glas} \cdot A_Q} \cdot \Gamma = 0 \tag{64}$$

Γ ist hierbei die Übertemperatur ($\Gamma = T - T_u$). Dabei wird mit U_{eff} der effektive Umfang und A_Q der Querschnitt des 1D-Problems bezeichnet. Die Lösung dieser Differentialgleichung führt auf [KNEE16]:

$$\Gamma = A_C \cdot \cosh(m_r \cdot r) + B_C \cdot \sinh(m_r \cdot r) \tag{65}$$

Hierbei wird der Rippenparameter m_r wie folgt definiert:

$$m_r = \sqrt{\frac{\alpha_{eff} \cdot U_{eff}}{\lambda_{Glas} \cdot A_Q}} \tag{66}$$

Der Rippenparameter m_r beschreibt die Kühlwirkung eines Rippenelements.

Für die Randbedingungen zur Bestimmung der Integrationskonstanten A_C und B_C wird Symmetrie an der Stelle $r = 0$ angenommen. Weiterhin wird der Verlustwärmestrom $\dot{q}_v$ vom Glasrohling in das Formwerkzeug mit

$$\lambda_{Glas} \cdot \left.\frac{d\Gamma}{dx}\right|_{r=R} = \dot{q}_v \tag{67}$$

beschrieben. Der Verlustwärmestrom $\dot{q}_v$ wird dabei mithilfe der FEM-Simulation ermittelt.

$$T(r) = T_U - \dot{q}_v \cdot \frac{\cosh(m \cdot r)}{\lambda \cdot m \cdot \sinh(m \cdot r_1)} \tag{68}$$

In Abbildung 7.8 wird der Temperaturverlauf (Zentralpunkt mit 0,7 mm dickem Glas) über den Radius des Glasrohlings für folgende Fälle betrachtet:

- Simulation des Zentralpunktes (graue Linie): 3D-Simulation auf Grundlage des Models und der Randbedingungen, die in Kapitel 7.1 definiert worden sind
- Simulation des Zentralpunktes auf Grundlage der Rippen-DGL (grüne Linie): 2D Simulation basierend auf den Gleichungen (64), (65) und (67)
- Analytische Lösung – Rippen DGL: basierend auf den Gleichungen (64), (65) und (67)

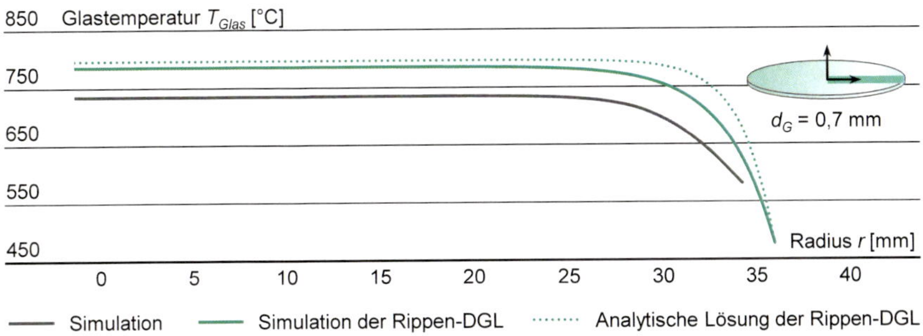

Abbildung 7.8: Vergleich der simulierten Temperaturverteilung mit Rippen-Differentialgleichung

Comparison of the simulated temperature distribution with the rib differential equation

Abbildung 7.8 zeigt daher, dass der analytische Ansatz eine qualitative und eine ausreichend quantitative Übereinstimmung zu den simulierten Ergebnissen aufweist. Die Erkenntnis ist somit, dass der Glasrohling zum Ende der Erwärmung bis auf den Randbereich (ab ca. r = 2,5 mm) eine annährernd konstante Temperatur aufweist.

Die in Kapitel 6.2.1 messtechnisch ermittelten Werte der Glastemperatur können somit nur qualitativ betrachtet werden. Die Validierung der durch FEM-Simulation modellierten Glastemperatur muss daher auf andere Weise erfolgen. Aus diesem Grund wird die simulierte Glastemperatur mit Aufnahmen der Thermokamera verglichen (vgl. Abbildung 7.9). Der Zeitpunkt des Abgleichs ist dabei vor der Entnahme des Glases, nach der eigentlichen Umformung, außerhalb des Heizraums wie bereits in Abbildung 5.7 dargestellt.

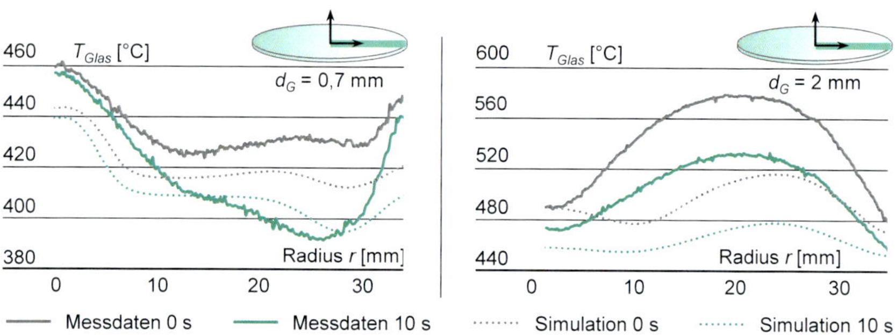

Abbildung 7.9: Validierung der simulierten Glastemperatur mit Aufnahmen der Thermokamera für die Glasdicken 0,7 mm (links) und 2,0 mm (rechts)

Validation of the simulated glass temperature with pictures of the thermocamera for the glass thickness 0.7 mm (left) and 2.0 mm (right)

In Abbildung 7.9 wird zu zwei verschiedenen Zeitpunkten der Abgleich der simulierten Temperaturverteilung auf der umgeformten Glasscheibe mit Aufnahmen der Thermokamera durchgeführt. Dabei zeigt sich eine gute qualitative und weiterhin ausreichend gute quantitative Übereinstimmung für die Glasdicke 0,7 mm. Die Abweichungen bei der Glasdicke 2 mm werden durch Störstrahlung aufgrund der gekrümmten Oberfläche der umgeformten Bauteile erklärt. Insgesamt sind die Abweichungen zwischen Simulation und Thermografiedaten in einer erwarteten und akzeptierbaren Größenordnung. Die durch die Simulation ermittelte Glastemperaturverteilung gilt somit als validiert und wird gegenüber Kontaktmessungen (vgl. Abbildung 7.5) priorisiert.

7.3 Thermomechanische Validierung des Modells

Thermomechanical validation of the model

Die thermomechanische Validierung des numerischen Modells erfolgt anhand von empirischen Messdaten. Dabei werden für die Validierung jeweils Zentralpunkte[3] des Wirkungsflächenversuchsplans (vgl. Kapitel 5) für die Glasdicken 0,7 mm und 2,0 mm betrachtet. Die Orientierung der Daten erfolgt anhand des Zenits des umgeformten Glasbauteils. Aufgrund der nachgewiesenen Rotationssymmetrie der Glasbauteile wird hierbei nur die eine Hälfte der Bauteile dargestellt. Für eine bessere Vergleichbarkeit wird zudem die Sollgeometrie (Werkzeuggeometrie) eingezeichnet. Die empirischen Messungen wurden bei 20 °C T_u Umgebungstemperatur durchgeführt. Aus diesem Grund werden in der FEM Simulation die Bauteile in der Kühlphase auf die gleiche Bezugstemperatur gekühlt. Abbildung 7.10 veranschaulicht die Gegenüberstellung der taktilen Messdaten mit der FEM-Simulation.

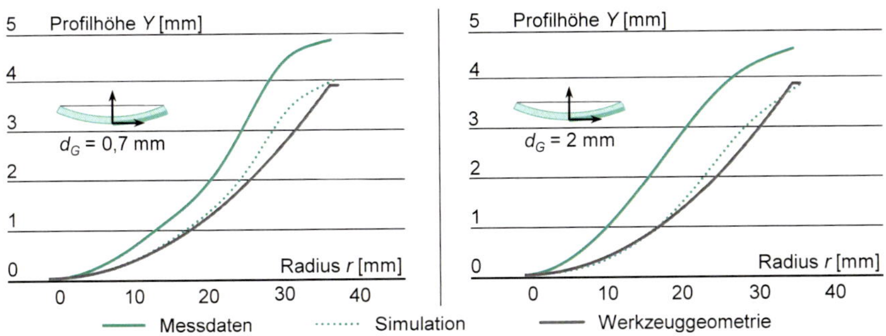

Abbildung 7.10: Simulation des Zentralpunkts

Simulation of the central point

Für beide Glasdicken ist eine gute qualitative und eine ausreichend gute quantitative Übereinstimmung erreicht. Die experimentellen Messdaten der Glasbauteile zeigen eine stärkere Schrumpfung als in der Simulation (vgl. Abbildung 7.10). Hierfür sind verschiedene Gründe möglich. Glas und Formwerkzeugmaterial weisen unterschiedliche thermische Ausdehnungskoeffizienten auf. Die temperaturabhängigen Ausdehnungskoeffizienten wurden im Simulationsmodell berücksichtigt (vgl. Kapitel 7.1) und können somit als Fehler ausgeschlossen werden.

Durch die Validierung der simulierten Formwerkzeug- und Glastemperatur konnte bereits zuvor nachgewiesen werden, dass die Temperaturbedingungen eine sehr gute qualitative und gute quantitative Übereinstimmung aufweisen. Unterschiedliche Kühlraten können somit als Fehler ausgeschlossen werden.

---

[3] Parameterkombination der Zentralpunkte: Heizraumsolltemperatur: 900 °C/ Heizzeit: 130 s/ Öffnungsgrad: 10 %/ Vakuumdauer: 7,5 s

Nachdem zunächst Randbedingungen der Simulation als potenzielle Ursachen der Abweichung der Schrumpfung in Experiment und Simulation betrachtet worden sind, wird im Folgenden das Materialmodell betrachtet. Das gewählte Materialmodell bildet die Realität möglicherweise nicht genügend ab. Das MAXWELL-Modell wurde insbesondere für Pressprozesse von Massivglas entwickelt und validiert [HÜNT15; KREI18; WANG14]. Abweichungen aufgrund des Materialmodells können somit nicht ausgeschlossen werden. Kritisch zu hinterfragen ist das angenommene thermo-rheologisch einfache Materialverhalten des gewählten Glases. Insbesondere bei kurzen Umformzeiten kann diese nicht gewährleistet werden. Auf eine Kalibrierung des Simulationsmodells wird aufgrund des weiten untersuchten Stellgrößenbereichs des Heizraums verzichtet. Gegenwärtig mangelt es jedoch an einer geeigneten Alternative für das MAXWELL-Modell. Erste Ansätze der Optimierung werden von VU erarbeitet. [VU19]

Der diskutierte Schrumpfungseffekt äußert sich bei den betrachteten umgeformten Glasbauteilen in Form eines Winkelfehlers. In Abhängigkeit von der Schenkellänge kann bereits mit kleinen Erhöhungen des Winkfelfehlers der absolute Fehler stark ansteigen. Weiterhin auffallend ist der bereits in Kapitel 5 eingehend erläuterte Glockeneffekt, der als systematische Formabweichung in unterschiedlich starker Ausprägung in den Umformexperimenten aufgetreten ist.

In einem weiteren Schritt soll jedoch der Einfluss des Kontaktwärmeübergangskoeffizienten näher untersucht werden. Ein Zentralpunkt des Versuchsplans wird betrachtet, da für diesen Versuchspunkt die umfangreichste Datengrundlage vorliegt. Mit Ausnahme des Kontaktwärmeübergangskoeffizienten werden keine Eigenschaften des Systems verändert. Dabei wird der in Kapitel 7.1 definierte Kontaktwärmeübergangskoeffizient auf 100 % normiert. Abbildung 7.11 zeigt die Variation des Kontaktwärmeübergangskoeffizienten, basierend auf der Normierung, und zugehörige, simulierte Umformungsergebnisse für die Glasdicken 0,7 mm und 2,0 mm.

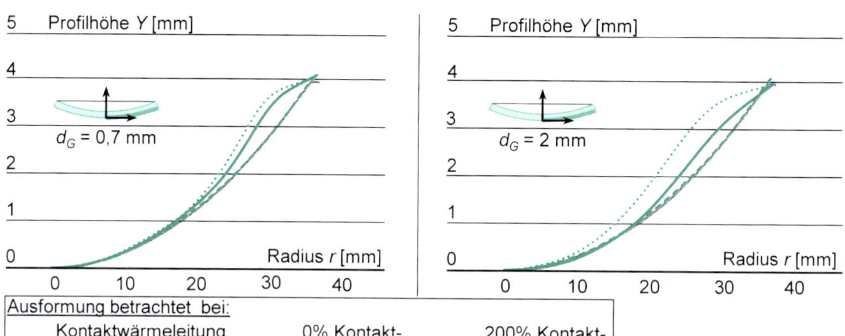

Abbildung 7.11: Simulative Variation der Kontaktwärmeleitung und Analyse der Auswirkung auf die Ausformung

Simulation based Variation of the contact heat conduction and Analysis of the influence on the forming

Eine Erhöhung des Kontaktwärmeübergangskoeffizienten führt dabei zu einer Verschlechterung der Maßhaltigkeit. Eine Reduzierung des Kontaktwärmeübergangskoeffizienten verringert den Glockeneffekt erheblich. Die Ergebnisse für die Glasdicke 2,0 mm sind vergleichbar. Eine Entkopplung von Glas- und Formwerkzeugtemperatur führt zu einer Erhöhung der Formgenauigkeit. In direkter Konsequenz muss die Wärmeabfuhr von Glas in das Formwerkzeug zur Steigerung der Formgenauigkeit reduziert werden.

Folgend wird diskutiert, wie dieses Wissen für die Optimierung der Formgenauigkeit in Umformexperimenten genutzt werden kann:

In der Realität kann der Kontaktwärmeübergangskoeffizient nicht direkt variiert werden. Nach ROSOCHOWSKA ist der Kontaktwärmeübergangskoeffizient von verschiedenen Eigenschaften des Systems abhängig: [ROSO03]

- Wärmeleitfähigkeiten der Materialien der Kontaktpartner
- Oberflächenbeschaffenheit, insbesondere Rauheit (dritte und vierte Ordnung)
- Anpressdruck
- Temperaturbedingungen an der Grenzfläche Glas zu Formwerkzeug

Die Wahl des Glasmaterials erfolgt in der Industrie oft kundenseitig und soll daher nicht verändert werden. Weiterhin basiert die Wahl des Glaskontaktmaterials auf verschiedenen Erwägungen, insbesondere ist eine hinreichend hohe Klebetemperatur von essenzieller Bedeutung [RIES04, S. 35]. Nur wenige Werkstoffe können glasspezifisch diese Anforderung erfüllen. Eine Substitution ist daher i.d.R. unerwünscht.

Vor diesem Hintergrund ist die Wärmeleitfähigkeit des Glaskontaktmaterials oft von nachgeordneter Bedeutung und soll daher nicht verändert werden. Die Oberflächenrauheit des Glasmaterials hat eine direkte Auswirkung auf die Transparenz und soll daher ebenfalls nicht verändert werden. Um eine schadensfreie Umformung zu realisieren, wird in der Regel die Rauheit der Formwerkzeuge vergleichsweise niedrig gewählt; durch Oxidation erhöht sich die Rauheit und konvergiert gegen einen Beharrungswert von etwa Ra = 50 nm.

Eine Veränderung der Temperaturbedingungen ist möglich. Weiterhin hat nach Gleichung (70) der Temperaturgradient direkte Auswirkungen auf den Verlustwärmestrom $\dot{q}_V$. Aus diesen Gründen sollen im folgenden Kapitel 7.4 insbesondere die Temperaturbedingungen näher untersucht werden.

7.4 Simulativ unterstützte Ursachenanalyse der Formabweichung

Simulation-based investigation of influencing parameters of form deviation

In diesem Kapitel soll ergänzend zum empirischen Modell (vgl. Kapitel 5) der Einfluss ausgewählter Prozessstellgrößen auf das Umformergebnis mithilfe der Simulation analysiert werden.

Kerngegenstand der simulativen Analysen sind der Zentralpunkt und die signifikanten Sternpunkte (vgl. Kapitel 5.7 und 5.8). Konkret werden die in Tabelle 7.1 dargestellten Konstellationen untersucht.

Tabelle 7.1: Parameter der simulativ unterstützte Ursachenanalyse
Parameter of Simulation supported root cause analysis

Simulationen	Unterer Sternpunkt	Zentralpunkt	Oberer Sternpunkt
Heizraumsolltemperatur	850 °C	900 °C	950 °C
Öffnungsgrad des Proportionalventils	0 %	10 %	20 %
Heizzeit	110 s	130 s	150 s

In den folgenden Abbildungen wird jeweils die simulierte Ausformung der Formwerkzeuggeometrie gegenübergestellt.

Einfluss der Heizraumsolltemperatur

Aus Abbildung 7.12 wird ersichtlich, dass eine Erhöhung der Heizraumsolltemperatur zu einer Reduzierung des Formfehlers für beide Glasdicken führt. Dies wird vorrangig mit der Reduzierung der Viskosität erklärt. Insbesondere bei der Glasdicke 2,0 mm ist ersichtlich, dass eine Erhöhung der Heizraumtemperatur von 850 °C auf 900 °C eine starke Wirkung zeigt. Eine weitere Erhöhung der Heizraumtemperatur von 900 °C auf 950 °C zeigt nur eine marginale Wirkung.

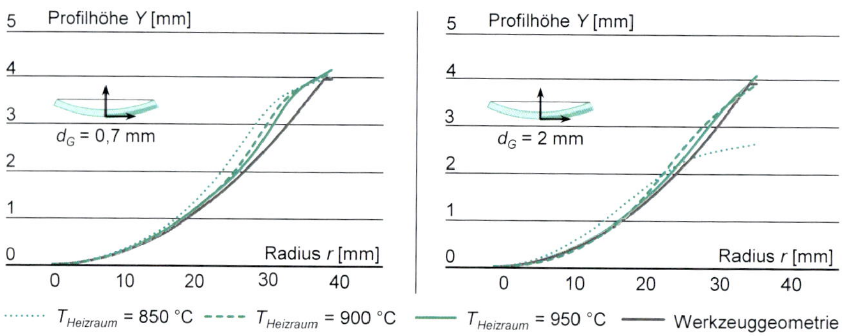

Abbildung 7.12: Variation der Heizraumsolltemperatur
Variation of the heating furnace setpoint temperature

Für die Glasdicke 0,7 mm lassen sich vergleichbare, aber weniger intensive Effekte beobachten. Daraus lässt sich ableiten, dass die Erwärmung stark von der Glasdicke abhängt und eine ausschließliche Erhöhung der Heizraumsolltemperatur den Formfehler nicht auf ein Minimum reduzieren kann.

Einfluss des Öffnungsgrades des Proportionalventils

Aus Abbildung 7.13 wird ersichtlich, dass eine Erhöhung des Öffnungsgrades zu einer Reduzierung des Formfehlers führt. Die stark unterschiedliche Ausformung von Gläsern unterschiedlicher Dicke beim Öffnungsgrad von 0 % kann thermischen Ursachen zugeordnet werden (vgl. Abbildung 7.12): Bei gleichen Heizbedingungen erwärmt sich das Glas mit der Dicke 0,7 mm deutlich schneller und erreicht somit im gleichen Betrachtungszeitraum niedrigere Viskositäten.

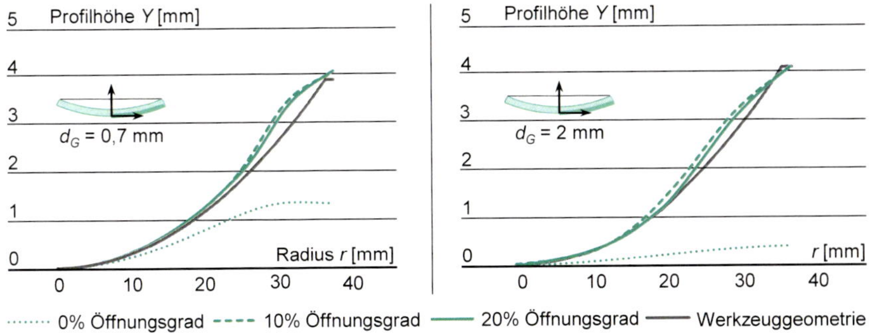

Abbildung 7.13: Variation des Öffnungsgrades
Variation of the opening degree

Durch die alleinige Positionierung einer einzigen Vakuumbohrung im Zentrum des Formwerkzeugs wird dabei das 0,7 mm dicke Glas stärker in der Mitte des erwärmten Glasrohlings in die Formkavität gezogen. Die Erkenntnis ist somit, dass bei der vakuumunterstützten Umformung eine Erhöhung der Heizraumtemperatur im Gegensatz zum Schwerkraftsenken zu einer Erhöhung des Formfehlers führen kann. Eine Ausdünnung des Glases wird vermutet und soll an späterer Stelle (vgl. Abbildung 7.19) untersucht werden.

Einfluss der Heizzeit

Aus Abbildung 7.14 wird ersichtlich, dass eine Variation der Heizzeit im gewählten Bereich nur einen geringen Einfluss auf die Ausformung hat.

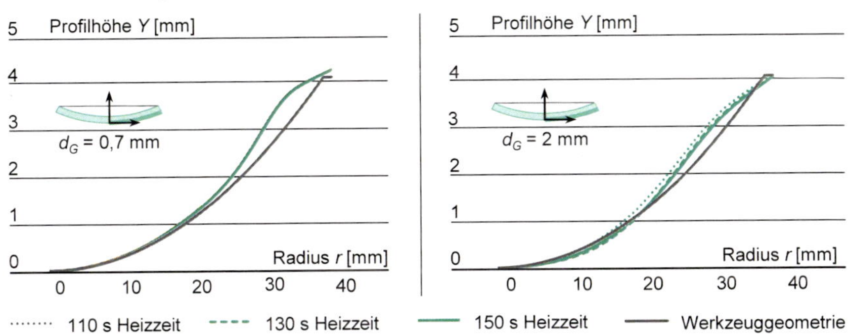

Abbildung 7.14: Variation der Heizzeit
Variation of the heating time

Auf Grundlage der simulierten Glastemperatur aus Abbildung 7.5 kann geschlossen werden, dass bereits nach vergleichsweiser kurzer Zeit eine Sättigung der Erwärmung der Glasscheibe erreicht ist. In weiteren Untersuchungen wird der Untersuchungsbereich der Heizzeit daher (vgl. Tabelle 5.3) reduziert.

Zeitlicher Verlauf der Umformung

Im Folgenden (vgl. Abbildung 7.15) wird der zeitliche Verlauf der Ausformung anhand des Beispiels der Glasdicke 2,0 mm am Zentralpunkt mithilfe des numerischen Modells untersucht.

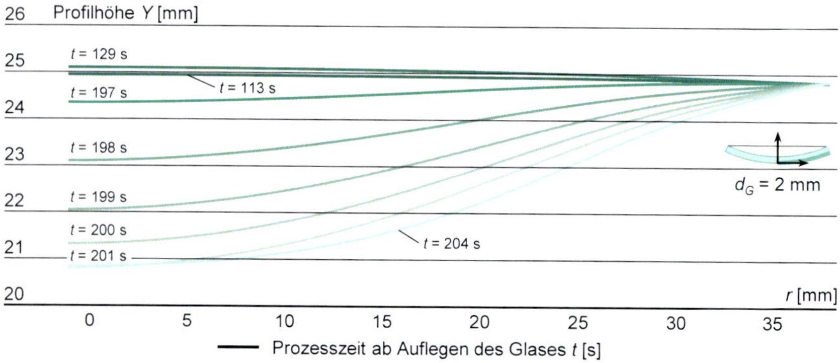

Abbildung 7.15: Simulative Betrachtung des zeitlichen Verlaufs der Umformung für 2,0 mm Glasdicke für den Zentralpunkt

Simulative analysis of the temporal progress of forming for 2.0 mm glass thickness for the central point

Anfänglich wird eine Verwölbung nach oben beobachtet. Diese Verwölbung wird durch instationäre Temperaturfelder verursacht. Weiterhin wird ersichtlich, dass im Zuge der vergleichsweise langen Erwärmung (über einhundert Sekunden) nur der kleinere Teil der Umformung stattfindet, wohingegen nach Applikation des Vakuums der Hauptteil der Umformung in wenigen Sekunden vollzogen wird. Veranschaulicht wird dies in Abbildung 7.16 (Daten basierend auf Abbildung 7.15). Dargestellt ist der prozentuale Formfehler über die Zeit. Berechnet wird dieser als Fläche zwischen der Glasunterseite und der formgebenden Oberfläche des Werkzeugs. Im Ausgangszustand liegt der nicht verformte Glasrohling auf dem Formwerkzeug auf. Durch die Erwärmung von Glas und Formwerkzeug und die damit einhergehende Ausdehnung kann sich zunächst die initiale Abweichung vergrößern. Mit Fortführung der Erwärmung verformt sich das Glas zunächst ausschließlich unter Schwerkraft. Die Verformung ausschließlich durch Schwerkraft ist mit ~2 % relativ gering. Die weitere Ausformung nach Starten des Vakuums erfolgt schnell. Bereits nach ~5,3 s (71 %) der Vakuumdauer erreicht die Ausformung 95 % ihres Endwerts. Die Erkenntnis ist somit, dass die Applikation von Vakuum die Ausformung signifikant beschleunigen kann.

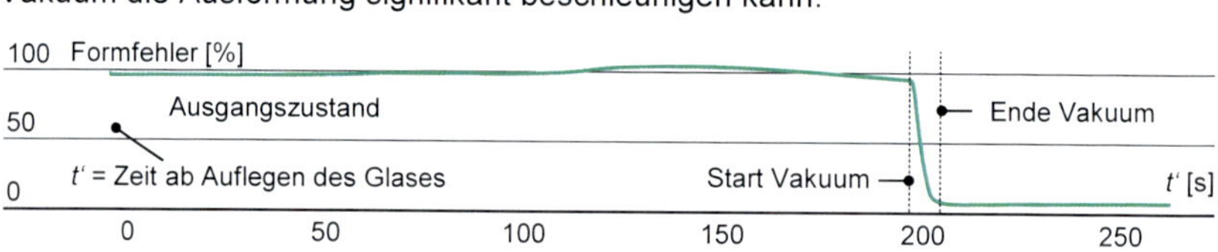

Abbildung 7.16: Zeitliche Betrachtung der Fehlerfläche

Temporal progress of form error

Weiterhin zeigt eine Auswertung von Wärmeströmen in Abbildung 7.17, dass der zeitliche Verlauf der Umformung ergänzend zu Abbildung 7.15 mithilfe von Wärmeströmen diskutiert werden kann.

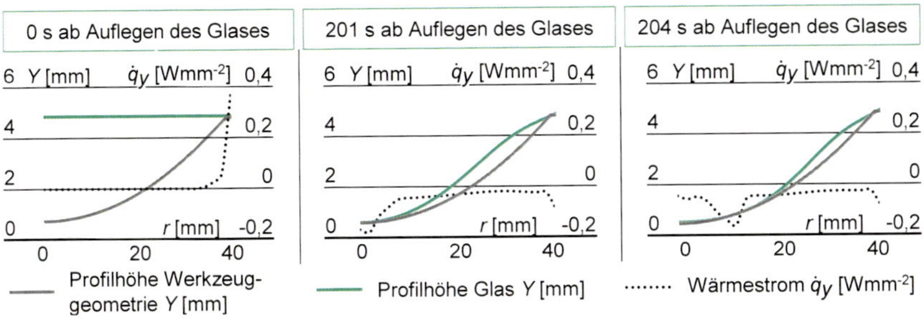

Abbildung 7.17: Analyse der Wärmeströme in Abhängigkeit von der Umformung für 2,0 mm Glasdicke für den Zentralpunkt

Analysis of the heat flow as a function of deformation for 2.0 mm glass thickness for the central point

Zum initialen Zeitpunkt (0 s) fließt ein Wärmestrom vom zunächst heißeren Formwerkzeug in das Glas im Kontaktbereich der Passung ($\dot{q}_y > 0$). Mit fortschreitender Umformung kommt das nun durch den Heizraum erwärmte Glas mit dem kühleren Formwerkzeug in Kontakt (t = 200,99 s), wodurch im direkten Bereich der Berührung das Glas durch Wärmeleitung eine Temperaturreduzierung erfährt ($\dot{q}_y < 0$). In Bereichen ohne Berührung findet ein Austausch durch Strahlung statt. Die Analyse der Wärmeströme ermöglicht in zukünftigen Arbeiten eine Auslegung von zeitlich adaptiven Erwärmungseinrichtungen und eine gezielte Positionierung von Thermoelementen zur Prozessüberwachung.

Isotherme Betrachtung des Einflusses der Glasdicke

Der Einfluss der Glasdicke soll folgend näher analysiert werden. Bei allen vorherigen experimentellen und simulativen Untersuchungen muss beachtet werden, dass die Veränderung der Glasdicke nicht nur Auswirkungen auf die Kräfte im System hat, sondern auch die gespeicherte Wärme maßgeblich verändert. So werden sich bei gleichen Heizbedingungen in zwei verschiedenen Glasdicken unterschiedliche Temperaturverteilungen einstellen.

Für die unabhängige Bewertung der Glasdicke wird daher eine isotherme Simulation, (vgl. Abbildung 7.18) durchgeführt. Dabei wurden alle Bedingungen und Eingangsparameter wie in den Versuchen des Zentralpunkts der empirischen Versuche festgelegt – bis auf die isotherme Temperaturbedingung.

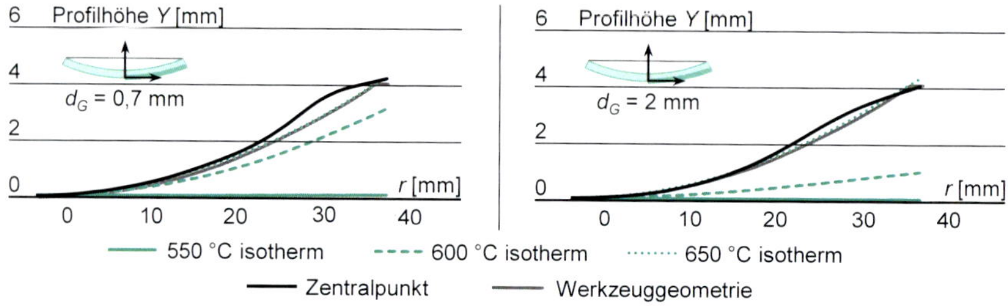

Abbildung 7.18: Isotherme Untersuchung des Einflusses der Glasdicke
Isothermal investigation of the influence of glass thickness

Es wird ersichtlich, dass sich die viskoelastischen Eigenschaften mit Erhöhung der Temperatur stark verändern bzw. sich der viskose Anteil erhöht. Elastische Rückfeder-Effekte reduzieren sich somit bei hohen Temperaturen (vgl. Abbildung 2.5). Bei niedrigen Temperaturen (550 °C) findet bei beiden Glasdicken zunächst nur eine minimale Verformung statt. Bei 600 °C ist hingegen die Verformung des dünnen Glases, aufgrund der geringen mechanischen Widerstände, stärker. Diese Unterschiede zwischen den Glasdicken reduzieren sich jedoch mit steigender Temperatur.

Betrachtung der Ausdünnung

In Kapitel 5 wurde bereits die Ausdünnung an einem diskreten Punkt (Zenit) auf den umgeformten Glasplatinen untersucht. Die Annahme zu diesem Zeitpunkt war, dass eine Ausdünnung durch eine größere Umformung begünstigt wird. Des Weiteren wurde durch erste Messungen ersichtlich, dass die Ausdünnung im niedrigen zweistelligen µm-Bereich liegt und somit schwierig durch messtechnische Mittel über den vollständigen Durchmesser zu erfassen ist. Aus diesem Grund wird die Ausdünnung über den Radius mithilfe von FEM-Simulationen untersucht (vgl. Abbildung 7.19).

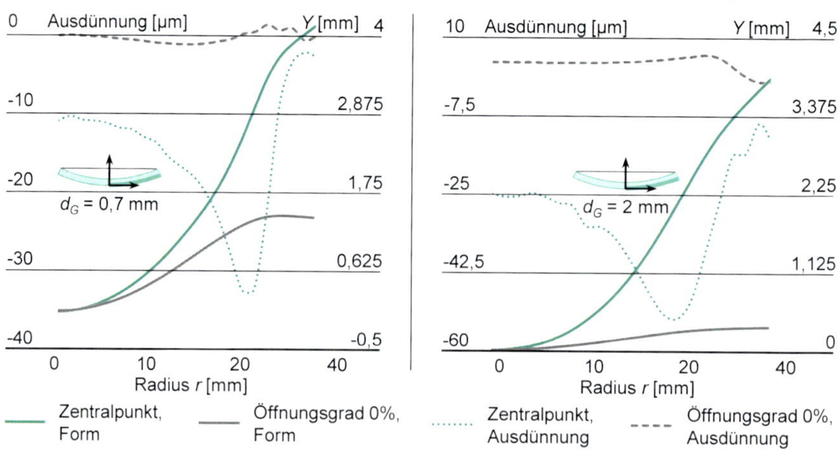

Abbildung 7.19: Betrachtung der Ausdünnung für verschiedene Betriebspunkte
Thinning for different operating points

Dabei wird ersichtlich, dass bei niedrigen Umformgraden die Ausdünnung nur geringe Ausprägungen aufweist und Schwankungen durch numerische Fehler erklärt werden können. Bei stärkerer Umformung liegt die stärkste Ausdünnung in Punkten, in denen sich das Vorzeichen der Krümmung ändert. Die Ausdünnung muss für die zukünftige Produktauslegung berücksichtigt werden. Eine lokale Ausdünnung kann insbesondere bei transmissiv arbeitenden Anwendungen zu unerwünschten optischen Effekten (Fokussierung, Streuung von Licht, bzw. allgemeine Bildverzerrung) führen.

7.5 Anwendung des numerischen Modells zur Prozessoptimierung

Application of the numerical model for process optimization

In den vorherigen Kapiteln wurde auf die Besonderheit der Glasdicke auf das Umformergebnis eingegangen. In den experimentellen Untersuchungen wurden hierfür die beiden Stärken 0,7 mm und 2,0 mm gewählt. In Abbildung 7.20 werden mithilfe des entwickelten Simulationsmodells weitere Glasstärken untersucht.

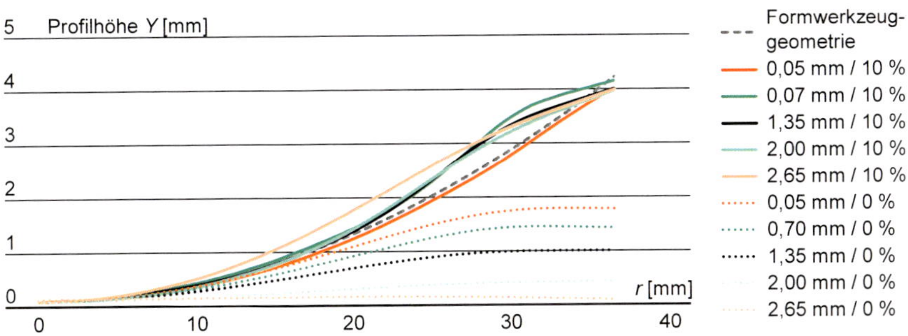

Parameterwahl

- Heizraumsolltemperatur: 900 °C
- Heizzeit: 130 s
- Vakuumdauer: 7,5 s
- Öffnungsgrad: 0 % / 10 %

Abbildung 7.20: Simulative Analyse der Auswirkung der Glasdicke auf die Formgenauigkeit

Simulative analysis of the effect of glass thickness on the form accuracy

In der direkten Gegenüberstellung der Ergebnisse wird ersichtlich, dass für alle gewählten Glasstärken eine systematische radialsymmetrische Abweichung (ähnlich einer Glockenkurve auftritt, welche mit geringerer Glasstärke sinkt. Unter Anwendung von Vakuum (Öffnungsgrad 10 %) ist diese Fehlerabweichung deutlich geringer als bei korrespondierenden Versuchen ohne Vakuum (ausschließlich Schwerkaft bzw. Öffnungsgrad 0 %). Im Folgenden sollen für ausgewählte Glasstärken die Ursachen und Kompensation der Abweichung eruiert werden:

Die Formabweichung wird maßgeblich durch den Wärmeaustausch zwischen Glas und Formwerkzeug beeinflusst. Im Folgenden soll daher in Abbildung 7.21 der Zusammenhang zwischen Glas- und Formwerkzeugtemperatur sowie der korrespondierenden Wärmeströme gezeigt werden.

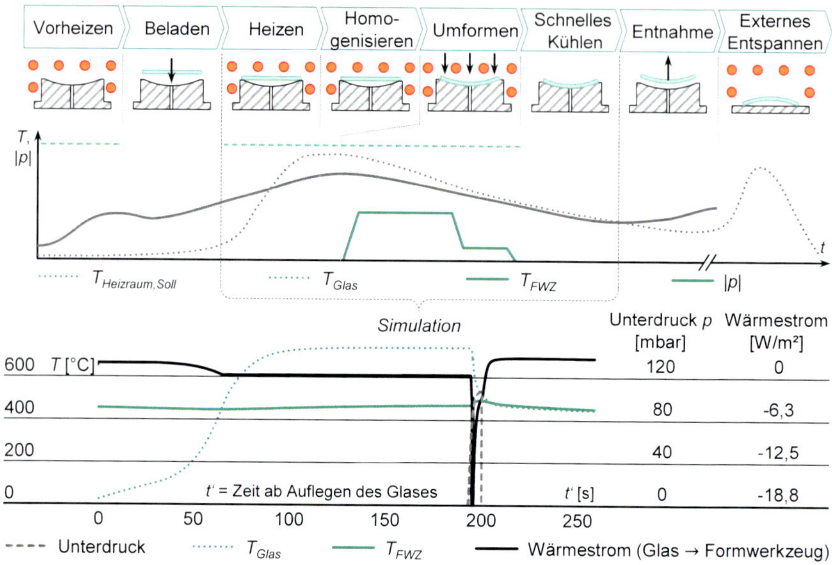

Abbildung 7.21: Simulierter Temperaturverlauf von Glas und Formwerkzeug
Simulated temperature curve of glass and forming tool

In Abbildung 7.21 wird konkret der Wärmeaustausch zwischen Glas und Formwerkzeug im Zentrum der umzuformenden Glasscheibe gezeigt. Hierbei ist ersichtlich, dass bereits in der Phase des Heizens Wärme durch Strahlung vom Glas an das Formwerkzeug abgegeben wird. Nachdem ein Unterdruck appliziert wird, steigert sich die Ausformung, wodurch das Glas in Kontakt mit dem Formwerkzeug gerät. In diesem Zeitraum erhöht sich der Wärmestrom um ein Vielfaches – gleichzeitig nähern sich Glas- und Formwerkzeugtemperatur an. Die Formwerkzeugtemperatur kann somit als Schätzwert für die Temperatur der Glasscheibe gewertet werden. Weiterhin konnte gezeigt werden, dass durch eine Variation des Kontaktwärmeübergangs in einer Simulationsstudie die Formgenauigkeit stark verbessert werden kann. Der Kontaktwärmeübergangskoeffizient kann in der Realität nur indirekt beeinflusst werden. Durch die Variation der Stellgrößen Heizzeit und Heizraumsolltemperatur konnten Kontaktwärmeübergangskoeffizient bzw. der Verlustwärmestrom nur begrenzt reduziert und daher die Formgenauigkeit nicht ausreichend verbessert werden.

Von einer stärkeren Erwärmung des Formwerkzeugs (zu erreichen durch ein stärkeres Vorwärmen) wurde in dieser Arbeit auf Grundlage von Erfahrungswerten früherer Versuchsreihen abgesehen, um die Gefahr des Klebens zwischen Glas und Formwerkzeug nicht zu erhöhen. Abbildung 7.22 zeigt das mithilfe von Gleichung (64) bis (70) analytisch bestimmte Temperaturprofil über den Radius r für die beiden Glasdicken.

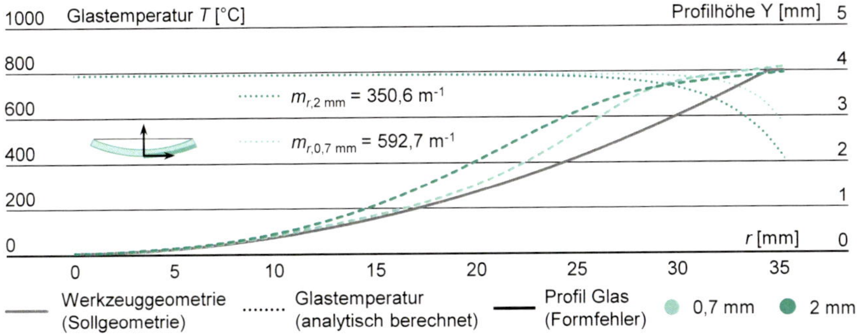

Abbildung 7.22: Betrachtung des Glockeneffekts in Abhängigkeit von der Glasdicke
Consideration of the bell effect as a function of the glass thickness

Für die folgende Analyse der Steigerung der Formgenauigkeit wird der Rippenparameter m_r als Kennzahl zur Differenzierung der Wärmeabfuhr für beide Glasdicken ermittelt (vgl. Gleichung (66)). Mit abnehmender Glasdicke steigt der Rippenparameter m_r. Gleichermaßen bewirkt die Erhöhung des Rippenparameters m_r eine Stauchung der Glockenkurve nach außen, wodurch eine Reduzierung des Formfehlers erzielt wird. Auf den Rippenparameter m_r kann nur begrenzt eingewirkt werden. Bei gegebener Glasgeometrie und Materialbedingungen, kann eine Erhöhung des effektiven Wärmeübergangskoeffizienten α_{eff} den Rippenparameter m_r erhöhen. Wie Gleichung (51) zeigt, kann eine Steigerung der Heizraumtemperatur den effektiven Wärmeübergangskoeffizienten α_{eff} erhöhen. Eine Steigerung der Heizraumtemperatur stößt jedoch an technische Limitationen aufgrund der hohen Gefahr der thermischen Zerstörung der Formwerkzeuge. Aus diesem Grund wird vorgeschlagen, die Verbesserung der Formgenauigkeit nicht nur durch eine rein prozesstechnische Anpassung vorzunehmen.

Im Folgenden wird daher der Verlustwärmestrom betrachtet.

$$\dot{q}_V \cdot A = \dot{Q}_V \tag{69}$$

Mit $\dot{q}_V$ wurde bisher ein spezifischer Verlustwärmestrom betrachtet. Der Gesamtverlustwärmestrom $\dot{Q}_V$ ergibt sich dabei durch Multiplikation mit der Kontaktfläche. In Bezug auf die Kontaktfläche des Glasrohlings mit dem Formwerkzeug (vgl. Detail A Abbildung 4.4) ist eine Reduzierung dieser Fläche anzustreben.

Für die weitere Analyse wurde in einer Simulation ein Glasrohling um 0,2 mm in der Werkzeugkavität dezentriert (vgl. Abbildung 7.23). Die Prozessparameter entsprechen denen des Zentralpunktes. Die Temperaturverteilung des Glasrohlings ist durch die Dezentrierung (einseitiger Wandkontakt mit dem Formwerkzeug) nicht mehr rotationssymmtrisch. In direkter Folge kommt es zu einer assymmetrischen Verlagerung, welche durch die weitere Erwärmung sukzessive reduziert wird.

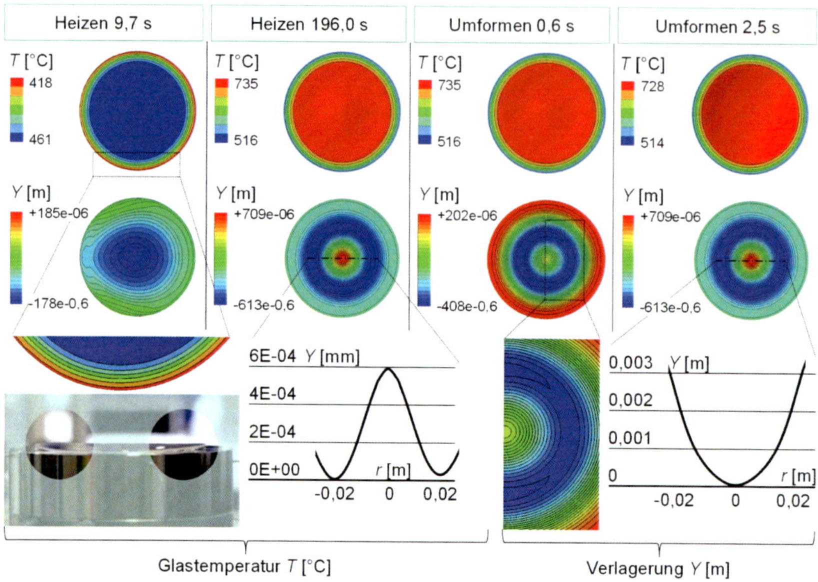

Abbildung 7.23: Betrachtung nicht rotationssymmetrischer Effekte
Consideration of non-rotationally symmetric effects

Diese asymtetrische Verlagerung konnte auch im Realexperiment (siehe rote Markierung Abbildung 7.23) beobachtet werden. Zum Ende der Erwärmung beträgt dieser assymetrische Fehler noch etwa 40 µm. Weitergehend kann durch die vakuumunterstützte Umformung dieser Fehler auf ein Minimum (ca. 5 µm) reduziert werden. Die Erkenntnis ist somit, dass insbesondere für das Schwerkraftsenken die initiale Ausrichtung von eminenter Bedeutung ist. Diese Ausrichtung muss entweder über entsprechende Passungen (vgl. Abbildung 4.4) oder mechanische Ausrichtehilfen erfolgen.

In einer weiteren simulativen Betrachtung soll untersucht werden, ob bei bestimmten Prozessparametern die Vakuumbohrungen abgeformt werden könnten (vgl. Abbildung 7.24). In den Realexperimenten konnte bei den gewählten Parameter- und Geometriebedingungen (Durchmesser Vakuumbohrung 0,5 mm) dieser Effekt nicht beobachtet werden. Aus diesem Grund wurde in einer simulativen Untersuchung der Durchmesser der Vakuumbohrung auf 3 mm erhöht. Zusätzlich wird die Heizraumsolltemperatur über den im Experiment untersuchten Bereich (850 °C bis 950 °C) erweitert untersucht.

Für den Zentralpunkt (900 °C) wird auch beim Durchmesser von 3 mm diese Bohrung nicht abgeformt. Eine messbare Abformung der Vakuumbohrung kann beim Bohrungsdurchmesser hierbei erst bei 1000 °C erfolgen. Eine ausgeprägte Abformung erfolgt ab 1100 °C.

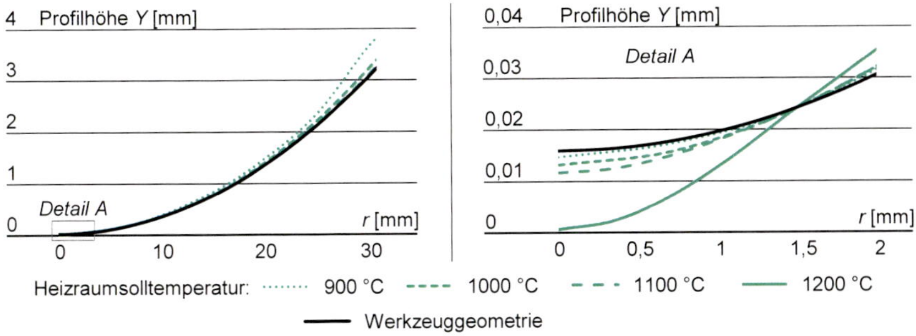

Abbildung 7.24: Betrachtung der Abformung der Vakuumbohrung mit Durchmesser 3 mm (links); Detailausschnitt (rechts)

Consideration of the impression of the vacuum hole with diameter 3 mm (left); detail section (right)

Für die Realexperimente erfolgt somit die Erkenntnis, dass die Abformung der Vakuumbohrung durch die hinreichend kleine Auslegung des Bohrungsdurchmessers vermieden werden kann. Für eine weitere Steigerung einer gleichmäßigen Ausformung kann somit eine Vielzahl an Bohrungen verwendet werden.

7.6 Zwischenfazit der numerischen Modellbildung

Interim conclusion of development of numerical model

Mithilfe der FEM-Simulation kann die Umformung in Abhängigkeit von Prozessstellgrößen und Prozessgrößen numerisch modelliert und beschrieben werden. Dabei konnte für Randbedingungen der Simulation, wie im Falle des Unterdrucks in der Formkavität, auf analytische Berechnungen zurückgegriffen werden. Des Weiteren konnten mithilfe der Simulation Unsicherheiten in der empirischen Datenerfassung ermittelt werden und alternative Lösungen zur Ermittlung und Validierung der Glastemperatur mittels analytischer Ansätze entwickelt werden.

Mit der Ergänzung des analytisch erweiterten Modells (Kapitel 5 und 6) durch eine FEM-Simulation (Kapitel 7) können die Umformung und die Formgenauigkeit durch ausgewählte Stellgrößen beschrieben werden. Somit kann die zweite Forschungsfrage, wie kann die Formgenauigkeit in Abhängigkeit von ausgewählten Prozessstellgrößen in einem empirisch analytisch erweiterten Modell beschrieben werden, (vgl. Kapitel 3) als beantwortet betrachtet werden.

Ursache- und Wirkungszusammenhänge konnten am Demonstrator qualitativ diskutiert werden. Insbesondere kann mit Kenntnis der zeitlich variablen Wärmeströme der Gestaltfehler beschrieben und Strategien zur Reduzierung des Fehlers (z.B. konstruktiver Art über die Auslegung des Formwerkzeugs) abgeleitet werden.

Die Übertragbarkeit der FEM-Simulation und der erarbeiteten Vorgehensweisen wird anhand eines komplexeren Demonstrators in Kapitel 8 untersucht. Des Weiteren soll die initiale Kontaktfläche zwischen Glas und Formwerkzeug beim komplexeren Demonstrator reduziert werden.

8 Validierung der Modelle

Validation of the models

In Kapitel 5 wurde ein empirisches Modell erstellt. Dieses Modell wurde in Kapitel 6 durch analytische Teilelemente erweitert. Insbesondere wurden analytische Ansätze zur Bestimmung der Temperaturverteilung innerhalb der Glasscheibe entwickelt. Zusätzlich wurden analytische Gleichungen für die Ermittlung des zeitabhängigen Druckzustands innerhalb der Formwerkzeugkavität aufgestellt.

Zusätzlich wurde in Kapitel 7 ein numerisches Modell aufgebaut. Mithilfe einer Erwärmungssimulation konnte der Temperatur-Zeit-Verlauf der Erwärmung modelliert und anhand empirischer Daten validiert werden. Diese Vorgehensweise soll zur Untersuchung der dritten Forschungsfrage, *wie kann das Modell anhand einer Freiformgeometrie validiert werden,* auf einen komplexen Demonstrator übertragen werden. Die Vorgehensweise beinhaltet insbesondere die empirische und numerische Modellbildung und -anwendung.

8.1 Definition des Validierungsdemonstrators

Definition of the validation demonstrator

Für die Wahl des Validierungsdemonstrators werden verschiedene Kriterien berücksichtigt. Notwendige Bedingung war, dass sich dieser Demonstrator für eine vakuumunterstützte Umformung eignet. Dies bedeutet in erster Linie, dass sich ein evakuierbarer Hohlraum zwischen Glas und Formwerkzeug im Zuge der Erwärmung bilden kann. Des Weiteren soll der Validierungsdemonstrator eine industrielle Relevanz aufweisen. Zusätzlich soll der Validierungsdemonstrator eine höhere geometrische Komplexität als der Hauptdemonstrator aufweisen (vgl. Kapitel 4.3). Das Wort *komplex* bezieht sich in dieser Arbeit auf eine dreidimensionale Geometrie, für die mindestens fünf Parameter nötig sind, um die Oberfläche analytisch zu beschreiben.

Aus diesem Grund wird für den Validierungsdemonstrator das Substrat einer Spiegeloptik eines sog. Head-up-Displays (HUD) gewählt. Abbildung 8.1 stellt den Aufbau des Spiegelsystems dar.

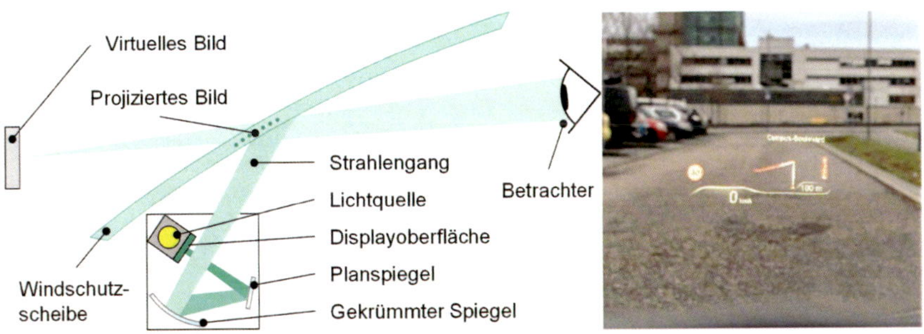

Abbildung 8.1: Darstellung eines Anwendungsfalls in Anlehnung an [SCHN09, S. 7-8]

Representation of a use case according to [SCHN09, S. 7-8]

Ursprüngliche Anwendungen fanden HUD in der Luftfahrt [SPIT01, Kapitel 4]. Der Aufbau von HUD für Automobilfahrzeuge wurde bereits in verschiedenen Arbeiten dargestellt [SCHN09, S. 3-16; WERN17, S. 67-74]. Abbildung 8.2 fasst Anforderungen an den Validierungsdemonstrator zusammen.

Anforderungen an den Validierungsdemonstrator

- Komplexe Umformung in mehr als einer Ebene
  - Freiform-Geometrie
  - Dünne Wandstärke

Abbildung 8.2: Validierungsdemonstrator
Validation Demonstrator

Das Rohglas des gewählten Validierungsdemonstrators weist eine rechteckige Grundfläche auf. Dabei bezeichnet die 0°-Seite die kürzere Seite des umgeformten Spiegelsubstrats mit der Kantenlänge 80 mm und dem Krümmungsradius R 340,88 mm und die 90°-Seite die Seite mit der Länge 140 mm und dem Krümmungsradius R 392,87 mm. Ein weiterer wichtiger Unterschied zum Hauptdemonstrator ist die deutlich geringere Kontaktfläche des Glasrohlings auf dem Formwerkzeug (vgl. Kapitel 7.6). Dies wurde durch die optimierte Auslegung des Formwerkzeugs realisiert. Initial liegt bei der Erwärmung des Glases ein Quasi-Punktkontakt in den vier Ecken des Formwerkzeugs vor (vgl. Abbildung 8.3). Hierdurch kann die Wärmeleitung von Glas zu Formwerkzeug stark reduziert werden. In direkter Konsequenz kann der Temperaturabfall über den Radius *r* des Glasrohlings im Randbereich unterbunden (vgl. Kapitel 7.5) und die Formgenauigkeit erhöht werden.

Durch mechanische Ausrichtehilfen für das Positionieren der Rohlinge kann gleichzeitig eine Verkippung vermieden werden.

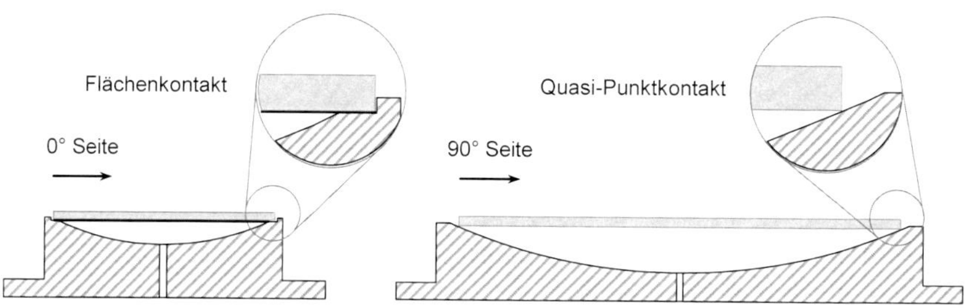

Abbildung 8.3: Kontaktbedingungen Haupt- und Validierungsdemonstrator
Contact conditions main and validation demonstrator

8.2 Reduktion der Prozessstellgrößen

Reduction of the process control variables

Innerhalb der Versuchsdurchführung des Hauptdemonstrators konnte ermittelt werden, dass insbesondere Heizraumsolltemperatur, Öffnungsgrad des Proportionalventils und Glasdicke im gewählten Bereich der Prozessstellgrößen signifikant sind (vgl. Kapitel 5.8.2). Die Glasdicke hat sowohl über die unterschiedliche Gewichtskraft als auch über das unterschiedliche Erwärmungsverhalten einen sehr starken Einfluss auf das Umformergebnis (vgl. Abbildung 7.20 und Abbildung 7.22).

Aus diesem Grund werden diese drei Prozessstellgrößen vorrangig für den Versuchsplan ausgewählt. Des Weiteren wurde der Bereich der Stellgrößen angepasst. So wurde beispielsweise der Öffnungsgrad des Proportionalventils auf 5 % begrenzt, um Sättigungseffekte zu vermeiden. Gleichermaßen wurde der Stellgrößenbereich der Vakuumdauer erhöht, da dieser Parameter zuvor in den Hauptversuchen oft nicht signifikant gewesen ist. Die Heizzeit wurde in den Validierungsversuchen nicht variiert, um die Komplexität der Versuche zu reduzieren. Durch diese Reduktion können statistisch stabilere Modelle (Vermeidung von Überanpassung) generiert werden.

8.3 Versuchsdurchführung

Experimental procedure

Die Versuchsdurchführung wurde analog zu den in Kapitel 5 dokumentierten Experimenten des Hauptdemonstrators umgesetzt.

Tabelle 8.1: Festlegung des Bereichs der Prozessstellgrößen für die Validierungsversuche

Definition of the range of process control variables for the validation experiments

Prozessstellgröße	Zentralpunkt	Stellbereich
Heizraumsolltemperatur $T_{Heizraum,Soll}$	900 °C	+/- 50 °C
Vakuumdauer t_{Vakuum}	15 s	+/- 5 s
Öffnungsgrad des Proportionalventils $V_{\%}$	2,5 %	+/- 2,5 %
Glasdicke d_G	0,7 mm / 2,0 mm (kategorialer Faktor)	

Abgewichen wurde in der Festlegung von Konstanten wie in Tabelle 8.2 dargestellt. Insbesondere wurde die Solltemperatur der Begleitheizung angepasst. Dies ist aufgrund der höheren Oberfläche des Formwerkzeugs und der somit höheren Wärmeübergänge notwendig. Als neue Konstante wurde die Heizzeit mit 150 s festgelegt.

Tabelle 8.2: Festlegung der Versuchskonstanten für die Validierungsversuche

Definition of the constants for the validation experiments

Konstante	Wert
Vorheizsolltemperatur $T_{Vorheizen,Soll}$	450 °C
Solltemperatur Begleitheizung $T_{Begleit,Soll}$	400 °C
Beladungszeit $t_{Beladen}$	15 s
Ausstoßzeit $t_{Ausstoß}$	0 s
Heizzeit t_{Heizen}	150 s

Des Weiteren wurde basierend auf der Versuchsauswertung der Hauptversuche aus Kapitel 5.8 die Versuchsdurchführung in einem modifizierten DOE in zwei Blöcke entsprechend der Glasdicke unterteilt. Der Versuchsplan ist im Anhang dieser Arbeit dargestellt. Aufgrund der hohen Messunsicherheit wurden keine Ergänzungsversuche zur Ermittlung der Glastemperatur durchgeführt. Stattdessen sollen als Referenzwerte die Formwerkzeugtemperatur und Thermografiedaten des umgeformten Glasbauteils (vgl. Kapitel 7.2) dienen.

8.4 Versuchsauswertung

Evaluation of experiments

Im ersten Schritt werden analog zur Versuchsauswertung der Hauptversuche in Kapitel 5.8 aus den taktilen Messdaten der Oberflächenprofile die 0°- und 90°-Seite gemessen und mithilfe der zuvor entwickelten Fitting-Funktion die Zielgrößenkennwerte y_a und y_c (vgl. Gleichung (25)) generiert. Aufgrund der nicht vorliegenden Rotationssymmetrie gegenüber dem Hauptdemonstrator werden in einem folgenden Schritt die Daten in Bezug auf die 0°- und 90°-Seite auf Ähnlichkeit untersucht. Bei der Untersuchung beider Glasdicken kombiniert in Tabelle 8.3 wird erkenntlich, dass die PEARSON-Koeffizienten auf keinen linearen Zusammenhang der Zielgrößen hindeuten.

Tabelle 8.3: Test auf Ähnlichkeit der Zielgrößen für beide Glasdicken kombiniert

Test for uniformity of target variables for both glass thicknesses combined

	$y_{a,0}$
$y_{a,90}$	PEARSON = -0,237

	$y_{c,0}$
$y_{c,90}$	PEARSON = 0,066

Werden 0°- und 90°-Seite in Abhängigkeit von der Glasdicke (vgl. Tabelle 8.4) getrennt ausgewertet, wird ersichtlich, dass trotz der nicht-rotationssymmetrischen Geometrie die Zielgrößen y_a und y_c einen linearen Zusammenhang aufweisen.

Tabelle 8.4: Test auf Ähnlichkeit der Zielgrößen für beide Glasdicken getrennt

Test for uniformity of target variables for both glass thicknesses separately

2,0 mm	$y_{a,0}$
$y_{a,90}$	PEARSON = 0,933

2,0 mm	$y_{c,0}$
$y_{c,90}$	PEARSON = 0,944

0,7 mm	$y_{a,0}$
$y_{a,90}$	PEARSON = 0,975

0,7 mm	$y_{c,0}$
$y_{c,90}$	PEARSON = 0,856

Für die weitere Auswertung wird der Fokus daher auf die 0°-Seite gelegt. Weiterhin soll bewertet werden, inwiefern, y_a und y_c gute Schätzwerte für die Formgenauigkeit des Validierungsdemonstrators sind. In Gleichung (70) wird der Zusammenhang aus empirischen Daten für die Glasdicke 0,7 mm formuliert.

$$y_{pv,\,0{,}7mm,\,0} = 26466 - 638 \cdot y_{a,0} + 4{,}51 \cdot y_{c,0} \tag{70}$$

Für das Bestimmtheitsmaß des Regressionspolynoms ergibt sich ein Wert von 99,0 %. Im Gegensatz dazu hat das analoge Regressionspolynom für die Glasdicke 2,0 mm (vgl. (71)) ein Bestimmtheitsmaß von 94,1 % und nur $y_{c,0}$ als signifikanten Faktor. Während des Einrichtens der Versuche wurde der Fokus auf die Glasdicke 0,7 mm gelegt bzw. die Prozessführung auf die Glasdicke 0,7 mm optimiert – es wird angenommen, dass dies ursächlich für die Unterschiede von Gleichung (70) und (71) ist.

$$y_{pv,\ 2,0mm,\ 0} = -1206 + 14{,}05 \cdot y_{c,0} \tag{71}$$

Für die weitere Auswertung wird daher die Glasdicke 0,7 mm betrachtet. Folgend werden die Regressionspolynome der Zielgrößen vertikale Ausformung y_a und horizontale Ausformung y_c für die signifikanten Prozessstellgrößen gebildet.

$$\begin{aligned} y_{a,\ 0,7mm,\ 0} &= 35{,}58 + 0{,}00544 \cdot T_{Heizraum,Soll} + 0{,}6842 \cdot V_{\%} \\ &-0{,}0799\ V_{\%}^2 + 0 \cdot T_{Heizraum,Soll} \cdot V_{\%} \end{aligned} \tag{72}$$

Dabei zeigt das Regressionspolynom (72) für y_a ein Bestimmtheitsmaß von 96,2 %, sowie das Regressionspolynom (73) für y_c ein Bestimmtheitsmaß von 98,6 %.

$$\begin{aligned} y_{c,\ 0,7mm,\ 0} &= 1207 - 1{,}073 \cdot T_{Heizraum,Soll} - 237{,}4 \cdot V_{\%} \\ &+8{,}543\ V_{\%}^2 + 0{,}1897 \cdot T_{Heizraum,Soll} \cdot V_{\%} \end{aligned} \tag{73}$$

Folgend wird die Wirkung der Prozessstellgrößen auf ausgewählte Prozessgrößen untersucht. Für den Minimalwert des Drucksensors $p_{Sensor,min}$ ergibt das Regressionspolynom (74) ein Bestimmtheitsmaß von 99,6 %.

$$\begin{aligned} p_{Sensor,min} &= 0{,}37 - 0{,}0017 \cdot T_{Heizraum,Soll} \\ &-1{,}93 \cdot V_{\%} + 0{,}937 \cdot V_{\%}^2 - 0{,}01361 \cdot T_{Heizraum,Soll} \cdot V_{\%} \end{aligned} \tag{74}$$

Für die Formwerkzeugtemperatur $T_{FWZ,TE11}$ ergibt das Regressionspolynom (75) ein Bestimmtsheitsmaß von 98,7 %.

Die Stellgrößen x_k haben auch beim Validierungsdemonstrator (in Bezug auf den

$$T_{FWZ,TE11} = -790 + 2{,}577 \cdot T_{Heizraum,Soll} - 0{,}001242 \cdot T_{Heizraum,Soll}^2 \tag{75}$$

Hauptdemonstrator) vergleichbare Wirkung (signifikante Faktoren, Ordnung des Zusammenhangs und Bestimmtheitsmaß) auf die Zielgrößen y_n. Gleiches gilt für die Wirkung der Stellgrößen x_k auf die Prozessgrößen w_i für Haupt- und Validierungsdemonstrator. Eine Übertragbarkeit ist somit gegeben.

Die Wirkzusammenhänge zwischen Zielgrößen y_n und Prozessgrößen w_i sollen im folgenden Kapitel 8.5 mithilfe simulativer Untersuchungen abstrahiert werden.

8.5 Simulative Untersuchung

Simulative investigation

Die simulative Untersuchung orientiert sich an der Vorgehensweise in Kapitel 7 – insbesondere wurden die Randbedingungen aus Kapitel 7.1 direkt übernommen. Bis auf die Änderung von Formwerkzeug- und Glasgeometrie wurden keine weiteren Modifikationen vorgenommen.

Thermische Validierung des Modells

Für die thermische Validierung des Modells wurde analog zu Abbildung 7.3 und Abbildung 7.4 in Kapitel 7.2 die Erwärmung des Formwerkzeugs modelliert. Um das Problem geeigneter Startwerte für die Erwärmung des Formwerkzeugs zu eliminieren, wurden, vorgelagert zur eigentlichen Umformungssimulation, ebenfalls mehrere Leerfahrten ohne Glas am Beispiel des Zentralpunkts des Versuchsplans des Validierungsdemonstrators simuliert. In Abbildung 8.4 werden die experimentell ermittelten und simulierten Temperaturkurven verglichen. Die Abweichungen betragen bis zu 40 °C und werden wie folgt begründet:

Aufgrund der unterschiedlichen Geometrie des Formwerkzeugs des Haupt- und Validierungsdemonstrators herrschen andere thermische Bedingungen:

- Das Formwerkzeug des Validierungsdemonstrators hat ein höheres Oberfläche-zu-Volumen-Verhältnis.
- Durch die große Oberfläche kann mehr thermische Strahlung absorbiert werden.
- Durch die veränderten Geometriebedingungen herrschen andere konvektive Bedingungen.

Insgesamt kann eine hinreichend gute qualitative Übereinstimmung zwischen simulierten und empirischen Daten gezeigt werden. Anhand dieser Übereinstimmung können die Effekte diskutiert werden (vgl. Abbildung 8.4).

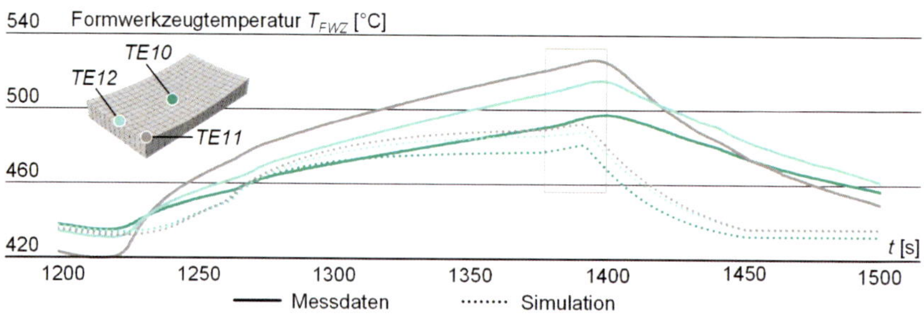

Abbildung 8.4: Erwärmung des Formwerkzeugs und thermische Validierung für die Glasdicke 0,7 mm

Heating of the forming tool and thermal validation for glass thickness 0 7 mm

Insbesondere zeigt die Formwerkzeugtemperatur $T_{FWZ,TE10}$ die größte Übereinstimmung zwischen den Simulations- und Messdaten. Dies wird mit der Position des Thermoelements begründet. Die Messpositionen TE11 und TE12 befinden sich im Kantenbereich des Formwerkzeugs, wodurch konvektive Einflüsse eine deutlich stärkere Wirkung haben. Die Erkenntnis ist somit, dass die Position des Thermoelements TE10 am besten für eine Prozessüberwachung geeignet ist.

Vergleichbar zu Abbildung 7.4 kann beim Validierungsdemonstrator auch eine Erhöhung der Temperatur der Formwerkzeuge im Zuge der Umformung beobachtet werden (siehe rote Markierung in Abbildung 8.4). Diese Erhöhung wird durch einen Wärmestrom vom Glas in das Formwerkzeug verursacht.

Thermomechanische Validierung des Modells

Die thermomechanische Validierung des Modells wurde analog zu Kapitel 7.3 durchgeführt. Dabei wurde ein Abgleich zwischen simulierten und umgeformten Glasbauteilen am Beispiel des Zentralpunkts (Versuchsplans Validierungsdemonstrator) durchgeführt (vgl. Abbildung 8.5).

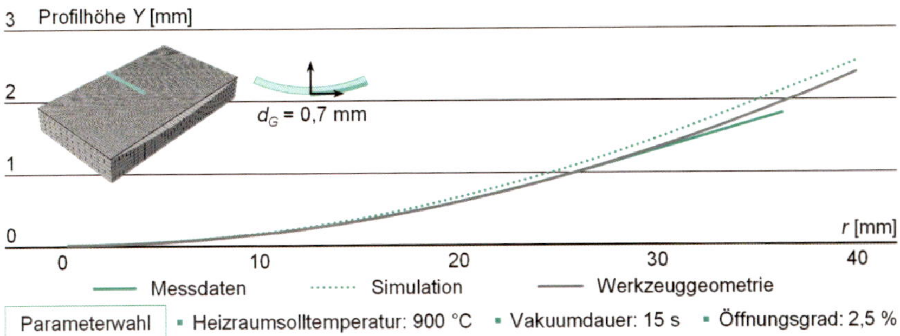

Abbildung 8.5: Simulation des Zentralpunkts für 0,7 mm Glasdicke (0° Messung)
Simulation of the center point for 0.7 mm glass thickness (0° measurement)

In Abbildung 8.5 wird gezeigt, dass die Glasrohlinge mit der Dicke 0,7 mm auf der 0°-Seite (vgl. Kapitel 8.1) in der Simulation weniger stark umgeformt sind als in der Realität. Die Abweichung zwischen empirischen Messdaten der Form und Simulation beträgt im Randbereich bis zu 0,25 mm. Da diese Abweichungen systematisch sind, können sie kompensiert werden und sind für die Endanwendung weniger problematisch. Die Abweichungen werden wie folgt begründet:

- Das gewählte Materialmodell (vgl. Kapitel 7) bildet die Realität nicht genügend ab. Diese Beobachtung wurde bereits in Kapitel 7 getätigt und konnte in diesem Kapitel anhand des Validierungsdemonstrators bestätigt werden.
- Die Eigenschaft der thermo-rheologischen Einfachheit muss analog zum Hauptdemonstrator (vgl. Kapitel 7) kritisch hinterfragt werden. Die Umformung findet

innerhalb weniger Sekunden statt. Gleichzeitig ist der untersuchte Stellgrößenbereich der Heizraumtemperatur vergleichsweise groß. Eine Linearisierung über die WLF-Funktion führt unweigerlich zu Fehlern.

- Die Druckkalibrierung (vgl. Kapitel 6.2.2) wurde für das Formwerkzeug des Hauptdemonstrators durchgeführt; das Formwerkzeug des Validierungsdemonstrators ist deutlich größer, wodurch ggf. eine erneute Kalibrierung notwendig ist.
- Aufgrund der unterschiedlichen Biegeradien des Validierungsdemonstrators (vgl. Kapitel 8.1) ist dieser Demonstrator anfälliger für Leckage (nach einer anfänglichen Verformung unter Schwerkraft können Glas und Formwerkzeug jedoch eine Dichtfläche bilden).

In anbetracht der Größe der Bauteile (kürzere Seite 80 mm) ist der Fehler jedoch für eine qualitative Betrachtung hinreichend klein.

In Abbildung 8.6 wird die Auswertung für die 90°-Seite ebenfalls mit der Dicke 0,7 mm, welche vergleichbare Ergebnisse zeigt, dargestellt.

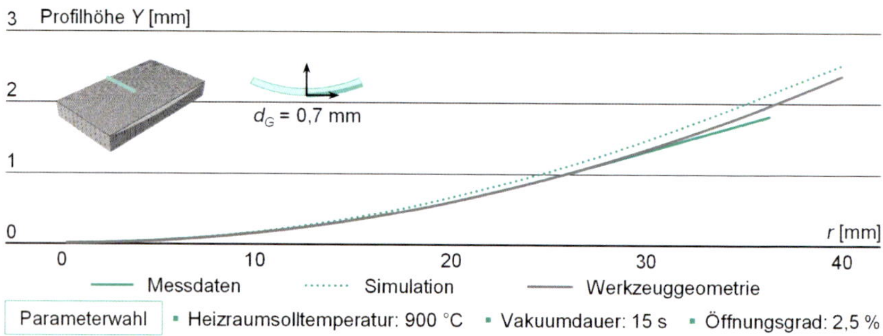

Abbildung 8.6: Simulation des Zentralpunkts für 0,7 mm Glasdicke (90° Messung)
Simulation of the center point for 0.7 mm glass thickness (90° measurement)

Insgesamt kann eine gute qualitative und hinreichend gute quantitative Übereinstimmung von FEM-Simulation und empirischen Versuchen festgestellt werden.

8.6 Zwischenfazit der Validierung des Modells

Interim conclusion of validation of the model

Die am Hauptdemonstrator (vgl. Kapitel 5 und 6) entwickelten Vorgehensweisen können auf andere Demonstratoren übertragen werden. Die wichtigste Voraussetzung für die Übertragbarkeit ist die Möglichkeit, einen Hohlraum zwischen Glas und Formwerkzeug zu evakuieren und mit einem Unterdruck zu beaufschlagen. Weiterhin wird vorausgesetzt, dass der Unterdruck während der Umformung aufrechterhalten werden kann und Verwerfungen (Faltenbildung) nicht zu einer Leckage führen. Diese Voraussetzungen und Anforderungen hängen maßgeblich von der Geometrie des Rohglases und der Zielgeometrie ab und sind bestimmend, ob vakuumunterstützte Senkprozesse und die erarbeiteten Erkenntnisse angewandt werden können.

Für den Fall, dass nach anfänglicher vakuumunterstützter Umformung Leckage auftritt, müssen Tiefziehprozesse mit Niederhalter verwendet werden. In diesem Fall ist eine Erweiterung der bestehenden Modelle notwendig.

Mithilfe empirischer Modelle können Abhängigkeiten bei Demonstratoren, die die Anforderungen der vakuumunterstützten Senkprozesse erfüllen, zwischen Zielgrößen und Stellgrößen quantitativ beschrieben werden. Des Weiteren können Abhängigkeiten zwischen Prozessgrößen und Stellgrößen ebenfalls hinreichend gut über empirische Modelle dargestellt werden. Eine abschließende Untersuchung wurde in dieser Arbeit mithilfe eines FEM-Modells durchgeführt. In diesem Zusammenhang wird auf Abbildung 8.7 verwiesen – anhand der Temperatur- und Wärmestromverläufe ist ersichtlich, dass der Validierungsdemonstrator sich vergleichbar zum Hauptdemonstrator (vgl. Abbildung 7.21) verhält.

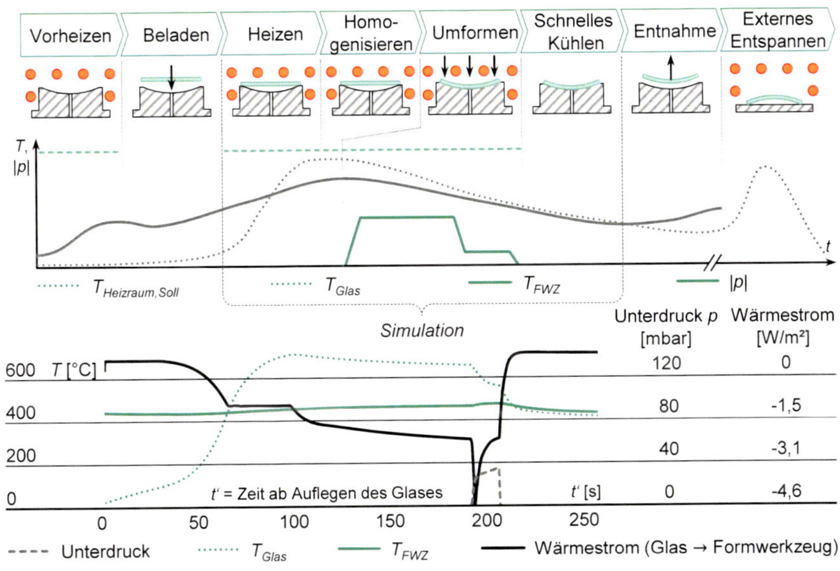

Abbildung 8.7: Simulierter Temperaturverlauf von Glas und Formwerkzeug – Validierungsdemonstrator

Simulated temperature curve of glass and forming tool - Validation demonstrator

Mit den Erkenntnissen aus Kapitel 8 und der Validierung des Modells anhand einer Freiformgeometrie kann die dritte Forschungsfrage (vgl. Kapitel 3) als beantwortet erachtet werden.

9 Zusammenfassung und Ausblick

Summary and outlook

Der im Zuge der Digitalisierung auftretende gesellschaftliche Wandel des 21. Jhd. sowie neue Anwendungsmöglichkeiten in Bereichen wie Automotive oder Consumer Electronics erhöhen die Nachfrage nach komplex geformten dünnen Gläsern stetig. Um einer wachsenden Nachfrage der Kunden entgegenzukommen, werden zur Reduzierung der Werkzeugbelegungszeiten nicht-isotherme Prozesse angewandt. Diese bringen weitreichende Potentiale wie geringeren Formverschleiß mit sich und ermöglichen die Verwendung von kostengünstigen Formwerkzeugwerkstoffen mit niedrigeren Temperaturbeständigkeiten. Aktuell besteht in dem Feld der Heißformgebungsverfahren von dünnen Gläsern jedoch noch erheblicher Forschungsbedarf. Mangelnde Kenntnis über die Grenzen der Prozesse führt zu einem limitierten Einsatz der Verfahren. Besonders bei dem in dieser Arbeit adressierten vakuumunterstützten Senken liegt ein geringes Prozessverständnis vor, da sich die Randbedingungen der Prozessmodelle anderer Umformverfahren nicht übertragen lassen [VOGE19b].

Dabei wurden in den letzten Jahren in der Industrie neuartige Glasherstellungsverfahren erforscht, die die Reduzierung der Glasdicke ermöglichen. Ansätze, die Formgebungsprozesse der Gläser zu verbessern, sind bisher hauptsächlich über Patente zu finden [LANG11; SCHI10].

Ziel der kommenden Jahre ist die Erforschung innovativer, replikativer Heißformgebungsprozesse zur Herstellung komplexer 3D-Glasgeometrien. Das Ziel dieser Arbeit ist hierfür einen wissenschaftlichen Beitrag zu leisten.

Nach einer Einleitung in die Thematik (Kapitel 1) wird in Kapitel 2 der Stand der Technik gewürdigt. Neben einer Vorstellung des Werkstoffes Glas werden Heißformgebungsverfahren dünner Gläser eingeführt. Das vakuumunterstützte Senken bietet durch hohe Umformgrade bei geringer Umformzeit die Möglichkeit, ökonomisch auf die steigende Nachfrage zu reagieren. Weiterhin wurden bestehende Prozessmodelle der Heißformgebung dünner Gläser recherchiert. So konnte aufgezeigt werden, dass bei einer nicht-isothermen Prozessführung eine Forschungslücke bei den Verfahren Schwerkraftsenken, vakuumunterstütztes Senken und Tiefziehen vorliegt.

Kapitel 3 beschreibt die in dieser Arbeit adressierten Ziele und die Vorgehensweise. Als Hauptziel wird die Entwicklung eines empirisch und analytisch erweiterten Prozessmodells zur qualitativ und quantitativ hinreichend genauen Beschreibung des Umformverhaltens definiert. Zur Entwicklung dieses Modells werden signifikante Stellgrößen ermittelt, die eine gezielte Prädiktion der Formgenauigkeit ermöglichen. Die Charakterisierung der für die Versuche notwendigen Anlagentechnik wird in Kapitel 4 vorgenommen.

In Kapitel 5 folgt die Entwicklung des empirischen Prozessmodells mit der Einleitung in die Prozesskette der Versuche. Als Prozessstellgrößen werden die Heizraumsolltemperatur, die Heizzeit, der Öffnungsgrad des Proportionalventils, die Vakuumdauer und die Glasdicke definiert. Prozesszielgrößen sind die Formabweichung als peak-to-valley-Fehler des Absolutradius, die Rauheit der Glasoberfläche der formwerkzeugzugewandten Seite, die Ausdünnung des Glases sowie die Zielgrößen vertikale Ausformung *a* und horizontale Ausformung *c* der gebildeten mathematischen Funktion *GAUß2*, die ein Maß für die vertikale und horizontale Ausformung des Glases in Abhängigkeit vom Radius *r* sind. Die Funktion *GAUß2* ist eine parametrierbare, mathematische Funktion zur Beschreibung der rotationssymmetrischen Glasgeometrie, die mit den Kurvenverläufen der Gläser verglichen wird. Insbesondere die Heizraumsolltemperatur, der Öffnungsgrad und die Glasdicke haben einen maßgeblichen Einfluss auf das Umformverhalten in den gewählten Bereichen der Stellgrößen. Somit konnte mithilfe der Erkenntnisse aus Kapitel 5 die erste Forschungsfrage, welche Prozessstellgrößen signifikanten Einfluss auf die Gestaltabweichung haben, beantwortet werden.

Weiterhin werden mögliche Störgrößen des Prozesses diskutiert, die die Ergebnisse der Versuche verfälschen können. Als empirischer Ansatz wird ein Wirkungsflächenversuchsplan mithilfe der Software MINITAB erstellt. Die Glastemperatur, der gemessene Unterdruck und Temperaturen des Formwerkzeuges werden als Prozessgrößen definiert. Diese Größen werden in Ergänzungsversuchen, die in Kapitel 6 thematisiert werden, empirisch ermittelt und dienen der Bildung von Maschinen- und Prozessabbildungsfunktionen. Mit einer Bewertung der Temperatursituation zur Messung einer Referenz-Glastemperatur wurde die Datengrundlage für einen analytischen Ansatz generiert. Auf Grundlage von Versuchen zur Messung des Unterdruckes in der Formkavität konnte ein analytischer Ansatz für den zeitlichen Druckverlauf innerhalb der Formwerkzeugkavität geschaffen werden.

In Kapitel 7 wurde ein FEM-Modell entwickelt. Das viskoelastische Verhalten wurde über das generalisierte MAXWELL-Modell beschrieben. Dabei wurde für den zeitlichen Verlauf des Drucks in der Formwerkzeugkavität auf das in Kapitel 6 entwickelte analytische Druckverlaufsmodell zurückgegriffen. Innerhalb der Erstellung des FEM-Modells wurde zunächst die Erwärmung des Formwerkzeugs und der Glasscheibe modelliert und mit empirischen Versuchsdaten validiert. Die Temperaturverläufe auf der Glasscheibe wurden mit analytischen Ansätzen aus Kapitel 6 und 7 verglichen und zeigten eine hinreichend gute Übereinstimmung. Darauf aufbauend wurde das thermomechanische Verhalten von Formwerkzeug und Glasscheibe modelliert und mit den Abformergebnissen aus Kapitel 5 validiert. Mithilfe des Modells konnten Ursachen und Wirkzusammenhänge erklärt werden. Basierend auf Daten und Analysen aus Kapitel 5 und 6 sowie ergänzenden Erkenntnissen aus Kapitel 7 konnte somit die zweite Forschungsfrage, wie kann die Formgenauigkeit in Abhängigkeit von ausgewählten Prozessstellgrößen in einem empirisch analytisch erweiterten Modell beschrieben werden, beantwortet werden. In zukünftigen Untersuchungen kann die Verwendung des BURGERS-Modells zur Beschreibung der viskoelastischen Eigenschaften die Vorhersagetreue verbessern.

In Kapitel 8 wurden das entwickelte Modell und die Vorgehensweise auf eine komplexe Freiformgeometrie übertragen und angewandt, wodurch die dritte Forschungsfrage, wie kann das Modell anhand einer Freiformgeometrie validiert werden, beantwortet wurde.

Neben diesen und weiteren in Kapitel 5, 6, 7 und 8 diskutierten Beobachtungen und Erkenntnissen lässt sich zusammenfassen, dass diese Arbeit das Prozessverständnis der Heißformgebung dünner Gläser weiterentwickelt. Die in Kapitel 2 aufgezeigte Wissenslücke wird adressiert und die empirischen Untersuchungen tragen dazu bei, dass die Formgebung durch die dort ermittelten Zusammenhänge quantitativ hinreichend genau beschrieben werden kann. Durch die entwickelten Methoden können insbesondere bei der schnellen Heißformgebung (Sekunden bis wenige Minuten) von Dünnglas in dreidimensionale Geometrien erstmalig der entstehende Formfehler erklärbar und somit kompensierbar gemacht werden. Die Folge sind weitreichende Potentiale der Effizienzsteigerung für industrielle Anwendungen.

Gleichwohl wirft diese Arbeit zahlreiche neue wissenschaftliche Fragestellungen auf, die die Grundlage für weiterführende Forschungen darstellen. Insbesondere können die gewonnenen Erkenntnisse auf andere Heißformgebungsverfahren von Dünnglas angewendet und weiterentwickelt werden. Von hoher Bedeutung sind in diesem Zusammenhang Tiefziehprozesse. Die Erkenntnisse aus den Senkverfahren können bei den Tiefziehprozessen bis zur Erwärmung übertragen werden. Die eigentliche Umformung ist aufgrund des Niederhalters grundsätzlich anders und lässt insbesondere andere Spannungszustände im Glas auftreten, wodurch Phänomenen wie der Ausdünnung eine deutlich höhere Bedeutung zukommt. Aus diesem Grund wird die Weiterentwicklung des numerischen Modells für die Tiefziehverfahren weitreichende Hilfestellung leisten können. Für die Tiefziehverfahren von Glas wird weiterhin angenommen, dass eine Übertragung von Erkenntnissen aus der Blech- und Kunststoffumformung möglich ist.

Mit der weiteren Analyse der Wärmeströme (vgl. Abbildung 7.22) können in zukünftigen Arbeiten Potentiale zur Erhöhung der Formgenauigkeit ausgeschöpft werden. Der Entkopplung der Werkzeug- und Glastemperatur kommt in diesem Zusammenhang eine hohe Bedeutung zu.

Ein weiterer Anknüpfungspunkt ist die Weiterentwicklung zu verwendender Glaskontaktmaterialien und Beschichtungen. Durch die Weiterentwicklung der isothermen Senkverfahren hin zu nicht-isothermem Verfahrensvarianten kann komplex geformtes Glas in Großserie hergestellt werden, wodurch neue technische und wissenschaftliche Fragestellungen im Bereich der Standzeit der Formwerkzeuge und die Entwicklung geeigneter Aufbereitungsstrategien formuliert werden können.

Weiterhin kann in zukünftigen Untersuchungen eine optimierte Auslegung der Vakuumbohrungen erfolgen. Für eine gleichmäßigere Ausformung ist eine Erhöhung der Anzahl naheliegend (vgl. Abbildung 2.10 und Abbildung 5.17). Für die optimale Positionierung der Bohrungen kann auch hier die FEM-Simulation angewandt werden.

Im Zuge der Versuche wurden alle Sensor- und Prozessdaten erfasst und in einer Datenbank abgelegt. Diese Daten wurden innerhalb dieser Arbeit nur selektiv ausgewertet. Aufgrund der vergleichsweisen hohen Anzahl an durchgeführten Versuchen bieten die ermittelten Daten die Möglichkeit, Ansätze von Machine Learning anzuwenden.

Weiterhin wird der Optimierung der verwendeten Anlagentechnik ein hohes Potential zugeordnet. In diesem Zusammenhang seien vorrangig die Temperaturgenauigkeit des Heizraums und die Reduzierung von konvektiven Störeinflüssen genannt.

Mit den Erkenntnissen dieser Arbeit kann die Formgenauigkeit in der Massenfertigung von komplexen 3D geformten Erzeugnissen aus Dünnglas verbessert werden. Weiterhin wurden experimentelle und simulative Strategien der Prozessoptimierung entwickelt und angewandt. Diese Werkzeuge stehen für zukünftige Prozessentwicklungen für Senk- aber auch Pressbiege- und Tiefziehverfahren zur Verfügung.

Summary and Outlook

Zusammenfassung und Ausblick

The rapid changes of the 21st century in the course of digitalization and new application possibilities in areas such as automotive or consumer electronics are constantly increasing the demand for thin glasses with complex shapes. In order to meet a growing demand from customers, non-isothermal processes are used to reduce the time the forming tool is engaged. These processes bring with them far-reaching potentials such as reduced forming tool wear and allow the use of forming tools with lower temperature resistances. Currently, however, there is still a considerable need for research in the field of hot forming of thin glass. A lack of knowledge about the limits of the processes leads to a limited use of the methods. Particularly in the case of the vacuum-assisted slumping addressed in this work, there is little understanding of the process, since the boundary conditions of the process models of other forming processes cannot be transferred [VOGE19b].

In recent years, innovative glass manufacturing processes have been researched in the industry that enable the reduction of glass thickness. Approaches to improve the shaping processes of glass are so fare mainly documented in patents [LANG11; SCHI10].

The goal for the coming years is to research innovative, replicative hot forming processes for the production of complex 3D glass geometries. The objective of this thesis is to make a scientific contribution to this field.

After an introduction to the subject matter in Chapter 1, the state of the art is summarized in Chapter 2. In addition to an introduction to the material glass, hot forming processes for thin glass are presented. Vacuum-assisted slumping offers an economically feasible solution to the increasing demand for high forming degrees at comparatively short cycle times. Furthermore, existing process models of hot forming of thin glass were researched. Therefore, it could be shown that a research gap exists in the processes of gravity slumping, vacuum-assisted slumping and deep drawing in a non-isothermal process control.

Chapter 3 describes the objectives addressed in this thesis and the procedure to be followed. The main objective is the development of an empirical and analytical extended process model for the qualitative and quantitative description of the forming behavior of thin glass. For the development of this model significant control variables are determined, which allow a specific prediction of the forming accuracy. The characterization of the machine technology required for the tests is carried out in Chapter 4.

In chapter 5 follows the development of the empirical process model with the introduction into the process chain of the experiments. The process control variables are defined as the furnace setpoint temperature, the heating time, the degree of opening of the proportional valve, the vacuum duration and the glass thickness. Process target variables are the peak-to-valley error of the absolute radius, the roughness of the glass surface in contact with the forming tool, the thinning of the glass as well as the variables a and c of the mathematical function *GAUß2*, which is a measure for the vertical and horizontal forming of the glass. The *GAUß2* function is a multi-dimensional, mathematical function for describing the rotationally symmetrical 2D glass geometry, which is compared with the curves of the glass. In particular, the furnace temperature, the degree of opening and the glass thickness have a decisive influence on the forming behavior in the selected ranges of the control variables. Thus, the first research question could be confirmed with the help of the findings from chapter 5.

Furthermore, possible disturbance variables of the process are discussed, which can falsify the results of the experiments. As an empirical approach, a response surface methodology is created using the MINITAB software. The glass temperature, the measured negative pressure and temperatures of the forming tool are defined as process variables. These variables are determined empirically in supplementary experiments, which are dealt with in chapter 6, and are used to form machine and process mapping functions. With temperature supplemental experiments for the measurement of a reference glass temperature the data basis for an analytic approach was generated. On the basis of pressure supplementation tests for measuring the negative pressure in the forming tool cavity, an analytical approach for the pressure curve over time within the forming tool cavity could be created.

In chapter 7 an FEM model was developed. The viscoelastic behavior was described using the MAXWELL-model. For the time course of the pressure in the forming tool cavity, the analytical pressure course model developed in chapter 6 was used. Within the creation of the FEM model, the heating of the forming tool and the glass disk preform was first modelled and validated with empirical experimental data. The temperature curves on the glass sheet were compared with analytical approaches from chapter 6 and 7 and showed a good agreement. Based on this, the thermomechanical behavior of the forming tool and the glass disk were modelled and validated with the forming results from chapter 5. With the help of the model, it was possible to explain causes and cause-effect relationships. Based on the data and analyses from chapters 5 and 6 and additional findings from chapter 7, the second research question could thus be confirmed. In future investigations, the use of the BURGERS-model to describe the viscoelastic properties can improve the accuracy of predictions.

In chapter 8 the developed model and procedure was transferred and applied to a complex free-form geometry, which confirmed the third research question.

In addition to these and other observations and findings discussed in chapters 5, 6, 7 and 8, it can be summarized that this work further develops the process understanding of hot forming of thin glasses. The gap shown in chapter 2 is addressed and the empirical investigations contribute to the fact that the shaping process can be described quantitatively in sufficient detail by the correlations determined there.

Nevertheless, this work also raises numerous new scientific questions which form the basis for further research. In particular, the knowledge gained can be applied to other hot forming processes for thin glass and further developed. In this context, deep-drawing processes would be of great importance. The findings from the slumping processes can be transferred to the deep-drawing processes up to heating. The actual forming process is fundamentally different due to the hold-down device and in particular allows other stress states to occur in the glass, whereby phenomena such as thinning are of much greater significance. For this reason, the further development of the numerical model for deep drawing processes will be able to provide far-reaching assistance. For the deep-drawing processes of glass it is further assumed that a transfer of knowledge from sheet metal and plastic forming is possible.

A further point of contact is the further development of the glass contact materials and coatings to be used. The further development of the isothermal slumping process towards non-isothermal process variants enables the mass production of complexly shaped glass. This allows new technical and scientific questions to be formulated in the area of the service life of the forming tools and the development of suitable processing strategies.

Furthermore, an optimized design of the vacuum holes can be achieved in future investigations. For a more uniform design, an increase in the number is obvious (see figure 2.13 and figure Abbildung 5.17). For the optimal positioning of the holes the FEM simulation can be applied here as well

In the course of the tests, all sensor and process data were recorded and stored in a database. These data were only evaluated selectively in this work. Due to the comparatively high number of tests carried out, the data obtained offers the possibility of applying machine learning approaches.

Furthermore, a high potential is assigned to the optimization of the used equipment technology. In this context, the temperature accuracy of the furnace room and the reduction of convective disturbance influences should be mentioned.

The results of this work can be used to improve the shape accuracy in the mass production of complex 3D formed thin glass products. Furthermore, experimental and simulative strategies for process optimization were developed and applied. These tools are available for future process developments.

10 Literaturverzeichnis

[ADLE19] Adler, M. W.; Peer, S.; Sinozic, T.: Autonomous, connected, electric shared vehicles (ACES) and public finance: An explorative analysis. In: Transportation Research Interdisciplinary Perspectives. Jg. 2, 2019, Nr. 9, S. 100038

[AGNO05] Agnon, Y.; Stokes, Y. M.: An inverse modelling technique for glass forming by gravity sagging. In: European Journal of Mechanics - B/Fluids. Jg. 24, 2005, Nr. 3, S. 275-287

[ANTO14] Antony, J.: Design of experiments for engineers and scientists. 2. ed., Amsterdam: Elsevier, 2014

[ARNO17] Arnold, B.: Werkstofftechnik für Wirtschaftsingenieure, Berlin, Heidelberg: Springer Berlin Heidelberg, 2017

[AST15] ASTM ASTM C162 - 05 (2015). Standard Terminology of Glass and Glass Products.

[AXLE08] Axler, S.; Casacuberta, C.; Greenlees, J.; MacIntyre, A.; Ribet, K.; Sabbah, C.; Süli, E.; Woyczyński, W. A. (eds.): An Introduction to Manifolds, New York, NY: Springer, 2008

[BLIE10] Bliedtner, J.; Gräfe, G.: Optiktechnologie. Grundlagen - Verfahren - Anwendungen - Beispiele. 2., aktualisierte Auflage, München: Hanser, 2010

[BOBZ13] Bobzin, K.: Oberflächentechnik für den Maschinenbau. 1. Aufl., Weinheim: Wiley-VCH, 2013

[BOWM12] Bowman, F.: Introduction to Bessel Functions, Newburyport: Dover Publications, 2012

[CAPU09] Caputo, A.; Fahrmeir, L.; Künstler, R.; Lang, S.; Pigeot-Kübler, I.; Tutz, G.: Arbeitsbuch Statistik, Berlin, Heidelberg: Springer, 2009

[CHEN08] Chen, Y.; Yi, A. Y.; Su, L.; Klocke, F.; Pongs, G.: Numerical Simulation and Experimental Study of Residual Stresses in Compression Molding of Precision Glass Optical Components. In: Journal of Manufacturing Science and Engineering. Jg. 130, 2008, Nr. 5, S. 51012

[CHEN11] Chen, Y.; Yi, A. Y.: Design and fabrication of freeform glass concentrating mirrors using a high volume thermal slumping process. In: Solar Energy Materials and Solar Cells. Jg. 95, 2011, Nr. 7, S. 1654-1664

[CRAM08] Cramer, E.; Kamps, U.: Grundlagen der Wahrscheinlichkeitsrechnung und Statistik, Berlin, Heidelberg: Springer Berlin Heidelberg, 2008

[CUMM02] Cummings, K.: A history of glassforming, London: Black, 2002

[CUMM97] Cummings, K.: Techniques of kiln-formed glass, London: A & C Black, 1997

[DENN01] Denner, W.-J.; Sepeur-Zeitz, B.; Mühle, P.; Wolf, J.: Vorrichtung zum Erhitzen eines portionierten Glasteiles. Angemeldet durch Docter Optics GmbH, am 30.03.2001. Veröffentlichungsnummer: DE10116139B4

[DEUT16] Deutsche Edelstahlwerke GmbH: Permodur 4841. Werkstoffdatenblatt X15CrNiSi25-21 1.4841, 2016

[DIN01] DIN 1259 (September 2001). Glas, Berlin: Beuth

[DIN03] DIN 8584 (September 2003). Fertigungsverfahren Zugdruckumformen, Berlin: Beuth

[DIN06] DIN EN 843-2 (2006). Hochleistungskeramik – Mechanische Eigenschaften monolithischer Keramik bei Raumtemperatur, Berlin: Beuth

[DIN10] DIN 4287 (Juli 2010). Geometrische Produktspezifikation (GPS), Berlin: Beuth

[DIN18] DIN ISO 10110 (Juli 2018). Optik und Photonik, Berlin: Beuth

[DIN82] DIN 4760 (Juni 1982). Gestaltabweichungen, Berlin: Beuth

[DIN98] DIN ISO 7884 (Februar 1998). Glas - Viskosität und viskosimetrische Festpunkte, Berlin: Beuth

[FAHR04] Fahrmeir, L.; Künstler, R.; Pigeot, I.; Tutz, G.: Statistik. Der Weg zur Datenanalyse. Fünfte, verbesserte Auflage, Berlin, Heidelberg: Springer, 2004

[FELD12] Feldmann, M.; Kasper, R.; Langosch, K.: Glas für tragende Bauteile, Köln: Werner, 2012

[FEST14] Festo AG & Co. KG: Vakuumsaugdüsen VAD/VAK. Datenblatt. URL: https://www.festo.com/cat/en-gb_gb/data/doc_DE/PDF/DE/VAD-VAK_DE.PDF, 12.01.2018.

[GOTT14] Gottstein, G.: Materialwissenschaft und Werkstofftechnik. 4. ed., Berlin, Heidelberg: Springer, 2014

[GROß10] Groß, J.: Grundlegende Statistik mit R. Eine anwendungsorientierte Einführung in die Verwendung der Statistik Software R, Wiesbaden: Vieweg+Teubner Verlag / GWV Fachverlage GmbH Wiesbaden, 2010

[HE18] He, L.; Gong, R.; He, G.; Wang, S.; Liu, D.; Li, Q.: A Brief Analysis of the Hot-bending Process and Common Problems of 3D Cover Glass, 2018

[HOLL16] Hollstegge, D.: Process-induced changes in optical properties of precision molded glass lenses. Dissertation. RWTH Aachen; IIF - Institut für Industriekommunikation und Fachmedien GmbH, 2016

[HOSF12] Hosford, W. F.: Mechanical behavior of materials. 2. ed., [elektronische Ressource], Cambridge: Cambridge University Press, 2012

[HUG05] Hug, M.; Rieser, D.; Manns, P.; Kleer, G.: Investigations on process parameters influencing the quality of optical lenses formed by non-isothermal embossing of inorganic glasses. In: Proceedings of SPIE Vol. 5695, Optical Fabrication, Testing, and Metrology II. Jg. 5965, 2005, S. 1-10

[HUG09] Hug, M.: Experimentelle und numerische Untersuchungen zum nichtisothermen Heißprägen optischer Komponenten aus Glas, Aachen: Shaker, 2009

[HUNT02] Hunt, R.: Numerical solution of the flow of thin viscous sheets under gravity and the inverse windscreen sagging problem. In: International Journal for Numerical Methods in Fluids. Jg. 38, 2002, Nr. 6, S. 533-553

[HÜNT15] Hünten, M. S.: Modellbildung für das Warmumformen von Glas. 1. Aufl., Aachen: Apprimus-Verl., 2015

[JAIN05a] Jain, A.; Firestone, G. C.; Yi, A. Y.: Viscosity Measurement by Cylindrical Compression for Numerical Modeling of Precision Lens Molding Process. In: Journal of the American Ceramic Society. Jg. 88, 2005, Nr. 9, S. 2409-2414

[JAIN05b] Jain, A.; Yi, A. Y.: Numerical Modeling of Viscoelastic Stress Relaxation During Glass Lens Forming Process. In: Journal of the American Ceramic Society. Jg. 88, 2005, Nr. 3, S. 530-535

[JEBS11] Jebsen-Marwedel, H.; Brückner, R.: Glastechnische Fabrikationsfehler, Berlin, Heidelberg: Springer, 2011

[JOUS04] Jousten, K.: Wutz Handbuch Vakuumtechnik, Wiesbaden: Vieweg+Teubner Verlag, 2004

[KALW12] Kalweit, A.; Paul, C.; Peters, S.; Wallbaum, R.: Handbuch für Technisches Produktdesign, Berlin, Heidelberg: Springer, 2012

[KANT18] KANTHAL® APM. Resistance Heating Wire and Restistance Wire. URL: https://www.kanthal.com/en/products/furnace-products-and-heating-systems/resistance-heating-s-and-s/resistance-heating-wire/, 15.09.2019.

[KING61] Kingery, W. D.: Heat-Conductivity Processes in Glass. In: Journal of the American Ceramic Society. Jg. 44, 1961, Nr. 7, S. 302-304

[KLOC06] Klocke, F.; König, W.: Fertigungsverfahren 4. Umformen. 5., neu bearbeitete Auflage, Berlin, Heidelberg: Springer-Verlag Berlin Heidelberg, 2006

[KNEE16] Kneer, R.: Wärme- und Stoffübertragung. Vorlesungsskript, Aachen: RWTH Aachen University, 2016

[KOCH98] Koch, A. W.: Optische Meßtechnik an technischen Oberflächen. Praxisorientierte lasergestützte Verfahren zur Untersuchung technischer Objekte hinsichtlich Form, Oberflächenstruktur und Beschichtung ; mit 4 Tabellen und 418 Literaturstellen, Renningen-Malmsheim: expert-Verl., 1998

[KÖHN70] Köhne, H.: Digitale und analoge Lösungsmethoden der Wärmeleitungsgleichung, Wiesbaden: VS Verlag für Sozialwissenschaften, 1970

[KREI18] Kreilkamp, H.: Analyse der Einflüsse auf die Gestaltabweichung gepresster Glasoptiken beim nicht-isothermen Blankpressen. Dissertation. RWTH Aachen, 2018

[LANG11] Langsdorf, A.; Hoppe, B.; Lange, U.: Method for Manufacturing Molded Glass Articles, and use of the Glass Articles Manufactured According to the Method. Angemeldet durch Schott AG, am 2011-04-28. Veröffentlichungsnummer: WO 2011/141295 A1

[LECH18] Lechner, M. D.: Einführung in die Kinetik, Berlin, Heidelberg: Springer, 2018

[LION19] Lion, Univ.-Prof. Dr.-Ing. habil. Alexander (ed.): Beiträge zur Materialtheorie, München, 2019

[LIU18] Liu, G.: Modeling Fracture Behavior in Precision Glass Molding. 1st ed., Aachen: Apprimus Wissenschaftsverlag, 2018

[MARK14] Markert, B.: Mechanik 2. Elastostatik, Aachen, 2014

[MEND19] Mende, H.; Vogel, P.-A.; Padrón Hinrichs, M.; Schmitt, R. H.: Industrie 4.0 in praxisnaher Anwendung*. Vom Retrofit über Datenspeicherung zum maschinellen Lernen am Beispiel der Glasumformung. In: wt-online. Jg. 2019, 2019, 10-2019, S. 779-784

[MYER16] Myers, R. H.; Anderson-Cook, C.; Montgomery, D. C.: Response surface methodology. Process and product optimization using designed experiments. Fourth Edition, Hoboken, New Jersey: John Wiley & Sons, 2016

[NERO11] Neroth, G.; Vollenschaar, D.: Wendehorst Baustoffkunde. Grundlagen - Baustoffe - Oberflächenschutz ; mit 363 Tabellen. 27., vollständig überarbeitete Auflage, Wiesbaden: Vieweg+Teubner Verlag / Springer Fachmedien Wiesbaden GmbH Wiesbaden, 2011

[NÖLL09] Nölle, G.: Technik der Glasherstellung. 3., überarb. Aufl. [Nachdr.], Weinheim: Wiley-VCH, 2009

[OLVE10] Olver, F. W.: The NIST handbook of mathematical functions, Cambridge: Cambridge Univ. Press, 2010

[ONO08] Ono, T.; Matsumura, T.: Influence of tool inclination on brittle fracture in glass cutting with ball end mills. In: Journal of Materials Processing Technology. Jg. 202, 2008, 1-3, S. 61-69

[PETZ90] Petzold, A.; Marusch, H.; Schramm, B.: Der Baustoff Glas. Grundlagen, Eigenschaften, Erzeugnisse, Glasbauelemente, Anwendungen. 3. ed., Berlin, Schorndorf: Verlag für Bauwesen und Verlag Karl Hofmann, 1990

[POPP35] Popper, K.: Logik der Forschung. Zur Erkenntnistheorie der modernen Naturwissenschaft, Vienna: Springer, 1935

[PROS11] Proserpio, L.: Development of the Glass Slumping Technology for the Production of the X-Ray Mirrors Abroad the International X-Ray Observatory Optical Module. Dissertation. Universität Insubrien, Varese, Italien, 2011

[RANZ07] Ranz, T.: Elementare Materialmodelle der Linearen Viskoelastizität im Zeitbereich: Beiträge zur Materialtheorie. München: 2019, S. 1-82

[RIES04] Rieser, D.: Untersuchung zum Klebe- und Abriebverhalten von Formwerkstoffen für die Heißformgebung von anorganischem Glas. Dissertation, Karlsruhe: Universität Karlsruhe, 2004

[ROSO03] Rosochowska, M.; Balendra, R.; Chodnikiewicz, K.: Measurements of thermal contact conductance. In: Journal of Materials Processing Technology. Jg. 135, 2003, 2-3, S. 204-210

[SCHI10] Schillert, H.; Rößler, D.; Mevers, D.: Verfahren zum Biegen und thermischen Vorspannen von Strahlenschutzglas, am 2010-05-27. Anmeldenummer: 10164001.9. Veröffentlichungsnummer: EP 2 256 094 A1. Prioritätsdaten: DE102009024234 20090528; DE102009036164 20090728

[SCHN09] Schneid, M.: Entwicklung und Erprobung eines kontaktanalogen Head-up-Displays im Fahrzeug. 1st ed., Göttingen: Cuvillier Verlag, 2009

[SCHN16] Schneider, J.; Kuntsche, J. K.; Schula, S.; Schneider, F.; Wörner, J.-D.: Glasbau. Grundlagen, Berechnung, Konstruktion. 2. Auflage, Berlin, Heidelberg: Springer Vieweg, 2016

[SCHO17] SCHOTT Technical Glass Solutions GmbH: Technical Glazing. From molten glass to cover glass. URL: https://www.schott.com/d/corporate/bbf92c73-d11d-4d39-a214-45c276d39bf0/20190909165622/row-conturan-brochure-july-2017.pdf, 05.01.2020.

[SCHO19a] SCHOTT Technical Glass Solutions GmbH: Down-Draw Verfahren. URL: https://www.schott.com/advanced_optics/german/capabilities/down-draw-process.html, 15.05.2019.

[SCHO19b] SCHOTT Technical Glass Solutions GmbH: SCHOTT Xensation® 3D. URL: https://www.schott.com/xensation/english/xensation3d.html, 11.07.2019.

[SCHO20] SCHOTT Technical Glass Solutions GmbH: Up-Draw Verfahren. URL: https://www.schott.com/advanced_optics/german/capabilities/up-draw-process.html, 05.01.2020.

[SCHO88] Scholze, H.: Glas. Natur, Struktur und Eigenschaften, Berlin, Heidelberg, New York, London, Paris, Tokyo: Springer-Verlag, 1988

[SIEB10] Siebertz, K.; van Bebber, D.; Hochkirchen, T.: Statistische Versuchsplanung, Berlin, Heidelberg: Springer Berlin Heidelberg, 2010

[SPAU74] Spauszus, S.: Werkstoffkunde Glas. Struktur und Natur des Glases, Eigenschaften, Glasfehler; Glasgruppen und spezielle Gläser. 1. ed., Leipzig: Deutscher Verlag für Grundstoffindustrie, 1974

[SPIT01] Spitzer, C. R.: The avionics handbook, Boca Raton, Fla: CRC Press, 2001

[SPUR19] Spura, C.: Technische Mechanik 2. Elastostatik, Wiesbaden: Springer Fachmedien Wiesbaden, 2019

[STEP13] Stephan, P.: VDI-Wärmeatlas, Berlin, Heidelberg: Springer, 2013

[STOK00] Stokes, Y. M.: Numerical design tools for thermal replication of optical-quality surfaces. In: Computers & Fluids. Jg. 29, 2000, Nr. 4, S. 401-414

[STOK98] Stokes, Y. M.: Very Viscous Flows Driven by Gravity with particular application to Slumping of Molten Glass. Thesis submitted forthedegree of Doctor of Philosophy, Adelaide, 1998

[SU11] Su, L.; He, P.; Yi, A. Y.: Investigation of glass thickness effect on thermal slumping by experimental and numerical methods. In: Journal of Materials Processing Technology. Jg. 211, 2011, Nr. 12, S. 1995-2003

[TACC18] Taccheo, S.; Ferrari, M.; Mackenzie, J. I. (eds.): Fiber Lasers and Glass Photonics: Materials through Applications. SPIE, 2018

[TAMM33] Tammann, G.: Der Glaszustand, Leipzig: Leopold Voß, 1933

[TAYL14] Taylor Hobson Ltd: Exploring Surface Texture. A fundamental guide to the measurement of surface finish, Leicester: Taylor Hobson Limited, 2014

[TC M20] TC Mess- und Regeltechnik GmbH: Mantel-Thermoelemente - Typ 12. Datenblatt. URL: https://www.tcgmbh.de/downloads/Mantel-Thermoelemente-Typ-12.pdf, 09.01.2020.

[TEIC01] Teicher, G. (ed.): Glas im Automobil. Neue Entwicklungen und Möglichkeiten der Fahrzeugverglasung, Renningen-Malmsheim: expert-Verl., 2001

[TESC07] Teschl, G.; Teschl, S.: Mathematik für Informatiker. Band 2: Analysis und Statistik. 2. Auflage, Berlin, Heidelberg: Springer-Verlag Berlin Heidelberg, 2007

[TROS99] Trossin, H.-J.: Nutzung der Ähnlichkeitstheorie zur Modellbildung in der Produktionstechnik, München: Utz Wiss, 1999

[TU08] Tu, L. W.: Bump Functions and Partitions of Unity: An Introduction to Manifolds. New York, NY: Springer, 2008, S. 127-134

[UNGE19] Unger, B. L.; DeGroote Nelson, J. (eds.): Optifab 2019. Proceedings. SPIE, 2019

[VDI14] VDI 3522 (2014). Dynamisches Verhalten von Berührungsthermometern, Düsseldorf: Verein Deutscher Ingenieure e.V.

[VDI77] VDI 3441 (1977). Statistische Prüfung der Arbeits- und Positionsgenauigkeit von Werkzeugmaschinen, Düsseldorf: Verein Deutscher Ingenieure e.V.

[VOGE18a] Vogel, P.-A.; Kreilkamp, H.: Method and Device for Producing a Thin-Walled Object with a Three-Dimensional Form. Angemeldet durch Fraunhofer-Gesellschaft zur Förderung der angewandten Forschung e.V., am 02.02.2018. Anmeldenummer: WO2018EP52659. Veröffentlichungsnummer: WO18141905A1. Prioritätsdaten: DE201710102153 20170203

[VOGE18b] Vogel, P.-A.; Kleber, B.; Meiners, C.; Töne, R.: Verfahren, Werkzeugmodul und System zur Umformung flacher Werkstücke. Angemeldet durch Fraunhofer-Gesellschaft zur Förderung der angewandten Forschung e.V., am 17.07.2018. Anmeldenummer: DE 10 2018 117 208 A1

[VOGE19a] Vogel, P.-A.; Vu, A. T.; Mende, H.; Grunwald, T.; Bergs, T.; Schmitt, R. H.: Approaches and methodologies for process development of thin glass forming. In: Optifab 2019. Rochester, United States. 14.-17.10.2019. SPIE, 2019, S. 68

[VOGE19b] Vogel, P.-A.: Analysis and comparison of hot forming technologies for complex 3D thin glass applications. (Reihe: Joint Meeting of DGG - USTV, Nürnberg. Veranstaltung vom 13.05.2019)

[VU16a] Vu, A. T.; Kreilkamp, H.; Dambon, O.; Klocke, F.: Nonisothermal glass molding for the cost-efficient production of precision freeform optics. In: Optical Engineering. Jg. 55, 2016, Nr. 7, S. 71207

[VU16b] Vu, A. T.; Kreilkamp, H.; Krishnamoorthi, B. J.; Dambon, O.; Klocke, F.: A hybrid optimization approach in non-isothermal glass molding. In: AIP Conference Proceedings Vol. 1769. 2016, S. 40001-40006

[VU18] Vu, A. T.; Vogel, P.-A.; Dambon, O.; Klocke, F.: Vacuum-assisted precision molding of 3D thin microstructure glass optics. In: Fiber Lasers and Glass Photonics: Materials through Applications. Strasbourg, France. 22.-26.04.2018. SPIE, 2018, S. 1-21

[VU19] Vu, A. T.; Vu, A. N.; Liu, G.; Grunwald, T.; Dambon, O.; Klocke, F.; Bergs, T.: Experimental investigation of contact heat transfer coefficients in nonisothermal glass molding by infrared thermography. In: Journal of the American Ceramic Society. Jg. 102, 2019, Nr. 4, S. 2116-2134

[VU20] Vu, A. T.; Vu, A. N.; Grunwald, T.; Bergs, T.: Modeling of thermo-visco-elastic material behavior of glass over a wide temperature range in glass compression molding. In: Journal of the American Ceramic Society. Jg. 103, 2020, Nr. 4, S. 2791-2807

[WANG14] Wang, F.: Simulating the precision glass molding process. 1. Aufl., Aachen: Apprimus-Verl., 2014

[WANG16] Wang, W.; Yao, P.; Wang, J.; Huang, C.; Zhu, H.; Zou, B.; Liu, H.; Yan, J.: Crack-free ductile mode grinding of fused silica under controllable dry grinding conditions. In: International Journal of Machine Tools and Manufacture. Jg. 109, 2016, S. 126-136

[WEBE14] Weber, P.: Steigerung der Prozesswiederholbarkeit mittels Analyse akustischer Emissionen bei der Mikrolaserablation mit UV-Pikosekundenlasern. Dissertation. Karlsruher Institut für Technologie (KIT), Karlsruhe, 2014

[WEIß01] Weißmann, R.: Spannungen in Glasscheiben: Glas im Automobil. Renningen-Malmsheim: expert-Verl., 2001, S. 63-70

[WERN17] Werner, T.: Simulation, Aufbau und Charakterisierung von autostereoskopischen Display-Systemen im Fahrzeugbereich, 2017

[WILL55] Williams, M. L.; Landel, R. F.; Ferry, J. D.: The Temperature Dependence of Relaxation Mechanisms in Amorphous Polymers and Other Glass-forming Liquids. In: Journal of the American Chemical Society. Jg. 77, 1955, Nr. 14, S. 3701-3707

[XIAO15] Xiaobing, Z.; Shaohui, Y.: Study on High-Temperature Glass Lens Molding Process Using FEM Simulation. In: The Open Materials Science Journal. Jg. 9, 2015, Nr. 1, S. 14-19

[YATE74] Yates, R. C.: Curves and Their Properties, Washington, D.C.: National Council of Teachers of Mathematics, 1974

[YI05] Yi, A. Y.; Jain, A.: Compression Molding of Aspherical Glass Lenses-A Combined Experimental and Numerical Analysis. In: Journal of the American Ceramic Society. Jg. 88, 2005, Nr. 3, S. 579-586

[ZACH32] Zachariasen, W. H.: The atomic arrangement in glass. In: Journal of the American Chemical Society. Jg. 54, 1932, Nr. 10, S. 3841-3851

[ZHOU09] Zhou, T.; Yan, J.; Masuda, J.; Kuriyagawa, T.: Investigation on the viscoelasticity of optical glass in ultraprecision lens molding process. In: Journal of Materials Processing Technology. Jg. 209, 2009, Nr. 9, S. 4484-4489

11 Anhang
Appendix

Tabelle 11.1: Materialdaten XENSATION 3D
Material data XENSATION 3D

Mechanische	
Dichte ρ	2,49 g/cm³
E-Modul E	83 kN/mm²
G-Modul G	0,22 Pa
Poissonszahl ν	34 kN/mm²
Härte (nicht-gehärtet) $HV_{0.2/20}$	640
Härte (gehärtet) $HV_{0.2/20}$	690

Optische	
Brechnungsindex (595 nm)	1,528
Transmissionsgrad (0,7 mm; 540 nm)	> 91 %

Thermische	
Wärmeleitfähigkeit $\lambda_{(25°C)}$	1,22 W/(mK)
Spezifische Wärmekapazität $c_{p(20\,°C;\,100\,°C)}$	0,9 kJ/(gK)
Wärmeausdehnung $\alpha_{(20\,°C;\,300\,°C)}$	$8{,}5 \cdot 10^{-6}\,K^{-1}$
Umwandlungspunkt T_g	505 °C
Glühpunkt (10^{13} dPas)	515 °C
Erweichungspunkt ($10^{7,6}$ dPas)	720 °C
Arbeitspunkt (10^4 dPas)	1070 °C

Tabelle 11.2: Schaltstellungen der Ventile
Switching positions of the valves

2/2-Wegenventil-Nr.1	**2/2-Wegeventil-Nr.2**	**3/2-Wegeventil**	**Schaltergebnis**
Geschlossen	-	-	Vakuumleitung kann weder mit Vakuum noch mit Überdruck beaufschlagt werden
Offen	Geschlossen	Schaltstellung 1	Über den Öffnungsgrad des Proportionalventils kann ein Überdruck direkt auf die Vakuumleitung gegeben werden
Offen	Offen	Schaltstellung 2	Über den Öffnungsgrad des Proportionalventils führt ein Überdruck auf den Vakuumejektor, wodurch ein Unterdruck auf die Vakuumleitung erzeugt wird.

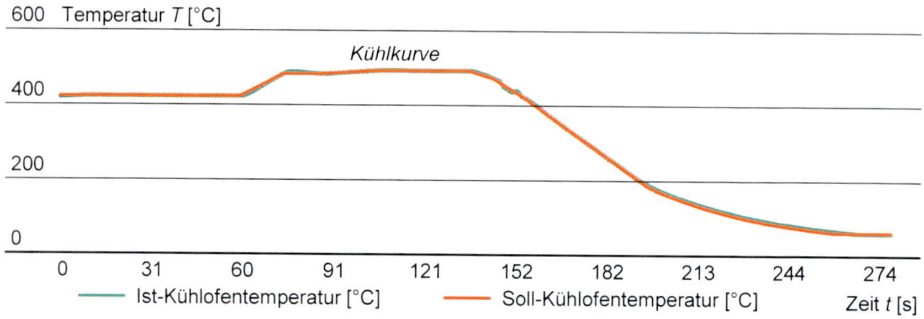

Abbildung 11.1: Kühlkurve

Annealing curve

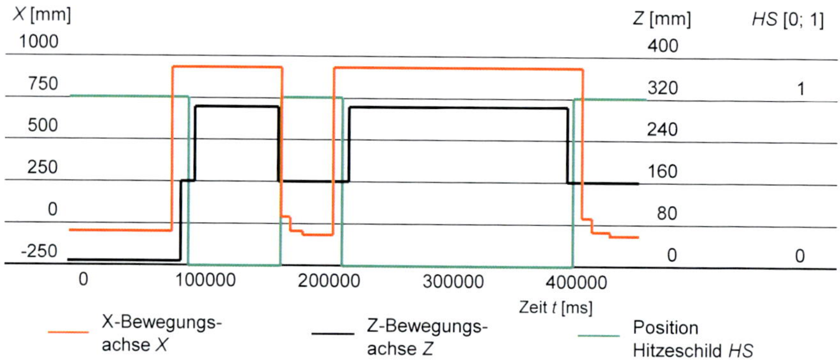

Abbildung 11.2: Darstellung der Verfahrbewegungen der Presse (Z-Achse, X-Achse und Hitzeschild)

Presentation of the traverse movements of the press (Z-axis, X-axis and heat shield)

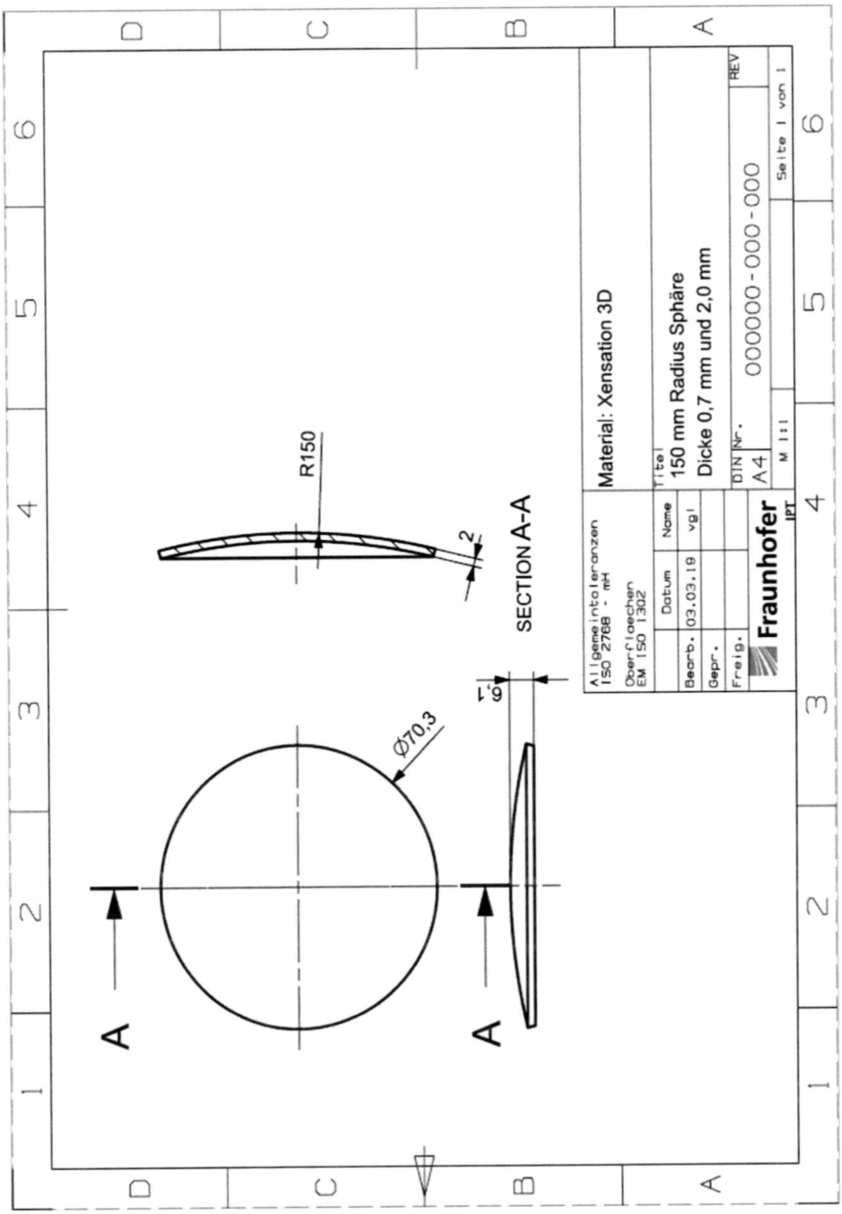

Abbildung 11.3: Hauptdemonstrator

Main demonstrator

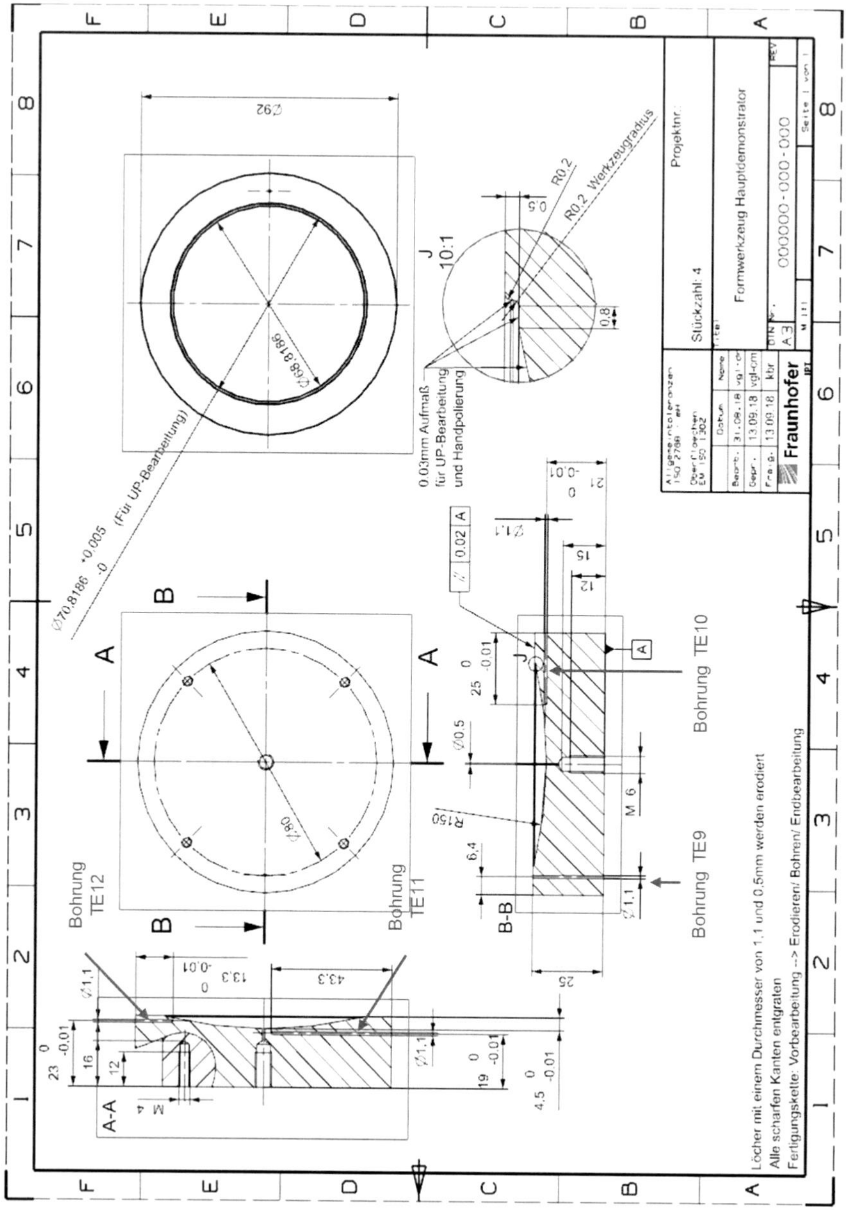

Abbildung 11.4: Formwerkzeug Hauptdemonstrator

Forming tool main demonstrator

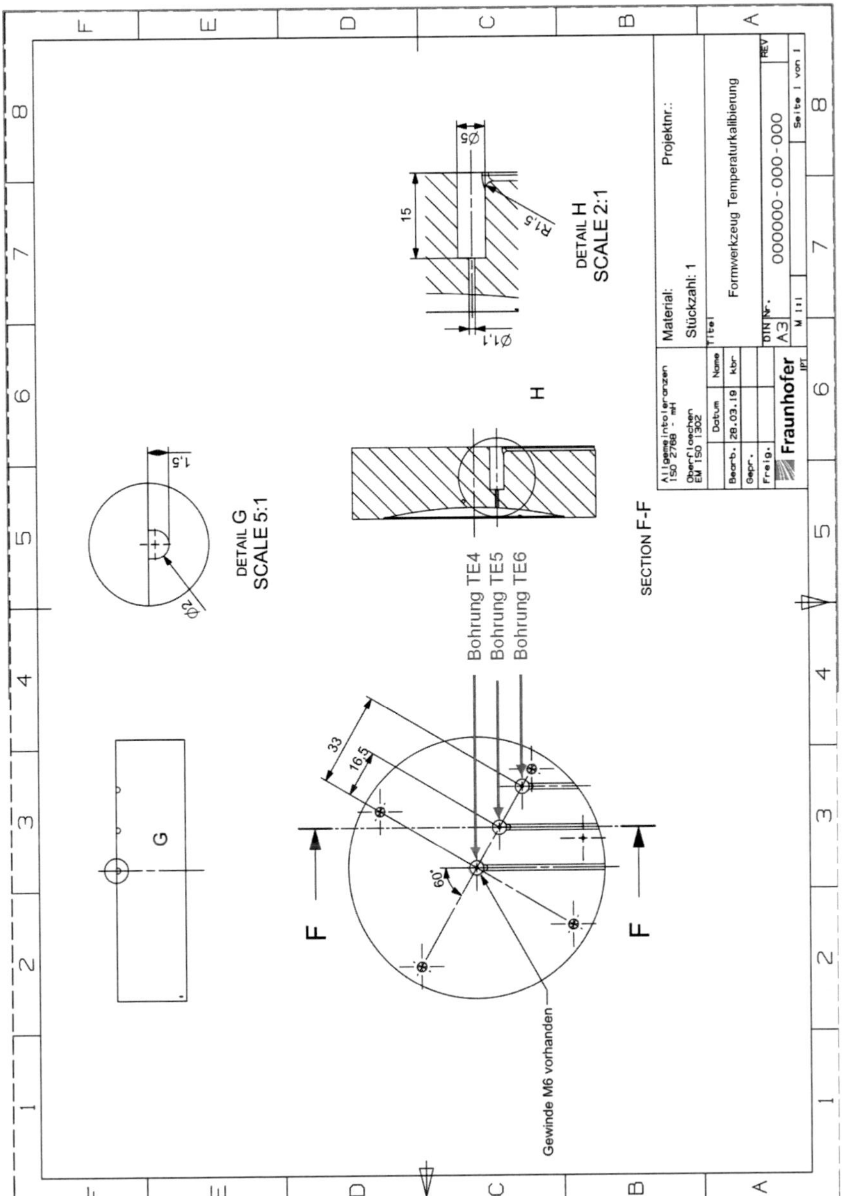

Abbildung 11.5: Formwerkzeug Temperaturergänzungsversuche

Forming tool for temperature supplement experiments

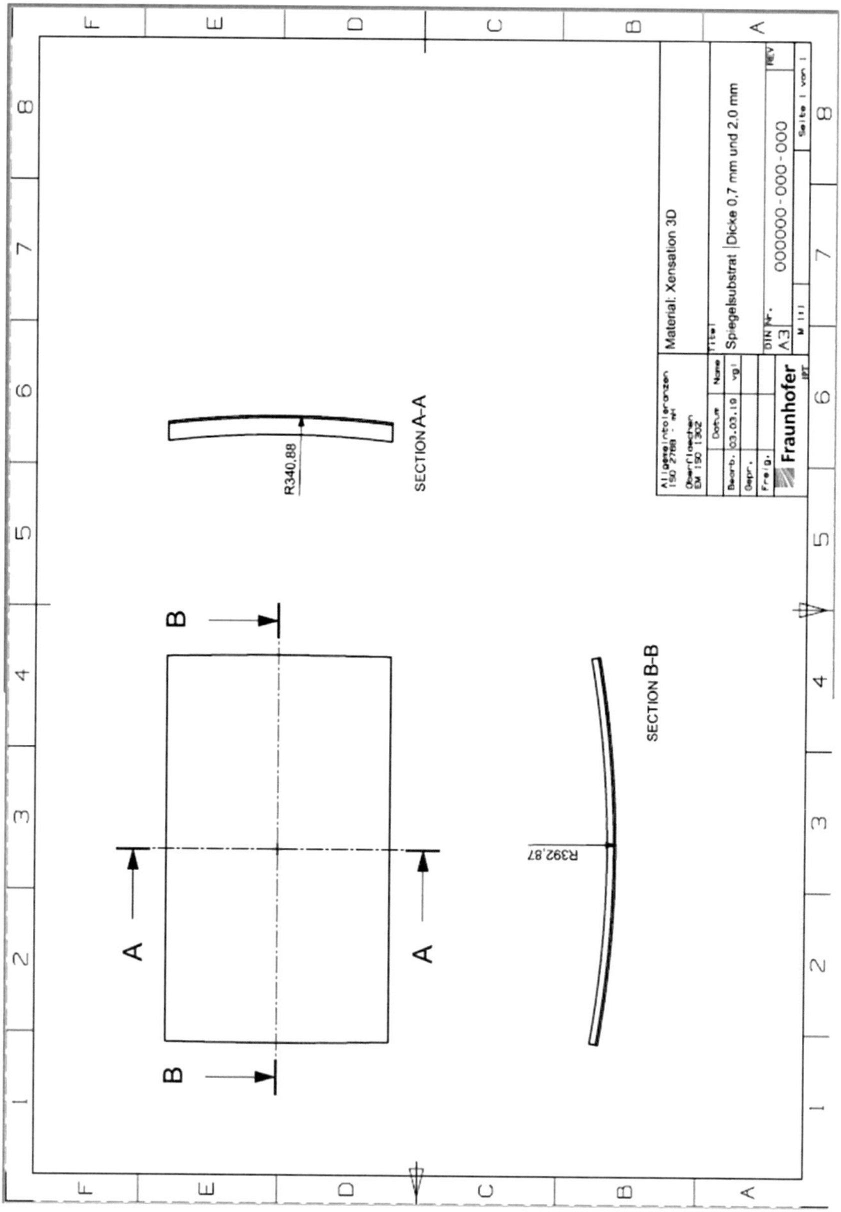

Abbildung 11.6: Validierungsdemonstrator

Validation demonstrator

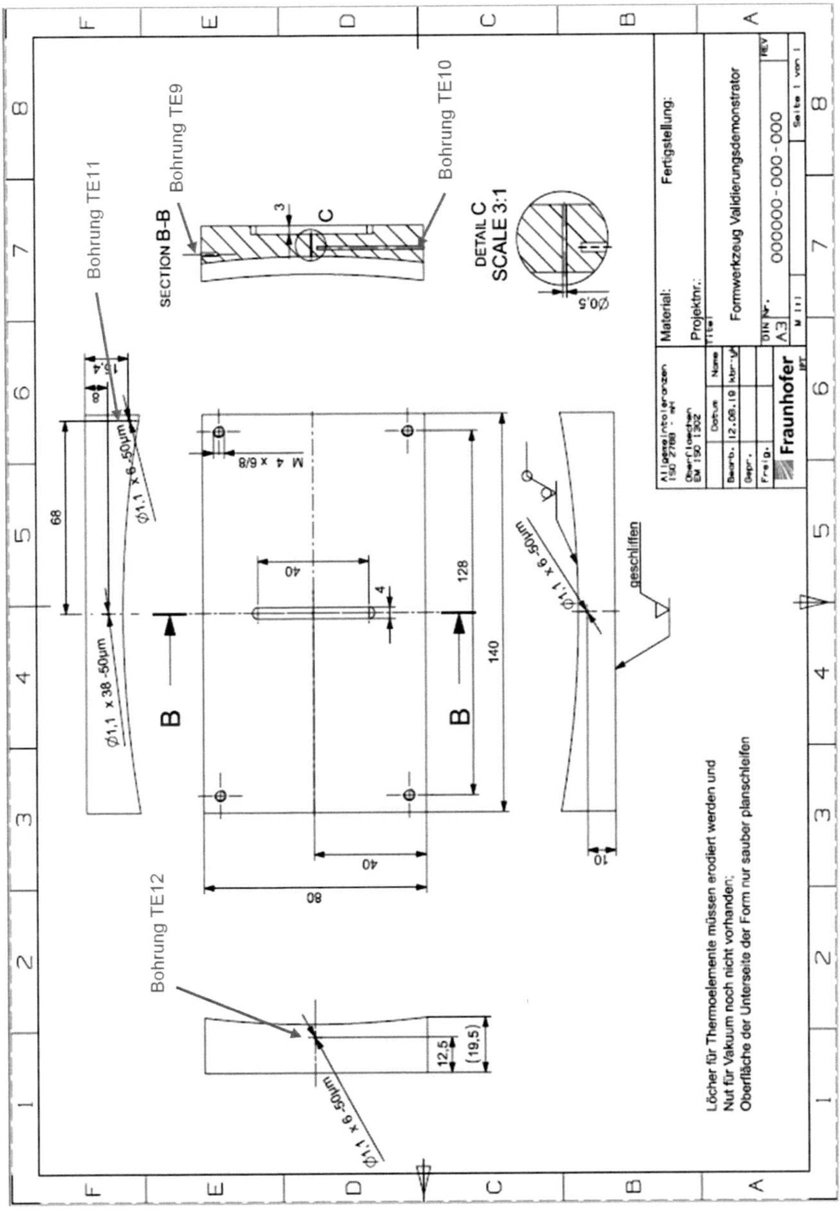

Abbildung 11.7: Formwerkzeug Validierungsdemonstrator
Forming tool validation demonstrator

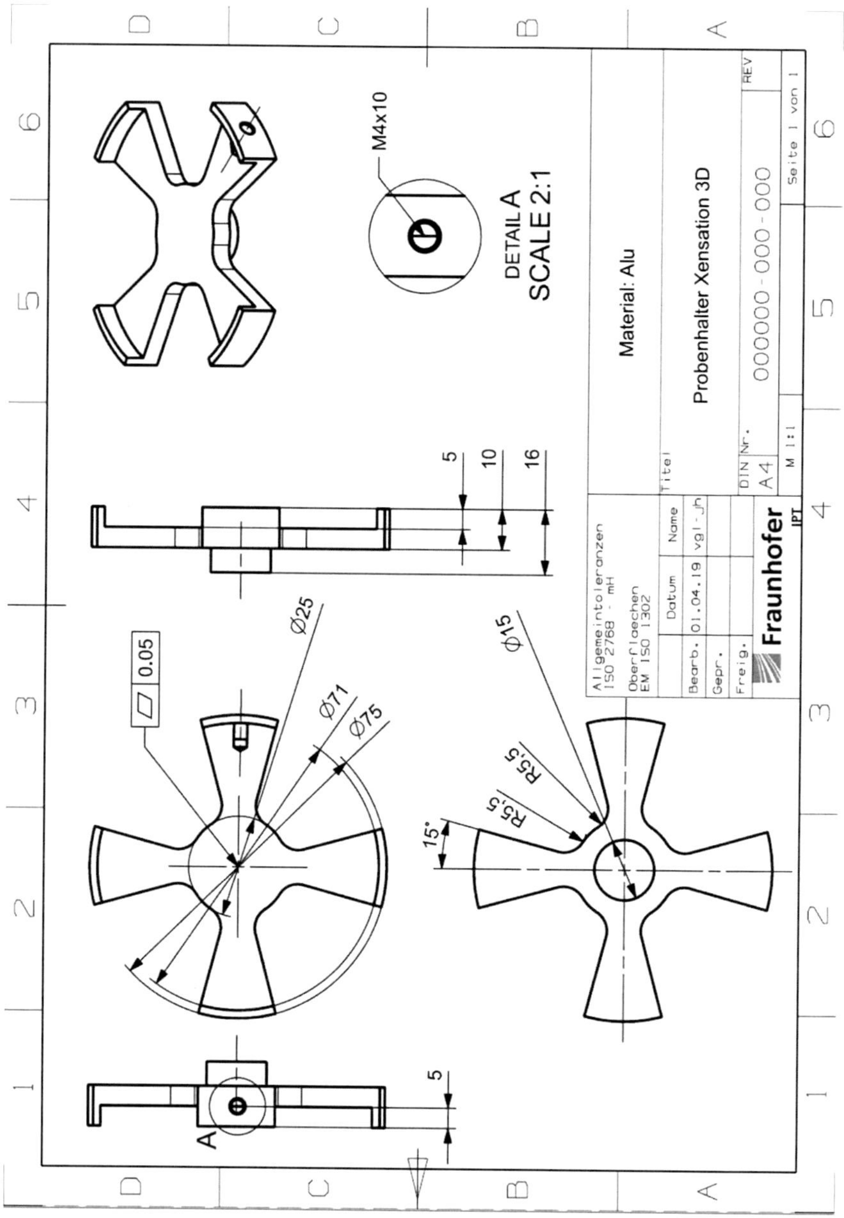

Abbildung 11.8: Probenhalter

Sample holder

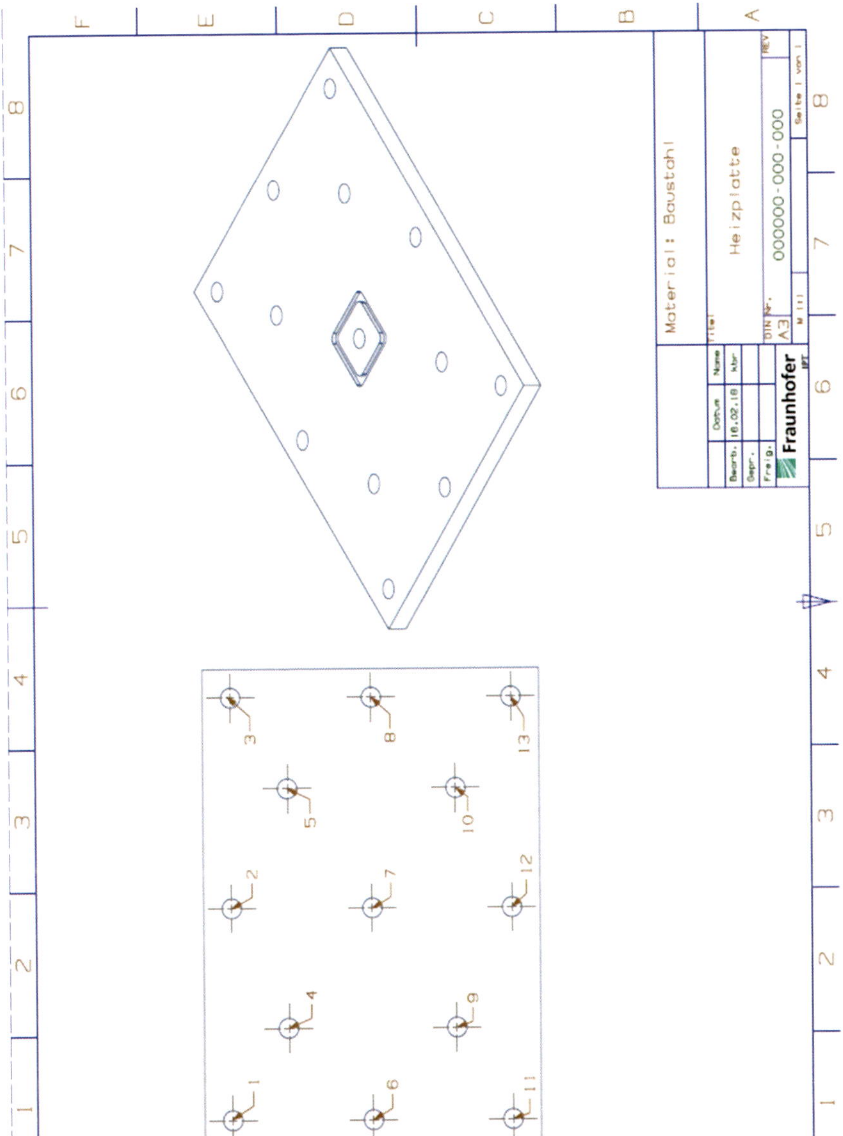

Abbildung 11.9: Messplate - Heizraum

Measuring plate - furnace

Tabelle 11.3: Bestimmtheitsmaße parametrierbarer, mathematischer Funktionen
Measures of determination of multidimensional, mathematical functions

Name der Funktion	Funktion	Bestimmtheitsmaß R^2
Witch of Agnesi	$y = 5{,}33 \cdot a^{\left(\frac{3}{(x-b)^2+8\cdot a^2-3}\right)}$	a = 58,9% b = 8,7%
Sech(x)	$y = a \cdot \operatorname{sech}\big(c \cdot (x-b)\big) - 0{,}6$	a = 54,4% b = 5,2% c = 56,5%
cos(x)	$y = a \cdot \cos\big(c \cdot (x-b)\big)$	a = 59,1% b = 10,3% c = 41,4%
Bump Function	$y = a \cdot \mathrm{e}^{\left(\frac{-1}{1-c\cdot(x-b)^2}\right)}$	a = 53,8% b = 5,2% c = 68,6%
GAUß₁	$y = \frac{\sigma}{\sqrt{2\cdot\pi}\cdot \mathrm{e}^{\left(\frac{-0{,}5\cdot(x-\mu)}{\sigma\cdot 0{,}6}\right)^2}}$	σ = 53,5% μ = 8,0%
GAUß₂	$y = a \cdot \mathrm{e}^{-\left(\frac{(x-b)^2}{2\cdot c^2}\right)}$	a = 53,8% b = 5,6% c = 76,2%
GAUß₃	$y = \frac{\sigma}{\sqrt{2\cdot\pi}\cdot \mathrm{e}^{\left(-0{,}6\cdot\left(\frac{x-\mu}{\sigma\cdot 0{,}6}\right)^2\right)} - 1}$	σ = 55,50% μ = 53,8%

Detaillierter Rechenweg des analytischen Ansatzes – Temperaturmodell (vgl. Kapitel 6.6) ab Gleichung (57)

Durch Kürzen von 2π, *r* und *dr* kann die Gleichung wie folgt vereinfacht werden:

$$s \cdot \rho \cdot c_p \cdot \frac{\partial T}{\partial t} = s \cdot \lambda_{Glas} \cdot \left[\frac{1}{r} \cdot \frac{\partial T}{\partial r} + \frac{\partial^2 T}{\partial r^2}\right] + \alpha_{eff} \cdot (T_{Heizraum} - T) \tag{76}$$

Weiterhin wird die Gleichung weiter umgeformt und es ergibt sich die folgende PDGL, mit der eine Funktion zum Bestimmen der Glastemperatur zu einer bestimmten Zeit an einem bestimmten Radius bestimmt werden kann:

$$\frac{\partial T}{\partial t} = \frac{\lambda_{Glas}}{\rho \cdot c_p} \cdot \left[\frac{1}{r} \cdot \frac{\partial T}{\partial r} + \frac{\partial^2 T}{\partial r^2}\right] + \frac{\alpha_{eff}}{s \cdot \rho \cdot c_p} \cdot (T_{Heizraum} - T) \tag{77}$$

Zur Lösung der PDGL werden zunächst konstante Werte aus Gl. (77) zu den folgenden Konstanten zusammengefasst:

$$\frac{\lambda_{Glas}}{\rho \cdot c_p} = \psi_1 \tag{78}$$

$$\frac{\alpha_{eff}}{s \cdot \rho \cdot c_p} = \psi_2 \tag{79}$$

Für die Lösung werden folgende Randbedingungen und eine Übertemperatur definiert:

$$T_{Heizraum} - T = \Gamma,\ T_t = -\Gamma_t,\ T_r = -\Gamma_r,\ T_{rr} = -\Gamma_{rr}, \tag{80}$$

und nach dem Radius abgeleitet. Dieser Zusammenhang ergibt:

$$\frac{d\Gamma}{dr} = \frac{d(T_{Heizraum} - T)}{dr} = \frac{dT_{Heizraum}}{dr} - \frac{dT}{dr} = -\frac{dT}{dr} \tag{81}$$

Durch das Einsetzen liegt nun folgende Gleichung vor:

$$\frac{\partial \Gamma}{\partial t} = \psi_1 \cdot \left[\frac{1}{r} \cdot \frac{\partial \Gamma}{\partial r} + \frac{\partial^2 \Gamma}{\partial r^2}\right] - \psi_2 \cdot \Gamma \tag{82}$$

Weiterhin wird definiert:

$$T(r = 0{,}0165,\ t) = g_1(t),\ \Gamma(r = 0{,}0165,\ t) = T_{Heizraum} - g_1(t) = g_2(t) \tag{83}$$

$$T_r(r = 0,\ t) = 0,\ \Gamma_r(r = 0,\ t) = 0 \rightarrow Symmetrie \tag{84}$$

$$T(r, t = 0) = F(r),\ \Gamma(r, t = 0) = T_{Heizraum} - F(r) = F_1(r) \tag{85}$$

Die Gleichungen (83) und (86) wurden aus Messdaten der Temperaturergänzungsversuche aus Kapitel 6.2.1 ermittelt. *F(r)* gibt hierbei die initiale Temperaturverteilung über den Radius der Glasscheibe unter Berücksichtigung von Wärmeabfuhr in das Formwerkzeug an.

$$F(r) = 200{,}7 \cdot e^{(0{,}01256 \cdot r)} + 200{,}7 \cdot e^{(-0{,}01256 \cdot r)} \tag{86}$$

Zur Lösung der PDGL wird die Separation der Variablen angewandt, die zu folgender Lösungsfunktion führt:

$$\Gamma = R(r) \cdot P(t) \tag{87}$$

Mit Gl. (87) kann Gl. (82) in folgende Form überführt werden:

$$R \cdot \dot{P} = \psi_1 \cdot \left[\frac{1}{r} \cdot R' \cdot P + R'' \cdot P\right] - \psi_2 \cdot R \cdot P \tag{88}$$

Eine Division durch *R* und *P* ergibt:

$$\frac{\dot{P}}{P} = \psi_1 \cdot \left[\frac{1}{r} \cdot \frac{R'}{R} + \frac{R''}{R}\right] - \psi_2 \tag{89}$$

Hierdurch ist ersichtlich, dass die linke Seite eine Funktion der Zeit und die rechte Seite eine Funktion des Radius ist. Somit liegen zwei Teillösungen vor. Damit die Gleichung gültig ist, müssen beide Seiten gleich einem konstanten Wert ψ_3 sein:

$$\frac{\dot{P}}{P} = \psi_1 \cdot \left[\frac{1}{r} \cdot \frac{R'}{R} + \frac{R''}{R}\right] - \psi_2 = \psi_3 \tag{90}$$

Die erste Teillösung ermöglicht eine Trennung der Variablen mit anschließender Integration. Die zweite Teillösung wird umgeformt zu:

$$\psi_1 \cdot \left[\frac{1}{r} \cdot \frac{R'}{R} + \frac{R''}{R}\right] - \psi_2 = \psi_3 \Leftrightarrow \frac{1}{r} \cdot \frac{R'}{R} + \frac{R''}{R} = \frac{\psi_3 + \psi_2}{\psi_1} \tag{91}$$

Mit dem Ziel einer homogenen DGL können weitere Umformungen durchgeführt werden:

$$\frac{1}{r} \cdot \frac{R'}{R} + \frac{R''}{R} - \frac{\psi_3 + \psi_2}{\psi_1} = 0 \Leftrightarrow R'' + \frac{1}{r} \cdot R' - \left[\frac{\psi_3 + \psi_2}{\psi_1}\right] \cdot R = 0 \tag{92}$$

Mit:

$$-\left[\frac{\psi_3 + \psi_2}{\psi_1}\right] = \psi_6 \tag{93}$$

Für $\psi_6 < 0$ ergibt das Gleichungssystem einen Widerspruch – eine imaginäre Lösung der modifizierten BOWMAN-BESSEL kann ausgeschlossen werden. ψ_6 muss daher positiv sein. Durch Multiplikation mit r^2 ergibt sich die homogene DGL:

$$r^2 \cdot R'' + r \cdot R' + \psi_6 \cdot r^2 \cdot R = 0 \tag{94}$$

Aufgrund des rotationssymmetrischen Problems wird die BESSEL-Funktion

$$r^2 \cdot R'' + r \cdot R' + r \cdot R = 0 \tag{95}$$

zum Vergleich hinzugezogen. Es kann festgestellt werden, dass die Funktionen in Gl. (94) und Gl. (96) ähnlich sind, aber im letzten Summanden voneinander abweichen.

Aufgrund dessen wird die von BOWMAN transformierte BESSEL-Funktion

$$r^2 \cdot R'' + (2B + 1) \cdot r \cdot R' + \left(a^2 \cdot r^{2f} + \beta^2\right) \cdot R = 0 \tag{96}$$

verwendet. Ein Koeffizientenvergleich mit Gl. (88) ergibt:

$$B = 0,\ f = 1,\ \beta = 0,\ a^2 = \psi_6 \tag{97}$$

```
clear all;
close all;
clc;
% start of program
%H & H1 are for showing the governing parameters of the curve in a table.
%The number of rows_125
%are entered manually based on number of experiments that we have!
% H is for 0 angle and H1 is for 90 degree


i=0;
j=0;
H = zeros(130,9);
H1= zeros(130,9);

%%Importing Data from MOD files%%
for z=1660:1:1872;
z
% we do not have below EXP IDs
   if  z== (1661)||z== (1666)||z== (1667)||z== (1668)||z== (1669)||z== (1673)||z== (1675)||z== (1676)||z== (1677)||z== (1678)||z== (1679)||...
      z== (1680)||z== (1681)||z== (1689)||z== (1690)||z== (1699)||z== (1700)||z== (1712)||z== (1719)||z== (1720)||z== (1721)||...
      z== (1722)||z== (1723)||z== (1724)||z== (1725)||z== (1726)||z== (1727)||z== (1728)||z== (1729)||z== (1730)||z== (1731)||...
      z== (1732)||z== (1733)||z== (1734)||z== (1741)||z== (1742)||z== (1748)||z== (1749)||z== (1750)||z== (1751)||...
      z== (1753)||z== (1755)||z== (1760)||z== (1767)||z== (1768)||z== (1769)||z== (1771)||z== (1772)||z== (1775)||z== (1776)||z== (1777)||...
      z== (1778)||z== (1779)||z== (1780)||z== (1781)||z== (1782)||z== (1783)||z== (1792)||z== (1794)||z== (1796)||z== (1800)||z== (1801)||...
      z== (1802)||z== (1803)||z== (1808)||z== (1809)||z== (1822)||z== (1823)||z== (1824)||z== (1825)||z== (1826)||z== (1827)||...
      z== (1828)||z== (1835)||z== (1841)||z== (1842)||z== (1844)||z== (1851)||z== (1852)||z== (1855)||z== (1862)||z== (1863)||z==
(1866)||z== (1867)...
      continue
   else
   for p=[0, 90]
% fname='file name.MOD';
fname=[num2str(z) '_' num2str(p) '.MOD'];
% Importing the MOD file on Matlab
fid = fopen(fname,'r');
fseek(fid, 0, 'eof');
chunksize = ftell(fid);
fseek(fid, 0, 'bof');
ch = fread(fid, chunksize, '*uchar');
% end of importing

%%Sorting of imported data%%

% number of lines
nol = sum(ch == sprintf('\n'));
fclose(fid);

% our data starts from the 12th row and continues to three rows b4 the end!
F=dlmread(fname, ' ', [12 0 nol-3 0]);
sizeF=size(F,1)./2;
Fnew=[F(1:sizeF) F(sizeF+1:end)];
ymin=min(Fnew(:,2));
Fnew(:,2)=Fnew(:,2)-ymin;

% These data measured later, so they have different X-range with respect to
% other files
if z==1682||z==1709||z==1821||z==1832
   Fnew(:,1)=Fnew(:,1)+60;
end

% figure
% plot(Fnew(:,1), Fnew(:,2));
%%End of the sorting data%%

%% data cutting1%%
max_y =max(Fnew(:,2));
%number of data we want to keep in both sides of peak value (total ~ 69000)
C=34000;

%position of the peak value
[w,v]=find(Fnew==max_y);
Fnew1=Fnew;

n=0;
for r=1:size(Fnew(:,1))
   if r<(w-C) || r>(w+C)
      Fnew1(r-n,:)=[];
      n=n+1;
   end

end
```

Abbildung 11.10: **MATLAB Code des Zuschneidens und des Fitting Ansatzes *GAUß2* Teil I**

MATLAB code of cutting and fitting approach GAUß2 Part I

```
% plot(Fnew1(:,1), Fnew1(:,2));
x=Fnew1(:,1);
y=Fnew1(:,2);

%%End of Data Cutting%%

%% start of fitting process%%
a_up_bound=4;
a_dw_bound=0;
a_strt=0;

b_up_bound=120;
b_dw_bound=85;
b_strt=86;

c_up_bound=16;
c_dw_bound=2;
c_strt=3;

s = fitoptions('Method','NonlinearLeastSquares',...
        'Lower',    [a_dw_bound  b_dw_bound  c_dw_bound],...
        'Upper',    [a_up_bound  b_up_bound  c_up_bound],...
        'StartPoint',[a_strt b_strt c_strt],...
        'Algorithm','trust-region',...
        'TolFun',1e-30,...
        'TOlX',1e-30,...
        'Maxiter',1e30,...
        'MaxFunEvals',1e3);

f = fittype('(a.*exp(-((x-b).^2)./(2.*c.^2)))',...
        'coefficients',{'a','b','c'},...
        'options',s);
[c,gof] = fit(x,y,f);
Aa=coeffvalues(c)';

% hold on

I=x;
V=(Aa(1).*exp(-((x-Aa(2)).^2)./(2.*Aa(3).^2)));


% plot(I,V,'r');
% hold off;

%%end of fitting process%%

%% Peak to Valley According to EN ISO 4287:1998%%

% Error b/w Experimental Data and the Fitting curve
Error= V-Fnew1(:,2);
% Peak to Valley
pz=max(Error);
pv=min(Error);

if pz<0
   pz=0;
end

if pv>0
   pv=0;
end
peak_to_valley=abs(pv)+pz;
%%%%%End of peak to valley%%%%%
%% Exporting Data
   if p==0
         i=i+1;
 H(i,1)=z+0.01*p;
% %Height
 H(i,2)=Aa(1);
% %Peak Location
 H(i,3)=Aa(2);
%width
 H(i,4)=Aa(3);
% %Error Squared
 H(i,5)=sum((y-V).^2);
% Absolute Error
 H(i,6)=sum(abs(y-V));
%peak to valley
 H(i,7)= peak_to_valley;
%PV((-)/valley value) of the peak to valley
```

Abbildung 11.11: **MATLAB Code des Zuschneidens und des Fitting Ansatzes *GAUß₂* Teil II**

MATLAB code of cutting and fitting approach GAUß₂ Part II

```
H(i,8)=abs(pv);
%PZ(+/peak value) of the peak to valley
H(i,9)=pz;

    else if p==90
        j=j+1;
%ID Number
H1(j,1)=z+0.01*p;
%Height
H1(j,2)=Aa(1);
%Peak Location
H1(j,3)=Aa(2);
% %width
H1(j,4)=Aa(3);
%Error Squared
H1(j,5)=sum((y-V).^2);
% Absolute Error
H1(j,6)=sum(abs(y-V));
%peak to valley
H1(j,7)= peak_to_valley;
%PV((-)/valley value) of the peak to valley
H1(j,8)=abs(pv);
%PZ(+/peak value) of the peak to valley
H1(j,9)=pz;

        end
    end

    end

    end
end
```

Abbildung 11.12: **MATLAB Code des Zuschneidens und des Fitting Ansatzes *GAUß2* Teil III**
MATLAB code of cutting and fitting approach GAUß2 Part III

Stahl 1.4841 Wärmeleitfähigkeit			
Temperatur °C	20	500	800
Wärmeleitfähigkeit $\frac{W}{m \cdot K}$	15	19	24,8

Stahl 1.4841 Dichte	
Dichte $\frac{kg}{m^3}$	7900

Stahl 1.4841 Elastizität			
Temperatur °C	20	600	1000
Elastizitätsmodul GPa	196	150	120
Poisson-Zahl	0,285	0,311	0,311

Stahl 1.4841 Wärmekapazität	
Spezifische Wärmekapazität $\frac{kJ}{kg \cdot K}$	4,72

Stahl 1.4841 Wärmeausdehnung					
Temperatur °C	20	400	600	800	100
Ausdehnung $\frac{1}{K}$	1,55E-5	1,70E-5	1,88E-5	1,94E-5	2,00E-05

Abbildung 11.13: **Materialdaten 1.4841**
Material data 1.484

Glas Xen3D Wärmeleitfähigkeit								
Temperatur °C	20	100	200	300	400	500	600	700
Wärmeleitfähigkeit $\frac{W}{m \cdot K}$	1,22	1,22	1,29	1,36	1,42	1,44	1,57	1,63

Glas Xen3D Dichte	
Dichte $\frac{kg}{m^3}$	2482

Glas Xen3D Wärmekapazität										
Temperatur °C	100	200	300	400	430	500	600	660	700	720
Spezifische Wärmekapazität $\frac{J}{kg \cdot K}$	955	1056	1139	1207	1224	1287	1533	1534	1538	1540

Glas Xen3D Elastizität	
Elastizitätsmodul GPa	4,72
Poisson-Zahl	0,22

Glas Xen3D Wärmeausdehnung				
Temperatur °C	300	400	505	700
Ausdehnung $\frac{1}{K}$	8,50E-6	8,82E-6	9,20E-6	1,05E-5

Glas Xen3D viskoelastische Eigenschaften			
Prony-Serie	0,999981 1,90E-05		0,00195221 647,0955
WLF-Funktion	C_1 = 3,7208	C_2 = 252,0043	T_r = 680 °C

Abbildung 11.14: Materialdaten Xen3D
Material data Xen3D

Tabelle 11.4: Nachweis der Fähigkeit der Strahlungslinearisierung
Demonstration of the ability of radiation linearization

T_1 [°C]	T_2 [°C]	$T_1^4 - T_2^4$	$4 \cdot T_1^3 \cdot (T_1 - T_2)$
900	800	5,68E+11	6,46E+11
900	700	9,97E+11	1,29E+12
900	600	1,31E+12	1,94E+12
900	500	1,54E+12	2,58E+12
900	400	1,69E+12	3,23E+12
900	300	1,79E+12	3,88E+12
900	200	1,84E+12	4,52E+12
900	100	1,87E+12	5,17E+12

Versuchspläne:

Serie 69

Heizraumsolltemperatur	Heizzeit	Öffnungsgrad	Vakuumdauer	Glasdicke	**Versuchs-ID (mod.)**	TE4_[C]_max_Glas-T	TE5_[C]_max_Glas-T	TE6_[C]_max_Glas-T	a_GHV2_0	b_GHV2_0	c_GHV2_0	PV_GHV2_0	a_GHV2_90	b_GHV2_90	c_GHV2_90	PV_GHV2_90	Abs_PV_0 [µm]	Abs_PV_90 [µm]	TE9_[C]_max	TE10_[C]_max	TE11_[C]_max	TE12_[C]_max	Ra_Mitte	Ausdünnung_Normiert	Pyrometer_max_Vorheizen	Pyrometer_max_Messen_nach_Umfor	Formenheizung_3_max	min_DFS_1_[l/min]	min_DFS_2_[l/min]	min_Drucksensor [mbar]
950	130	10	7.5	2,0	**1660**	631.0	578.3	503.6	3.9	95.6	15.3	0.5	4.0	96.4	15.8	0.4	977.1	1061.0	486.5	477.6	473.1	490.4	33.0	0.0	466.8	532.1	443.7	-2.2	-1.0	-99.3
950	130	10	7.5	0,7	**1662**	625.2	572.6	503.3	4.0	95.1	16.0	1.0	4.0	96.4	16.0	1.0	827.4	748.6	488.7	481.8	477.6	491.6	26.5	0.0	468.5	506.5	446.4	-2.0	-1.0	-99.1
950	130	10	7.5	0,7	**1664**	625.2	572.6	503.3	4.0	95.6	16.0	0.9	4.0	96.2	16.0	1.0	730.4	735.1	487.9	481.4	477.4	491.0	30.8	0.0	468.9	505.2	445.3	-2.0	-1.0	-98.4
950	130	10	7.5	2,0	**1665**	631.0	578.3	503.6	4.0	96.0	15.2	0.4	3.9	96.2	15.1	0.5	1093.6	1077.9	487.5	477.8	472.0	491.0	18.1	0.0	468.5	533.9	445.6	-2.0	-1.0	-98.0
850	130	10	7.5	0,7	**1670**	556.5	505.5	479.1	4.0	95.8	16.0	0.7	4.0	96.0	16.0	0.7	909.9	928.8	469.0	464.7	459.2	472.6	28.3	0.0	466.9	482.1	443.9	-2.2	-1.0	-100.0
850	130	10	7.5	2,0	**1671**	528.7	500.5	478.5	4.0	95.5	13.6	0.3	4.0	96.8	13.6	0.3	1416.4	1554.6	468.1	462.9	456.8	472.1	12.4	0.0	467.9	500.8	444.0	-2.0	-1.0	-99.3
850	130	10	7.5	2,0	**1672**	528.7	500.5	478.5	4.0	95.6	13.5	0.3	4.0	95.9	13.6	0.3	1411.5	1409.3	467.8	461.9	456.4	471.1	21.1	0.0	467.3	499.6	443.8	-2.3	-1.0	-98.4
850	130	10	7.5	0,7	**1674**	556.5	505.5	479.1	4.0	95.7	15.8	0.7	4.0	96.1	15.9	0.7	975.4	982.2	468.7	464.4	459.1	472.2	27.0	0.0	467.8	482.3	444.0	-2.5	-1.0	-100.0
925	120	15	6.3	0,7	**1682**	607.0	556.8	494.4	4.0	94.9	15.3	0.8	4.0	94.9	14.8	0.7	1183.2	1260.7	480.6	474.5	469.6	483.9	37.2	0.0	468.1	495.7	444.2	-3.3	-1.0	-142.0
925	120	15	8.8	0,7	**1683**	607.0	556.8	494.4	4.0	95.6	16.0	1.0	4.0	96.1	16.0	1.0	845.2	882.6	481.5	475.5	470.2	484.8	25.2	0.0	468.6	497.4	444.3	-3.0	-1.0	-143.0
925	120	5	6.3	2,0	**1684**	600.6	553.6	493.3	3.9	95.8	14.5	0.4	3.9	95.6	14.5	0.4	1187.5	1277.1	479.9	471.0	464.9	483.3	15.5	0.0	468.8	522.3	443.9	-1.3	-1.0	-53.0
925	120	15	6.3	2,0	**1685**	600.6	553.6	493.3	4.0	96.0	14.6	0.4	4.0	96.4	14.7	0.4	1158.4	1247.4	480.0	471.6	465.1	483.8	21.1	0.0	469.5	522.7	444.3	-2.9	-1.0	-142.1
925	140	15	6.3	0,7	**1686**	610.6	560.1	498.3	4.0	96.0	15.9	1.0	4.0	96.3	15.9	1.0	1150.7	1156.4	484.6	477.0	471.3	487.0	76.1	0.0	468.3	500.3	444.9	-3.2	-1.0	-142.6
925	140	15	6.3	2,0	**1687**	613.3	564.0	497.3	4.0	95.8	14.9	0.4	4.0	95.8	14.8	0.4	1117.6	1149.6	483.2	475.6	470.6	487.1	8.2	0.0	468.6	527.6	444.3	-3.2	-1.0	-143.0
925	140	15	8.8	0,7	**1688**	610.6	560.1	498.3	4.0	96.1	15.4	0.8	4.0	96.5	15.7	0.8	1101.6	1229.0	484.3	478.1	474.0	487.4	20.5	0.0	469.0	500.6	445.0	-3.3	-1.0	-144.0
925	120	5	6.3	0,7	**1691**	607.0	556.8	494.4	4.0	95.7	15.9	0.9	4.0	96.1	16.0	0.9	1049.9	1050.3	480.9	474.1	469.6	483.8	23.9	0.0	466.0	496.3	443.7	-1.5	-1.0	-52.3
925	120	15	8.8	2,0	**1692**	600.6	553.6	493.3	4.0	95.9	16.0	0.9	4.0	96.5	16.0	0.8	565.2	798.1	480.7	472.6	466.7	483.8	62.0	0.0	469.4	524.2	444.3	-3.2	-1.0	-141.2
925	120	15	8.8	0,7	**1693**	607.0	556.8	494.4	4.0	96.0	15.3	0.9	4.0	96.3	15.1	0.8	1303.7	1374.8	482.1	476.0	471.0	485.3	23.2	0.0	468.8	498.0	444.3	-3.4	-1.0	-143.3
925	140	15	8.8	0,7	**1694**	610.6	560.1	498.3	4.0	95.3	16.0	1.1	4.0	96.1	16.0	1.0	1061.1	1085.6	484.0	477.1	471.8	487.0	50.5	0.0	468.1	500.7	444.8	-3.0	-1.0	-142.9
925	140	5	8.8	0,7	**1695**	610.6	560.1	498.3	4.0	94.9	16.0	0.9	4.0	97.0	16.0	0.8	1084.5	1149.0	484.5	478.8	474.4	488.2	12.4	0.0	469.4	501.9	444.9	-1.3	-1.0	-53.9
925	140	5	6.3	0,7	**1696**	610.6	560.1	498.3	4.0	95.4	16.0	0.9	4.0	97.2	16.0	0.8	990.3	1204.4	484.0	478.3	473.8	487.3	9.8	0.0	466.7	501.2	444.8	-1.6	-1.0	-52.6
925	120	15	6.3	2,0	**1697**	600.6	553.6	493.3	4.0	95.3	15.5	0.5	4.0	95.9	14.7	0.4	1244.3	1135.2	480.1	471.8	465.4	483.9	15.7	0.0	467.6	523.1	444.0	-3.1	-1.0	-142.0
925	140	15	6.3	2,0	**1698**	613.3	564.0	497.3	4.0	96.2	15.0	0.4	4.0	96.3	15.0	0.4	1136.8	11381.0	483.3	476.1	471.0	487.3	7.9	0.0	467.3	527.5	444.3	-0.9	-1.0	-143.4
925	140	5	8.8	2,0	**1701**	613.3	564.0	497.3	3.9	95.3	14.6	0.4	3.9	95.9	14.6	0.4	1158.3	1149.5	483.6	475.8	470.0	487.5	8.7	0.0	469.0	528.4	444.2	-2.0	-1.0	-55.1
925	120	5	6.3	2,0	**1702**	600.6	553.6	493.3	4.0	96.0	15.0	0.4	4.0	95.3	15.0	0.4	1187.2	1214.5	480.3	472.0	465.5	484.0	22.4	0.0	468.1	523.4	444.3	-1.6	-1.0	-53.5
925	140	5	6.3	2,0	**1703**	613.3	564.0	497.3	4.0	95.7	15.2	0.4	3.9	96.3	15.0	0.4	1165.4	1115.4	483.1	475.9	471.0	487.1	9.7	0.0	466.5	527.3	444.0	-1.5	-1.0	-53.0

925	140	15	8.8	2,0	**1704**	613.3	564.0	497.3	4.0	96.1	14.9	0.4	4.0	95.8	15.0	0.4	1139.8	1097.1	483.2	475.5	470.0	486.9	16.6	0.0	467.5	527.6	444.2	-3.0	-1.0	-143.5
925	140	5	8.8	0,7	**1705**	610.6	560.1	498.3	4.0	96.0	15.3	0.9	4.0	96.2	15.3	0.9	1290.7	1250.4	483.1	476.2	470.6	485.8	36.1	0.0	466.5	499.6	443.8	-1.7	-1.0	-55.5
925	140	5	6.3	2,0	**1706**	613.3	564.0	497.3	4.0	96.4	15.0	0.4	3.9	96.6	14.7	0.3	1179.7	1259.2	483.1	475.1	469.3	486.6	16.1	0.0	467.2	528.0	444.1	-1.8	-1.0	-52.3
925	140	15	6.3	0,7	**1707**	610.6	560.1	498.3	4.0	96.1	16.0	0.7	4.0	97.5	16.0	0.8	1036.4	1128.1	484.3	478.8	474.3	487.5	11.7	0.0	468.1	501.3	445.2	-3.3	-1.0	-140.9
925	120	5	6.3	0,7	**1708**	607.0	556.8	494.4	4.0	96.1	14.9	0.8	4.0	96.4	15.6	0.9	1313.8	1286.0	480.8	473.8	468.8	483.8	49.2	0.0	468.3	496.1	443.2	-1.6	-1.0	-54.4
925	120	5	8.8	0,7	**1709**	607.0	556.8	494.4	4.0	94.8	14.8	0.9	4.0	93.4	16.0	1.1	1352.0	1480.1	481.3	474.5	468.7	484.6	66.7	0.0	468.7	497.4	443.8	-1.9	-1.0	-54.8
925	120	15	8.8	2,0	**1710**	600.6	553.6	493.3	3.9	96.1	14.7	0.4	4.0	94.9	16.0	0.6	1155.0	1221.4	480.5	472.3	465.6	484.0	22.1	0.0	468.0	523.9	444.3	-3.2	-1.0	-143.9
925	120	5	8.8	2,0	**1711**	600.6	553.6	493.3	3.9	95.7	14.5	0.4	3.9	96.5	14.5	0.3	1222.2	1243.8	480.5	472.3	465.6	484.0	8.7	0.0	469.4	523.9	444.2	-1.7	-1.0	-54.5
925	140	5	6.3	0,7	**1713**	610.6	560.1	498.3	4.0	95.6	15.7	0.8	4.0	97.3	15.8	0.8	1081.3	1257.9	483.5	477.3	472.8	486.7	19.1	0.0	464.7	500.0	444.3	-1.9	-1.0	-53.2
925	120	5	8.8	2,0	**1714**	600.6	553.6	493.3	4.0	98.8	16.0	0.8	4.0	96.3	16.0	1.1	1068.2	672.3	480.7	473.7	467.9	485.5	22.0	0.0	468.0	523.1	444.5	-1.2	-1.0	-53.4
925	120	15	6.3	0,7	**1715**	607.0	556.8	494.4	4.0	96.1	15.5	1.0	4.0	96.6	15.5	1.0	1228.7	1273.6	481.3	474.1	468.8	484.3	109.8	0.0	467.8	497.1	443.7	-3.0	-1.0	-143.5
925	140	5	8.8	2,0	**1716**	613.3	564.0	497.3	3.9	96.2	14.7	0.4	3.9	97.0	14.9	0.4	1229.5	1256.6	483.5	475.7	470.2	487.5	17.0	0.0	469.0	528.0	444.5	-1.5	-1.0	-53.7
925	140	15	8.8	2,0	**1717**	613.3	564.0	497.3	4.0	96.5	15.4	0.4	4.0	96.7	14.8	0.4	1162.0	1206.8	483.1	475.0	469.1	486.6	23.0	0.0	468.4	528.1	444.1	-3.2	-1.0	-143.2
925	120	5	8.8	0,7	**1718**	607.0	556.8	494.4	4.0	96.2	15.3	0.9	4.0	95.9	14.9	0.9	1326.8	1338.0	481.5	474.1	468.6	484.4	65.2	0.0	466.9	497.4	444.0	-1.4	-1.0	-55.4
900	110	10	7.5	2,0	**1735**	571.8	521.1	485.5	3.9	96.2	14.2	0.3	4.0	96.5	14.3	0.3	1292.4	1317.2	473.5	466.1	459.5	477.2	12.8	0.0	468.2	510.9	444.1	-2.2	-1.0	-98.1
900	130	10	7.5	0,7	**1736**	591.5	546.0	490.2	4.0	95.8	16.0	0.9	4.0	96.2	16.0	0.9	921.8	834.7	477.6	472.1	467.2	480.8	26.5	0.0	468.5	492.8	444.2	-2.2	-1.0	-98.0
900	130	10	7.5	2,0	**1737**	586.7	542.5	489.7	3.9	95.7	14.1	0.3	3.9	96.1	14.2	0.3	1283.5	1254.8	475.7	468.7	462.1	479.5	14.5	0.0	466.8	515.4	444.1	-2.0	-1.0	-98.7
900	130	10	7.5	0,7	**1738**	591.5	546.0	490.2	4.0	96.1	16.0	1.0	4.0	96.7	16.0	1.0	1047.4	1020.9	477.8	471.6	466.5	480.8	36.8	0.0	467.0	492.5	444.1	-2.5	-1.0	-98.2
900	150	10	7.5	2,0	**1739**	595.6	550.0	493.0	3.9	96.6	14.1	0.3	4.0	96.5	14.6	0.4	1389.9	1305.8	478.9	471.1	465.4	482.3	19.8	0.0	468.4	518.9	444.4	-2.0	-1.0	-98.0
900	130	0	7.5	2,0	**1740**	586.7	542.5	489.7	1.3	96.3	11.3	0.2	1.3	96.9	11.5	0.2	2940.6	2988.6	475.8	468.1	462.1	479.2	2.9	0.0	467.4	515.0	443.8	0.1	0.0	-0.6
900	130	10	7.5	2,0	**1743**	586.7	542.5	489.7	4.0	96.0	14.0	0.3	4.0	96.2	14.0	0.3	1308.4	1341.4	476.7	469.0	462.8	480.5	44.5	0.0	464.6	516.0	444.3	-2.3	-1.0	-98.9
900	130	10	5.0	2,0	**1744**	586.7	542.5	489.7	3.9	95.7	14.2	0.3	3.9	96.5	14.3	0.3	1252.7	1227.7	476.0	468.5	462.6	479.9	15.7	0.0	467.5	515.7	444.0	-2.2	-1.0	-95.9
900	130	10	7.5	2,0	**1745**	586.7	542.5	489.7	3.9	96.2	14.0	0.3	4.0	96.4	14.0	0.3	1352.8	1353.1	475.9	468.3	462.6	479.6	54.3	0.0	467.7	515.2	443.6	-2.0	-1.0	-99.1
900	130	20	7.5	0,7	**1746**	591.5	546.0	490.2	4.0	96.1	16.0	1.0	4.0	96.5	16.0	1.0	1022.7	1030.7	477.6	471.3	466.1	480.7	71.8	0.0	469.0	492.5	444.1	-3.4	-1.0	-187.3
900	130	10	7.5	2,0	**1747**	586.7	542.5	489.7	3.9	95.6	14.2	0.3	3.9	96.1	14.3	0.3	1283.8	1239.1	476.8	469.1	463.1	480.5	5.8	0.0	469.3	516.9	444.0	-2.0	-1.0	-99.0
900	130	10	7.5	2,0	**1752**	586.7	542.5	489.7	3.9	96.0	14.3	0.3	3.9	97.4	14.3	0.3	1230.4	1485.6	475.6	468.8	462.5	479.5	9.3	0.0	466.5	514.8	443.7	-2.3	-1.0	-99.1
900	130	10	10.0	2,0	**1754**	586.7	542.5	489.7	4.0	96.3	14.3	0.3	3.9	96.6	14.1	0.3	1279.8	1313.5	475.9	468.6	462.6	479.5	24.9	0.0	468.1	516.4	443.9	-2.3	-1.0	-99.9
900	130	10	7.5	0,7	**1755**	591.5	546.0	490.2											477.9	474.5	470.3	481.3		1.0	467.7	493.3	444.1	-2.3	-1.0	-91.4
900	130	20	7.5	2,0	**1756**	586.7	542.5	489.7	3.9	95.6	15.1	0.4	3.9	95.4	15.1	0.3	1204.7	1255.9	476.8	469.6	463.8	480.6	8.3	0.0	468.5	515.8	444.0	-3.9	-1.0	-187.1
900	130	10	7.5	2,0	**1757**	586.7	542.5	489.7	3.9	96.3	14.2	0.3	3.9	96.3	14.2	0.3	1354.4	1253.0	476.0	468.5	462.8	479.5	24.3	0.0	468.1	514.8	443.8	-2.1	-1.0	-99.2
900	130	20	7.5	0,7	**1758**	591.5	546.0	490.2	4.0	95.8	16.0	1.0	4.0	96.5	16.0	1.0	954.7	986.5	477.8	471.5	466.4	481.0	65.2	0.0	467.8	493.1	444.3	-3.8	-1.0	-184.8
900	150	10	7.5	2,0	**1759**	595.6	550.0	493.0	3.9	96.2	14.3	0.3	3.9	96.6	14.2	0.3	1233.1	1292.7	478.4	471.3	465.5	482.0	12.0	0.0	468.6	518.9	443.9	-2.2	-1.0	-98.7
900	150	10	7.5	0,7	**1761**	594.0	548.5	493.2	4.0	96.1	16.0	0.9	4.0	96.3	16.0	1.0	1043.7	981.8	479.9	473.3	468.5	482.8	56.9	0.0	468.1	495.8	444.3	-2.1	-1.0	-98.8
900	130	0	7.5	0,7	**1762**	591.5	546.0	490.2	1.7	96.7	14.6	0.4	1.7	96.7	14.6	0.4	3751.8	2610.7	478.3	473.0	468.3	481.9	32.5	0.0	469.8	492.5	444.5	0.1	0.0	-1.1
900	110	10	7.5	0,7	**1763**	588.3	542.9	487.2	4.0	96.0	16.0	0.9	4.0	96.6	16.0	0.9	941.1	932.5	476.0	470.1	465.0	479.1	46.7	0.0	468.0	490.8	443.8	-2.0	-1.0	-97.9
900	130	10	7.5	0,7	**1764**	591.5	546.0	490.2	4.0	96.1	16.0	1.0	4.0	96.4	16.0	0.9	931.4	951.4	478.0	472.1	467.3	481.2	31.7	0.0	468.5	493.0	443.6	-2.0	-1.0	-98.9

II/IV

900	130	10	7.5	2,0	**1765**	586.7	542.5	489.7	4.0	96.4	14.5	0.3	3.9	95.9	14.2	0.3	1295.1	1255.0	477.0	469.5	463.3	480.6	6.4	0.0	469.2	517.1	444.3	-2.2	-1.0	-99.0
900	130	10	7.5	0,7	**1766**	591.5	546.0	490.2	4.0	97.4	15.3	0.8	4.0	93.2	16.0	0.8	1466.6	1359.2	477.5	472.6	468.2	481.0	17.7	0.0	467.8	492.6	444.4	-2.3	-1.0	-97.2
900	130	10	7.5	0,7	**1770**	591.5	546.0	490.2	4.0	96.2	16.0	1.0	4.0	96.2	16.0	0.9	1002.2	1060.8	477.8	471.7	466.6	481.1	42.0	0.0	467.3	492.8	444.3	-2.2	-1.0	-98.1
900	130	0	7.5	0,7	**1773**	591.5	546.0	490.2	1.9	94.9	15.9	0.5	1.9	94.9	15.9	0.5	5955.1	2494.1	478.0	472.6	467.8	481.3		1.0	468.1	492.1	444.3	0.1	0.0	-1.0
900	130	10	7.5	0,7	**1774**	591.5	546.0	490.2	4.0	96.3	16.0	1.0	4.0	96.3	16.0	0.9	1047.6	1066.0	477.8	471.8	466.5	480.9	37.7	0.0	468.4	492.8	444.0	-2.3	-1.0	-98.2
900	130	10	7.5	0,7	**1784**	591.5	546.0	490.2	4.0	96.0	15.1	0.7	4.0	96.4	15.9	0.7	1226.3	1118.8	477.7	472.5	467.9	482.0	16.3	0.0	468.6	492.5	444.3	-2.4	-1.0	-96.7
900	130	10	7.5	2,0	**1785**	586.7	542.5	489.7	4.0	94.7	16.0	0.8	4.0	93.7	16.0	0.6	1026.5	1075.1	476.1	470.3	463.7	481.1	28.8	0.0	467.8	516.5	444.3	-2.2	-1.0	-96.6
900	130	10	7.5	2,0	**1786**	586.7	542.5	489.7	4.0	95.1	14.7	0.4	3.9	96.5	14.3	0.3	1353.5	1364.8	476.1	468.8	462.8	479.8	24.1	0.0	466.9	515.8	444.0	-2.3	-1.0	-97.8
900	130	10	7.5	0,7	**1787**	591.5	546.0	490.2	4.0	95.5	16.0	1.0	4.0	96.3	16.0	0.9	933.9	975.5	476.8	471.3	466.5	480.2	21.8	0.0	468.3	491.5	443.6	-2.2	-1.0	-97.6
900	130	0	7.5	2,0	**1788**	586.7	542.5	489.7	1.4	96.5	11.5	0.2	1.4	96.5	11.5	0.2	2916.0	2828.3	476.5	469.0	462.7	480.1	7.3	0.0	468.4	516.0	444.1	0.1	0.0	-0.3
900	130	10	5.0	2,0	**1789**	586.7	542.5	489.7	4.0	96.6	14.4	0.3	3.9	96.1	14.0	0.3	1410.0	1321.5	476.4	468.8	462.5	479.7	56.0	0.0	467.6	515.7	443.9	-2.1	-1.0	-95.3
900	130	10	7.5	0,7	**1790**	591.5	546.0	490.2	4.0	95.9	16.0	1.0	4.0	96.3	16.0	1.0	1019.5	1022.1	477.2	471.3	466.3	480.4	60.0	0.0	468.1	492.0	443.7	-2.0	-1.0	-97.8
900	110	10	7.5	2,0	**1791**	571.8	521.1	485.5	4.0	96.0	14.3	0.3	4.0	96.6	15.0	0.4	1302.4	1309.6	474.0	466.6	460.1	478.0	15.6	0.0	469.4	512.4	444.0	-2.1	-1.0	-98.4
900	130	10	7.5	2,0	**1793**	586.7	542.5	489.7	4.0	96.3	14.5	0.3	4.0	96.6	15.3	0.4	1301.5	1221.4	476.9	469.3	463.6	480.6	22.8	0.0	469.2	516.0	444.1	-2.3	-1.0	-98.3
900	130	10	7.5	2,0	**1795**	586.7	542.5	489.7	4.0	95.5	14.9	0.4	4.0	96.2	14.8	0.4	1377.4	1319.7	476.5	469.2	463.0	480.1	24.4	0.0	464.8	515.8	444.1	-2.2	-1.0	-98.4
900	130	10	7.5	2,0	**1797**	586.7	542.5	489.7	4.0	96.1	14.5	0.4	3.9	96.8	14.6	0.4	1499.6	1277.2	476.6	469.3	463.4	480.3	28.1	0.0	468.4	516.0	443.8	-2.3	-1.0	-98.4
900	110	10	7.5	0,7	**1798**	588.3	542.9	487.2	4.0	95.3	16.0	1.0	4.0	95.8	16.0	0.9	1148.8	1117.5	475.6	469.8	464.1	479.0	150.8	0.0	467.4	490.8	444.0	-2.1	-1.0	-98.2
900	130	10	5.0	0,7	**1799**	591.5	546.0	490.2	4.0	95.5	16.0	0.9	4.0	95.6	16.0	0.9	1035.7	1003.3	478.3	472.6	467.1	482.0	46.7	0.0	468.7	493.6	444.3	-1.9	-1.0	-96.1
900	130	10	7.5	2,0	**1804**	586.7	542.5	489.7	3.9	95.3	14.0	0.3	3.9	95.8	14.0	0.3	1308.9	1299.9	476.9	469.5	463.1	480.6	26.1	0.0	465.7	516.8	444.2	-2.2	-1.0	-98.6
900	130	10	7.5	0,7	**1805**	591.5	546.0	490.2	4.0	95.6	16.0	1.0	4.0	96.2	16.0	1.0	1126.2	1120.1	477.6	471.1	465.9	480.9	66.6	0.0	468.2	492.8	444.2	-2.2	-1.0	-99.0
900	130	10	10.0	2,0	**1806**	586.7	542.5	489.7	3.9	95.6	13.9	0.3	4.0	96.1	14.1	0.3	1339.5	1379.9	476.7	469.6	463.5	481.0	26.0	0.0	469.6	516.9	444.0	-2.2	-1.0	-99.5
900	130	20	7.5	2,0	**1807**	586.7	542.5	489.7	3.9	96.8	14.3	0.3	4.0	96.4	14.8	0.3	1472.2	1291.9	476.1	469.1	462.9	479.8	13.4	0.0	467.2	515.9	444.0	-4.0	-1.0	-186.6
900	130	10	7.5	0,7	**1810**	591.5	546.0	490.2	4.0	95.6	15.8	0.9	4.0	95.9	15.8	1.0	1148.2	1141.5	478.0	471.7	466.4	481.4	51.4	0.0	467.5	493.0	444.1	-2.3	-1.0	-98.2
900	130	10	10.0	0,7	**1811**	591.5	546.0	490.2	4.0	95.5	16.0	0.9	4.0	96.5	16.0	0.9	914.4	947.9	477.6	472.1	467.3	481.3	31.3	0.0	468.0	492.8	444.1	-2.2	-1.0	-99.3
900	130	10	5.0	0,7	**1812**	591.5	546.0	490.2	4.0	95.7	15.6	0.9	4.0	96.1	15.7	0.9	1197.6	967.9	477.3	471.6	466.2	481.0	51.4	0.0	468.3	492.2	443.7	-2.2	-1.0	-96.1
900	130	10	7.5	2,0	**1813**	586.7	542.5	489.7	3.9	95.5	13.9	0.3	4.0	96.2	13.9	0.3	1335.1	1362.2	476.5	469.1	462.8	480.1	107.1	0.0	468.3	515.8	444.0	-2.1	-1.0	-97.9
900	130	10	7.5	0,7	**1814**	591.5	546.0	490.2	4.0	95.7	16.0	1.0	4.0	95.8	16.0	0.9	1017.4	1076.5	478.1	472.1	466.6	481.2	33.2	0.0	468.1	493.3	444.5	-2.1	-1.0	-97.7
900	130	10	7.5	0,7	**1815**	591.5	546.0	490.2	4.0	95.6	16.0	0.9	4.0	95.9	16.0	1.0	1064.1	1086.7	477.8	471.6	466.5	481.2	53.7	0.0	468.3	493.4	444.2	-2.0	-1.0	-97.6
900	150	10	7.5	0,7	**1820**	594.0	548.5	493.2	4.0	95.8	16.0	1.0	4.0	96.0	16.0	0.9	986.5	1009.0	479.7	473.9	468.5	483.3	53.4	0.0	469.0	496.0	444.0	-2.2	-1.0	-98.8
900	130	10	10.0	0,7	**1821**	591.5	546.0	490.2	4.0	94.7	15.1	0.7	4.0	95.6	15.4	0.7	1187.1	1311.3	477.9	472.3	467.8	481.1	16.5	0.0	468.6	493.3	444.0	-2.1	-1.0	-98.6
875	140	15	6.3	2,0	**1829**	571.1	514.8	485.3	4.0	96.4	13.8	0.3	4.0	96.4	14.1	0.3	1535.5	1386.0	473.4	467.2	461.1	477.5	16.1	0.0	468.7	510.4	444.3	-3.3	-1.0	-141.5
875	120	5	6.3	2,0	**1830**	542.2	508.3	481.6	2.8	95.6	13.4	0.2	2.8	95.2	13.2	0.3	1805.4	1965.6	470.8	464.3	458.1	474.4	16.5	0.0	467.6	505.8	444.3	-1.5	-1.0	-43.7
875	140	5	6.3	2,0	**1831**	571.1	514.8	485.3	3.9	96.2	13.7	0.3	3.9	95.6	13.8	0.3	1542.5	1337.3	473.0	466.4	460.4	477.1	13.6	0.0	468.0	510.6	444.1	-1.6	-1.0	-47.8
875	140	15	8.8	0,7	**1832**	578.6	536.3	486.0	4.0	94.8	16.0	0.9	4.0	95.3	16.0	0.9	947.1	971.3	474.0	468.7	463.5	477.5	46.3	0.0	467.9	488.8	443.8	-3.2	-1.0	-144.0
875	120	5	6.3	2,0	**1833**	542.2	508.3	481.6	3.9	95.9	14.3	0.3	3.9	96.0	13.8	0.3	1288.4	1370.9	471.3	464.9	458.6	474.9	22.5	0.0	469.0	506.5	444.3	-1.1	-1.0	-44.2
875	120	15	6.3	0,7	**1834**	575.6	533.9	483.4	4.0	95.3	16.0	0.9	4.0	96.0	16.0	0.8	903.7	867.4	472.3	467.4	462.4	476.0	47.6	0.0	468.1	486.8	444.2	-3.2	-1.0	-141.8

875	120	15	6.3	2,0	**1836**	542.2	508.3	481.6	4.0	95.2	14.3	0.4	4.0	95.8	13.8	0.3	1364.4	1365.2	471.1	464.1	458.3	474.6	59.6	0.0	467.0	506.2	444.0	-3.3	-1.0	-143.0
875	120	5	8.8	2,0	**1837**	542.2	508.3	481.6	4.0	95.6	14.5	0.4	4.0	95.6	13.8	0.3	1391.6	1377.3	471.4	464.7	458.5	475.2	7.3	0.0	468.5	507.0	444.0	-1.2	-1.0	-52.8
875	140	15	8.8	2,0	**1838**	571.1	514.8	485.3	4.0	95.9	14.6	0.4	4.0	96.4	13.9	0.3	1521.5	1319.2	473.2	466.8	460.8	476.9	17.9	0.0	468.0	510.1	444.2	-3.2	-1.0	-143.6
875	120	15	8.8	0,7	**1839**	575.6	533.9	483.4	4.0	95.3	16.0	1.0	4.0	96.1	16.0	0.8	983.8	942.1	472.3	467.3	461.6	476.0	57.7	0.0	467.8	487.4	444.1	-3.1	-1.0	-142.3
875	120	15	8.8	0,7	**1840**	575.6	533.9	483.4	4.0	95.3	16.0	0.9	4.0	96.1	16.0	0.9	998.1	992.8	472.6	468.0	462.3	476.7	69.6	0.0	469.2	487.9	444.1	-3.1	-1.0	-144.2
875	140	5	6.3	2,0	**1843**	571.1	514.8	485.3	4.0	95.9	14.1	0.3	3.9	96.5	13.6	0.3	1507.9	1563.8	473.5	467.1	461.0	477.5	15.1	0.0	465.4	509.9	444.2	-1.4	-1.0	-50.9
875	140	15	6.3	2,0	**1845**	571.1	514.8	485.3	4.0	95.0	14.3	0.4	4.0	95.8	13.6	0.3	1388.7	1401.7	473.5	467.3	461.3	477.6	22.5	0.0	468.4	509.9	444.1	-2.9	-1.0	-143.5
875	140	5	8.8	2,0	**1846**	571.1	514.8	485.3	3.9	95.5	13.5	0.3	3.9	96.3	13.5	0.3	1441.4	1514.9	472.8	466.4	460.5	476.6	33.0	0.0	468.0	509.4	443.8	-1.4	-1.0	-54.3
875	140	5	8.8	0,7	**1847**	578.6	536.3	486.0	4.0	95.5	16.0	0.8	4.0	96.0	16.0	0.8	980.0	1032.0	474.3	469.3	464.4	477.9	24.6	0.0	467.0	489.4	444.1	-1.8	-1.0	-53.7
875	120	5	6.3	0,7	**1848**	575.6	533.9	483.4	4.0	95.3	16.0	0.8	4.0	95.8	15.8	0.8	1102.6	1067.5	472.5	467.6	462.3	476.3	40.2	0.0	469.1	487.4	443.7	-1.6	-1.0	-52.0
875	120	5	6.3	0,7	**1849**	575.6	533.9	483.4	4.0	95.7	15.5	0.8	4.0	96.1	15.7	0.8	1138.1	1193.7	472.6	467.6	461.9	476.5	34.8	0.0	469.3	486.9	443.9	-1.2	-1.0	-52.7
875	120	5	8.8	0,7	**1850**	575.6	533.9	483.4	4.0	95.6	15.7	0.8	4.0	95.9	15.8	0.8	1118.8	1160.2	472.3	467.6	461.8	476.3	30.0	0.0	469.7	487.8	444.3	-1.5	-1.0	-54.7
875	120	5	8.8	0,7	**1853**	575.6	533.9	483.4	4.0	95.4	16.0	0.8	4.0	96.1	16.0	0.8	1048.1	1080.4	472.6	467.5	462.1	476.3	31.9	0.0	466.8	486.9	444.2	-1.5	-1.0	-52.2
875	140	15	8.8	2,0	**1856**	571.1	514.8	485.3	4.0	95.3	13.8	0.3	4.0	96.0	13.8	0.3	1350.0	1356.5	473.5	467.3	461.1	477.5	4.7	0.0	468.6	510.2	444.1	-3.5	-1.0	-143.0
875	120	15	8.8	2,0	**1857**	542.2	508.3	481.6	4.0	96.3	13.9	0.3	4.0	95.6	13.9	0.3	1492.4	1362.1	471.3	464.9	458.5	475.1	10.5	0.0	467.3	506.8	444.2	-3.2	-1.0	-143.2
875	120	15	6.3	0,7	**1858**	575.6	533.9	483.4	4.0	96.3	16.0	0.8	4.0	95.9	16.0	0.9	997.4	979.7	472.8	468.3	462.4	476.8	30.8	0.0	468.3	487.6	444.2	-3.3	-1.0	-142.8
875	120	15	6.3	2,0	**1859**	542.2	508.3	481.6	4.0	96.0	13.8	0.3	4.0	96.3	13.8	0.3	1400.6	1411.4	471.5	465.0	458.8	475.3	28.6	0.0	468.7	507.0	444.3	-2.9	-1.0	-143.3
875	120	5	8.8	2,0	**1860**	542.2	508.3	481.6	4.0	95.9	13.8	0.3	4.0	95.9	13.8	0.3	1448.5	1345.8	471.0	464.6	458.5	474.8	15.0	0.0	468.2	507.2	444.2	-1.1	-1.0	-54.3
875	120	15	8.8	2,0	**1861**	542.2	508.3	481.6	4.0	95.4	13.9	0.3	4.0	95.1	14.0	0.3	1310.5	1393.1	471.0	464.5	458.4	474.6	12.0	0.0	468.1	506.9	443.8	-3.2	-1.0	-143.9
875	140	15	6.3	0,7	**1864**	578.6	536.3	486.0	4.0	95.3	16.0	0.9	4.0	96.5	16.0	0.8	997.9	1015.5	474.3	468.9	464.0	477.6	24.0	0.0	465.4	489.1	444.1	-3.1	-1.0	-141.9
875	140	5	8.8	2,0	**1865**	571.1	514.8	485.3	4.0	95.2	14.0	0.3	3.9	96.0	13.9	0.3	1321.3	1432.1	473.6	467.1	461.3	477.4	9.8	0.0	469.2	511.3	444.1	-1.1	-1.0	-53.3
875	140	5	8.8	0,7	**1868**	578.6	536.3	486.0	4.0	95.7	15.5	0.8	4.0	96.2	15.3	0.8	1211.9	1241.9	474.1	468.7	463.3	477.5	34.3	0.0	467.0	488.2	443.9	-1.6	-1.0	-54.7
875	140	5	6.3	0,7	**1869**	578.6	536.3	486.0	4.0	95.6	15.8	0.8	4.0	95.7	15.8	0.7	1088.5	1065.4	474.3	469.3	464.3	477.8	21.3	0.0	467.6	489.5	443.6	-1.6	-1.0	-53.1
875	140	5	6.3	0,7	**1870**	578.6	536.3	486.0	4.0	94.3	16.0	1.1	4.0	96.4	16.0	0.8	1213.4	1136.9	474.6	469.5	464.3	478.2	20.8	0.0	468.1	490.2	444.1	-1.2	-1.0	-53.4
875	140	15	8.8	0,7	**1871**	578.6	536.3	486.0	4.0	95.5	16.0	0.9	4.0	96.1	16.0	0.8	930.6	989.8	474.5	469.5	464.1	478.2	43.2	0.0	468.1	490.0	444.0	-2.8	-1.0	-144.0
875	140	15	6.3	0,7	**1872**	578.6	536.3	486.0	4.0	95.7	16.0	0.8	4.0	96.2	16.0	0.8	980.3	983.1	474.0	468.8	463.5	477.6	69.5	0.0	469.0	488.9	443.8	-2.9	-1.0	-143.8

IV/IV

Serie 76

Versuchsreihe Messblende ausgelegt

Versuchs-ID (mod.)	Öffnungsgrad	Vakuumdauer	Drucksensor [mbar]_min	Durchflusssensor_1_ [l/min]_min	Durchflusssensor_2_ [l/min]_min	Drucksensor_2_ [mbar]_min
1937	10		-89.19	-2.69	-1.00	-0.07
1941	0		-0.57	0.10	0.00	-0.06
1942	10		-89.86	-2.59	-1.00	-0.04
1943	0		-0.57	0.10	0.00	-0.07
1944	10		-89.76	-2.69	-1.00	-0.06
1946	10		-88.04	-2.54	-1.00	0.01
1948	10		-88.22	-2.79	-1.00	-0.07
1950	10		-88.77	-2.54	-1.00	-0.07
1951	10		-87.64	-2.69	-1.00	-0.02
1953	10		-89.69	-2.59	-1.00	-0.05
1954	10		-88.99	-2.69	-1.00	-0.01
1956	20		-175.48	-4.40	-1.00	-0.04
1957	10		-87.78	-2.84	-1.00	-0.05
1958	10		-88.26	-2.35	-1.00	-0.04
1961	15		-130.38	-3.38	-1.00	-31.58
1962	10		-86.13	-2.59	-1.00	-24.89
1963	15		-130.65	-3.52	-1.00	-32.07
1964	10		-87.99	-2.59	-1.00	-25.40
1965	10		-88.62	-2.45	-1.00	-25.42
1966	0		0.77	0.15	0.00	-0.01
1967	15		-129.14	-3.52	-1.00	-31.93
1968	10		-88.67	-2.50	-1.00	-25.42
1969	20		-173.84	-4.25	-1.00	-37.58
1970	10		-89.16	-2.84	-1.00	-25.60
1971	10		-87.22	-2.45	-1.00	-25.41
1972	20		-172.26	-4.50	-1.00	-37.58
1973	5		-42.83	-1.57	-1.00	-16.31
1974	10		-88.67	-2.69	-1.00	-25.39
1975	10		-89.12	-2.59	-1.00	-25.82
1976	10		-88.11	-2.50	-1.00	-25.38
1977	10		-88.08	-2.35	-1.00	-25.39
1978	5		-43.11	-1.52	-1.00	-16.51
1979	10		-89.23	-2.59	-1.00	-25.39
1980	5		-43.58	-1.52	-1.00	-16.58
1981	10		-88.06	-2.45	-1.00	-25.10
1982	0		0.43	0.10	-0.01	-0.02
1983	10		-88.68	-2.54	-1.00	-25.37
1984	5		-43.24	-2.01	-1.00	-16.59
1985	15		-130.79	-3.28	-1.00	-32.43
1986	10		-87.26	-2.59	-1.00	-25.09

Versuchsreihe Messblende eingeklebt

Versuchs-ID (mod.)	Öffnungsgrad	Vakuumdauer	Drucksensor [mbar]_min	Durchflusssensor_1_ [l/min]_min	Durchflusssensor_2_ [l/min]_min	Drucksensor_2_ [mbar]_min
2733	15		-149.47	-2.69	-1.00	-147.31
2734	15		-147.15	-2.59	-1.00	-146.16
2735	15		-149.00	-2.64	-1.00	-147.19
2736	10		-101.14	-1.67	-1.00	-99.94
2737	15		-147.08	-2.45	-1.00	-145.81
2738	10		-100.67	-1.81	-1.00	-99.51
2739	1		-3.28	0.20	-0.01	0.04
2740	15		-2.30	0.20	0.00	0.02
2746	1		-22.57	-0.20	-0.68	-21.41
2747	15		-145.41	-2.79	-1.00	-144.33
2748	10		-99.34	-1.67	-1.00	-98.62
2749	20		-188.23	-3.38	-1.00	-187.23
2750	10		-99.25	-1.57	-1.00	-98.77
2751	10		-99.46	-1.86	-1.00	-98.78
2752	20		-187.99	-3.33	-1.00	-186.96
2753	5		-55.35	-1.42	-1.00	-54.06
2754	10		-99.66	-1.67	-1.00	-99.11
2755	10		-98.17	-1.67	-1.00	-97.30
2756	10		-99.54	-1.62	-1.00	-99.16
2757	10		-99.74	-1.76	-1.00	-99.12
2758	5		-55.22	-1.52	-1.00	-53.85
2759	10		-97.96	-1.76	-1.00	-97.23
2760	5		-55.44	-1.23	-1.00	-54.02
2761	10		-98.02	-1.91	-1.00	-97.46
2762	1		-22.04	-0.10	-0.71	-20.85
2763	10		-98.24	-1.62	-1.00	-97.27
2764	5		-55.92	-0.98	-1.00	-54.77
2765	15		-144.82	-2.54	-1.00	-143.86
2766	10		-97.57	-1.81	-1.00	-96.83
2767	10		-99.17	-1.86	-1.00	-98.61
2768	1		-21.82	-0.29	-0.80	-20.64
2769	1		-22.27	-0.45	-0.88	-21.07
2772	1		-22.22	-0.64	-0.92	-21.14
2773	1		-20.88	-0.10	-0.61	-19.98

1987	10		-89.39	-2.59	-1.00	-25.61
1988	1		-12.55	-0.88	-1.00	-6.61
1989	1		-11.06	-0.34	-0.82	-6.10
1990	1		-10.96	-0.49	-0.83	-6.05
1991	1		-11.15	-0.34	-0.81	-6.10
1994	10		-89.39	-2.54	-1.00	-62.00
1996	10		-90.41	-2.30	-1.00	-68.06
1998	10		-90.00	-2.35	-1.00	-65.19

II/II

Serie 83 & Serie 85

Heizraumsolltemperatur	Vakuumdauer	Öffnungsgrad	Versuchs-ID	Dicke	(4) TE9_[C]_max	(4) TE10_[C]_max	(4) TE11_[C]_max	(4) TE12_[C]_max	(8) Pyrometer_[C]_max	(6) Drucksensor [mbar]_min	(6) Durchfluss_1_min [l/min]	(6) Durchfluss_2_min [l/min]	P-V_Abs.-Rad. Thalysurf_0	P-V_Abs.-Rad. Thalysurf_90	SM40-Fitting-90-a	SM40-Fitting-90-b	SM40-Fitting-90-c	SM40-Fitting-0-a	SM40-Fitting-0-b	SM40-Fitting-0-c
900	15	2.5	**2835**	0.7	494.0	477.9	525.6	512.9	564.1	-32.1	-1.4	-1.0								
900	15	2.5	**2836**	0.7	490.8	474.6	522.2	509.4	558.3	-28.3	-1.2	-1.0	657.8	998.5	14.8	25.0	76.7	41.4	54.9	138.0
900	15	2.5	**2837**	0.7	492.8	477.0	524.6	511.8	560.5	-31.2	-1.1	-1.0	283.3	736.6	15.1	25.0	75.9	41.8	55.2	124.3
900	15	2.5	**2838**	0.7	492.3	476.3	523.8	510.9	557.5	-32.3	-1.2	-1.0		697.7	15.1	24.8	75.8	41.9	56.1	122.5
900	15	2.5	**2839**	0.7	491.3	475.3	523.1	510.2	555.0	-30.2	-1.1	-1.0	341.3	872.0	15.0	25.3	76.5	41.7	54.8	126.4
900	20	5.0	**2840**	0.7	493.7	477.9	525.5	512.6	558.1	-52.1	-1.3	-1.0	89.1	425.6	15.4	24.9	74.9	42.1	55.2	117.1
900	10	0.0	**2841**	0.7	491.4	475.8	522.9	510.3	552.9	-1.2	0.4	0.0	1692.5	1564.7	14.3	24.7	78.7	40.5	58.7	244.4
900	10	5.0	**2842**	0.7	494.6	479.0	526.3	513.6	555.1	-47.9	-1.3	-1.0	336.2	747.0	15.1	25.8	75.7	41.8	55.0	125.6
900	20	0.0	**2843**	0.7	491.6	475.9	522.6	510.0	555.8	-1.2	0.2	0.0	1704.1	1548.4	14.3	25.4	79.4	40.4	57.0	237.8
850	20	0.0	**2859**	0.7	476.6	463.5	504.3	494.1	524.8	-1.2	0.2	0.0	2023.0	1688.4	14.2	24.9	80.6			
850	20	5.0	**2860**	0.7	475.6	462.4	502.6	492.5	523.3	-44.4	-1.6	-1.0	2026.6	1555.4	14.3	25.6	79.3			
850	10	0.0	**2861**	0.7	476.1	462.9	502.8	492.9	520.6	-1.2	0.2	0.0	2055.6	1695.8	14.1	25.5	80.3			
850	10	5.0	**2862**	0.7	478.2	465.1	505.7	495.6	523.8	-44.8	-1.6	-1.0	2056.2	1515.6	14.4	25.2	79.1			
950	20	0.0	**2875**	0.7	504.8	488.5	540.3	525.0	561.1	-1.3	0.2	0.0	1289.5	1521.0	14.3	25.0	79.2	40.8	55.9	178.9
950	10	5.0	**2876**	0.7	503.1	486.5	537.6	522.8	549.8	-50.4	-1.3	-1.0	135.2	306.2	15.6	25.5	73.5	42.1	54.9	115.7
950	20	5.0	**2877**	0.7	501.9	485.1	536.6	522.0	554.0	-52.7	-1.1	-1.0	178.1	183.0	15.7	25.2	73.1	42.2	54.2	114.6
950	10	0.0	**2878**	0.7	503.3	486.6	537.8	523.1	550.4	-1.4	0.2	0.0	1421.2	1570.1	14.2	24.7	78.9	40.7	56.6	196.0
900	15	2.5	**2844**	2.0	484.1	467.2	515.6	502.5	549.8	-27.2	-1.5	-1.0	959.2	1029.9	44.7	25.1	138.3	41.2	55.4	155.2
900	15	2.5	**2845**	2.0	489.1	472.0	520.5	507.2	555.8	-27.0	-0.9	-1.0	995.7	1016.2	44.8	25.2	138.1	41.1	56.1	156.2
900	15	2.5	**2846**	2.0	486.6	469.3	518.1	504.3	550.1	-26.7	-1.1	-1.0	1087.6	945.1	44.9	25.2	138.5	41.0	55.9	162.4
900	15	2.5	**2847**	2.0	490.1	473.2	521.5	508.2	555.7	-26.9	-1.2	-1.0	978.6	1003.6	44.8	25.7	137.7	41.2	54.6	155.7
900	15	2.5	**2848**	2.0	485.1	468.1	516.6	503.1	547.9	-27.0	-1.2	-1.0	1105.5	956.2	44.9	25.7	138.4	41.0	55.2	163.6
900	20	5.0	**2849**	2.0	488.0	471.2	519.4	506.3	553.8	-45.0	-1.3	-1.0	771.3	745.5	45.2	25.1	135.9	41.3	53.5	143.5
900	10	5.0	**2850**	2.0	484.5	467.2	515.6	502.3	542.7	-1.2	0.2	0.0	1304.3	1140.4	44.7	24.8	140.8	40.8	55.7	177.0
900	10	5.0	**2851**	2.0	485.0	468.0	516.9	503.1	543.8	-41.8	-1.6	-1.0	1164.7	1100.0	44.7	25.0	139.2	40.9	54.9	166.0
900	20	0.0	**2852**	2.0	487.6	470.5	519.5	505.8	551.5	-1.2	0.2	0.0	1252.0	1180.7	44.6	24.0	140.9	40.9	56.7	174.0
850	20	0.0	**2863**	2.0	466.3	452.7	493.0	481.0	516.7	-1.3	0.2	0.0	1941.3	1574.8	44.2	26.1	145.1			
850	20	5.0	**2864**	2.0	469.2	455.3	496.5	484.4	520.2	-43.4	-1.4	-1.0	1905.6	1533.4	44.3	25.3	145.8			

I/II

850	10	0.0	**2865**	2.0	466.8	453.2	493.7	481.8	515.1	-1.2	0.2	0.0	2070.1	1395.5	44.5	26.1	143.6			
850	10	5.0	**2866**	2.0	469.5	455.8	496.3	484.5	518.3	-43.3	-1.8	-1.0	2052.3	1468.2	44.3	25.6	143.1			
950	20	0.0	**2879**	2.0	494.0	475.7	527.6	513.0	549.4	-1.3	0.2	0.0	793.1	905.0	45.0	26.6	138.1	41.3	54.0	145.8
950	10	5.0	**2880**	2.0	494.0	475.7	527.6	513.0	544.8	-45.0	-1.3	-1.0	558.9	638.3	45.3	25.1	134.4	41.5	54.9	134.7
950	20	5.0	**2881**	2.0	492.5	474.0	526.7	511.9	548.4	-46.0	-1.2	-1.0	565.8	348.0	45.6	24.8	128.8	42.0	54.3	117.0
950	10	0.0	**2882**	2.0	494.8	476.3	528.1	513.8	544.7	-1.3	0.3	0.0	901.4	935.5	44.9	26.1	138.0	41.2	54.1	149.4

II/II

In der Reihe **Ergebnisse aus der Produktionstechnik** zuletzt erschienen:

Chavan, Prateek:
Substructuring Methods for Efficient Prediction of Spindle-Holder-Tool Assembly Dynamics
ISBN: 978-3-98555-160-6
Erscheinungsdatum: 05.06.2023

Schneidermann, Dennis:
Orchestration von Vertrauen in interorganisationalen Wissensnetzwerken der Fabrikplanung
ISBN: 978-3-98555-153-8
Erscheinungsdatum: 15.05.2023

Welsing, Martin:
Bewertung der ökologischen Nachhaltigkeit von Produktionsnetzwerkkonfigurationen
ISBN: 978-3-98555-155-2
Erscheinungsdatum: 19.04.2023

Beckers, Alexander:
Auslegung wirtschaftlich-technologisch optimierter Fertigungsprozessfolgen mittels prozessübergreifender Modellierung
ISBN: 978-3-98555-154-5
Erscheinungsdatum: 18.04.2023

Gipperich, Marius:
Untersuchung eines Zweistrahlprozesses als Ansatz zur Prozessstabilitätserhöhung des drahtbasierten Laserauftragschweißens
ISBN: 978-3-98555-151-4
Erscheinungsdatum: 15.03.2023

Ochel, Tim:
Prognostik zur Resilienzsteigerung im Werkzeugbau
ISBN: 978-3-98555-161-3
Erscheinungsdatum: 22.05.2023

Greipel, Jonathan:
Grouping of Inspection Characteristics to Reduce Costs of Adaptive Inspection Planning in Variant Production
ISBN: 978-3-98555-157-6
Erscheinungsdatum: 03.05.2023

Troß, Nico:
Mehrskalenmodellierung der thermomechanischen Werkzeugbelastung beim Trockenwälzfräsen
ISBN: 978-3-98555-158-3
Erscheinungsdatum: 19.04.2023

Nicksch, Christoph:
Konfiguration verteilter Large-Scale Metrology Systeme in rekonfigurierbaren Montageumgebungen
ISBN: 978-3-98555-152-1
Erscheinungsdatum: 20.03.2023

Ahmad, Mubarik:
Anregungsgerechte Auslegung und Tolerierung schnelllaufender Getriebe unter Berücksichtigung kurz- und langwelliger Verzahnungsabweichungen
ISBN: 978-3-98555-130-9
Erscheinungsdatum: 06.03.2023

Edition Wissenschaft
Apprimus

Motschke, Tobias:
Analyse und Modellierung der Dämpfungseigenschaften von Spindellagern
ISBN: 978-3-98555-148-4
Erscheinungsdatum: 06.03.2023

Frye, Maik:
Recommending Data Preprocessing Pipelines for Machine Learning Applications in Production
ISBN: 978-3-98555-147-7
Erscheinungsdatum: 15.02.2023

Schmidhuber, Matthias:
Sozio-technische Problemlösungsfähigkeit von PPS-Systemen
ISBN: 978-3-98555- 143-9
Erscheinungsdatum: 07.02.2023

Schwarberg, Thomas:
Bestimmung der Logik von Innovationsideen für technische Systeme
ISBN: 978-3-98555- 142-2
Erscheinungsdatum: 07.02.2023

Nienheysen, Philipp:
Werkstattgerechte Schadensanalyse in CFK-Strukturbauteilen mit optisch georteter Ultraschallmesstechnik
ISBN: 978-3-98555-136-1
Erscheinungsdatum: 30.01.2023

Kreß, Julian Maximilian:
Erbringung hybrider Leistungsangebote in Wertschöpfungsnetzwerken
ISBN: 978-3-98555-128-6
Erscheinungsdatum: 24.01.2023

Priwisch, Martin:
Kontaktfreie Bahnlaufregelung zur Herstellung funktionaler Mehrlagensysteme in einem kontinuierlichen Laminierprozess
ISBN: 978-3-98555-139-2
Erscheinungsdatum: 27.02.2023

Cremer, Sven:
Controlling der Migration in Produktionsnetzwerken
ISBN: 978-3-98555-145-3
Erscheinungsdatum: 09.02.2023

Ohlert, Marius:
Contact between Abrasive Media and Workpiece in Robot-guided Centrifugal Finishing
ISBN: 978-3-98555- 144-6
Erscheinungsdatum: 07.02.2023

Graberg, Tim:
Operationalisierung von digitalen Schatten im Werkzeugbau
ISBN: 978-3-98555-141-5
Erscheinungsdatum: 06.02.2023

Müller, Tobias:
Modellbildung mittels Symbolischer Regression zur Messunsicherheitsbestimmung komplexer Messprozesse
ISBN: 978-3-98555-146-0
Erscheinungsdatum: 30.01.2023

Behrens, Jan:
Selbstkalibrierung von 5-Achs-Bearbeitungszentren mit Dreh-/Schwenktisch
ISBN: 978-3-98555-124-8
Erscheinungsdatum: 24.01.2023

Edition Wissenschaft
Apprimus

FSC
www.fsc.org
MIX
Papier | Fördert gute Waldnutzung
FSC® C083411

Zeitfracht Medien GmbH
Ferdinand-Jühlke-Straße 7
99095 Erfurt, Deutschland
produktsicherheit@kolibri360.de